미적분 직관하기

미적분 직관하기

박원균 지음

2

눈으로 푸는 적분의 비밀

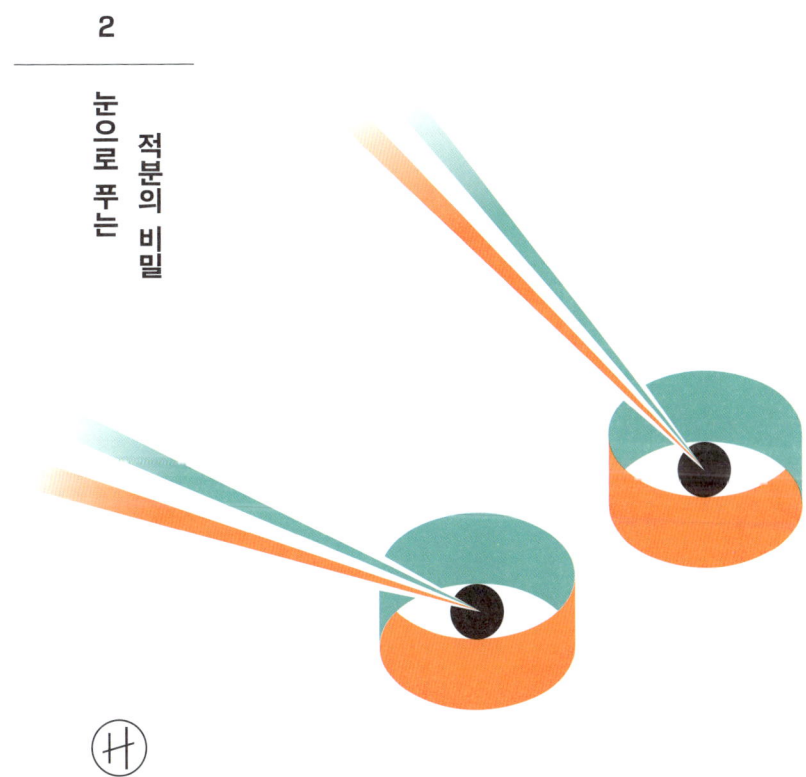

차례

분할과 통합을 직관하다: 적분

1

한 여름날의 특강

도대체 무엇을 하려는 수업일까?

덥디덥던 여름 방학 직전이었다. 아직 학교에서 미적분을 배우지 않은 2학년 학생들을 대상으로 3일 동안 미적분에 관한 15시간짜리 특강을 할 기회가 생겼다. 섣부른 선행학습이 되지 않도록 하기 위해 교과서에는 나오지 않는 미적분의 역사와 발상에 대한 강의를 구성했다. 다음은 첫 수업 장면을 글로 거의 그대로 재현해본 것이다.

학생들과 인사를 나누고, 가방에서 나무판 두 개를 꺼낸다.

나무판 A

나무판 B

"A는 직각이등변삼각형 모양의 나무판이고, B는 A와 똑같은 나무판에서 빗변을 포물선 모양으로 깎아 만든 나무판이야. 이때 B의 왼쪽 아래 끝점은 포물선의 꼭짓점이야."

그리고 작은 전자저울도 하나 꺼낸다. 학생들은 내가 무엇을 하려는지 몰라 어리둥절하면서도 호기심을 보인다.

나는 두 나무판의 무게를 저울로 재서 칠판에 적는다.

A : 47.9 g   B : 32.1 g

"이 나무판을 만들 때만 해도 A는 48 g, B는 32 g이었는데, 나무가 습도에 민감해 그새 무게가 약간씩 변했네. 이제 두 나무판의 무게의 비를 3 : 2라고 가정할 때, 이 사실로부터 추가로 알아낼 수 있는 정보가 뭐가 있을까?"

이제부터 본격적인 생각 시간이 시작되었음을 눈치챈 학생들이 집중하기 시작한다. 하지만 도무지 질문의 의도를 알지 못해 갈피를 못 잡는 듯하다.

나는 두 나무판을 겹쳐서 가로와 세로가 서로 같음을 확인시킨다. 그리고 두 나무판의 두께가 서로 같다는 것도 상기시킨다.

한참을 기다려도 여전히 머리 굴리는 소리뿐이다. 더는 참지 못하고 힌트를 주고 말았다.

"두 나무판은 같은 나무를 깎아서 만든 거라서 밀도가 서로 같아."

"예? ……."

"그런데 무게의 비는 3 : 2이지."

드디어 기대했던 감탄사와 함께

"아! A, B의 부피의 비가……."

"잠깐만."

그 순간 학생의 말을 끊는다. 학생들은 평소 수업 시간에 많이 경험했던 터라 내가 말을 끊은 이유를 잘 안다. 그 학생이 말하려는 답이 옳다는 것과, 다른 학생들에게 더는 도움을 주지 않기 위함이라는 것을.

나머지 학생들은 방금 들은 '부피의 비'라는 대답의 조각을 단서 삼아 다시 생각하기 시작한다. 또 다른 학생이 외친다.

"알았다. 부피네!"

나는 그제야 말을 끊었던 학생에게 다시 말해보라고 한다.

"두 물체의 밀도가 같으므로 부피의 비도 3 : 2입니다."

나는 마치 그 학생이 틀렸다는 듯 아무런 반응을 하지 않는다. 학생들은 무표정한 내 얼굴을 보면서 방금 그 친구의 답을 곱씹는다. 이제 곧 수업 중 내가 가장 행복을 느끼는 시간이 찾아올 것만 같은 분위기다.

역시나 여기저기서 탄성이 쏟아진다.

"아", "앗!", "와~"

심지어 한 친구는 옆 친구에게 큰 소리로 즉석에서 해설을 한다.

"(무게)=(밀도)×(부피)잖아? 그런데 두 물체의 밀도가 같고 무게의 비가 3 : 2니까 부피의 비도 3 : 2이지."

학생들은 답을 스스로 찾아냈다.

불친절한 수학 교사

이제 학생들은 포물선 모양의 나무판 B의 부피가 직각이등변삼각형 모양의 나무판 A의 부피의 $\frac{2}{3}$임을 알게 되었다.

$$(무게) = (밀도) \times (부피)$$

라는 간단한 공식으로 쉽게 설명할 수는 있겠으나, 갑작스럽게 등장한 두 개의 나무판으로부터 스스로 이 사실을 발견하는 것은 쉽지 않았을 것이다.

학생들은 대단한 답을 찾아낸 것은 아니지만 그래도 무언가를 스스로 발견하는 수학적 경험을 했다는 것에 꽤나 만족감을 느끼는 듯하다. 이해하면서 느끼는 지적 만족감과, 발견하면서 느끼는 지적 희열이라는 두 감정은 그 크기 자체도 다를 뿐만 아니라 학생의 장래에 끼치는 영향력의 차이도 어마어마할 것이다.

그래서 수업 시간에는 가급적 불친절한 수학 교사가 되려고 노력한다고 학생들에게 자주 고백한다. 체육 시간에는 몸이 피곤해야 그 시간을 알차게 보냈다고 할 수 있고, 수학 시간에는 머리가 아파야 제대로 수업에 임한 거라고도 말한다. 수학 시간은 계산하는 시간이 아니라 생각하는 시간이어야 한다.

이를 위해 내가 추구하는 수업은 학생들이 스스로 발견하는 수업이다. 이를 실현하기 위한 선생으로서의 과제는 적절한 수학적 소재를 찾고, 학생들이 쉽게 눈치채지 못하도록 은밀하게 조금씩 도움을 주는 것이라고 생각한다.

그런데 이 과제를 달성하기가 도무지 쉽지 않은 결정적인 이유가 있다. 대부분의 중상위권 학생들은 어디선가 미리 배우고 수업에 임한다는 것이다. 그것이 단순한 예습 정도에 머물지 않기 때문에, 그 학생들은 대부분 교과서에는 관심이 없다. 이것은 새로운 것을 가르치려는 교사들이 극복해야 할 걸림돌이자 혼자서는 무너뜨리기 힘든 거대한 장벽이다.

"유레카"를 외치게 만든 깨달음

목욕탕에서 부력의 원리를 이용해 왕관의 재료가 순금인지 아닌지를 알아내고는 기쁨에 겨워 "유레카!"라고 외쳤다는 고대 그리스의 수학자이자 철학자인 아르키메데스Archimedes, 기원전 287~기원전 212의 이야기는 너무나도 유명하다. 그는 물이 가득 찬 그릇에 왕관과 무게가 똑같은 순금 덩어리를 완전히 담갔을 때 넘치는 물의 부피와 왕관을 완전히 담갔을 때 넘치는 물의 부피가 서로 다르다는 것을 발견함으로써, 왕관에 순금과 밀도가 다른 불순물이 함유되어 있는지를 알아낼 수 있었다.

그런데 아르키메데스가 알몸을 무릅쓰면서까지 "유레카"를 외치도록 만든 희열은 단순히 왕관 문제를 해결해 왕의 총애를 받을 것이라는 기대에서 나온 것이 아니라, 심오하고 커다란 수학적 깨달음에서 비롯되었을 것이다. 그 깨달음이란, '밀도가 같은 두 물체 A, B에 대해 A의 부피를 알고 있고 B의 부피를 모를 때, A와 B의 무게의 비를 구해 B의 부피를 구할 수 있다.'라는 사실의 발견이다.

학생들에게 이 얘기를 하면 바로 뒤따르는 질문이 있다.

"아르키메데스의 시대에는 전자저울이 없었을 텐데, 두 물체의 무게의 비는 어떻게 알 수 있었죠?"

생각하는 학생만이 할 수 있는 질문이다.

"아주 좋은 질문이야. 그런데 아르키메데스는 두 물체의 무게의 비를 구하는 손쉬운 도구를 이미 발명했었단다. 그게 뭘까?"

나는 두 나무판을 양손에 하나씩 들고 양팔을 쭉 편 채 마치 시소처럼 올렸다 내렸다 한다.

"아, 양팔 저울!", "지렛대의 원리!"

기대하던 답이다.

2

지레의 원리

스스로 발견하는 지레의 원리

인류의 위대한 발명품 중 하나인 '지레'는 작은 힘으로 큰 힘을 낼 수 있는 단순한 도구로 태어났지만, 아르키메데스는 그 원리를 이용해 지레를 매우 정밀한 저울로 발전시켰다. 지레의 원리를 아직 모른다고 지레 겁먹을 필요는 없다. 이제 아르키메데스도 해봤을 법한 실험을 통해 지레의 원리를 스스로 발견해보자.

그림과 같이 눈금이 새겨진 지레가 있다고 하자.

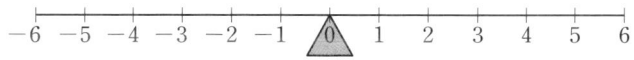

다음 [그림 1-1]과 같이 똑같은 나무판 2개를 지레 위의 −3과 3의 위치에 각각 놓으면 균형을 이룰 것이다.

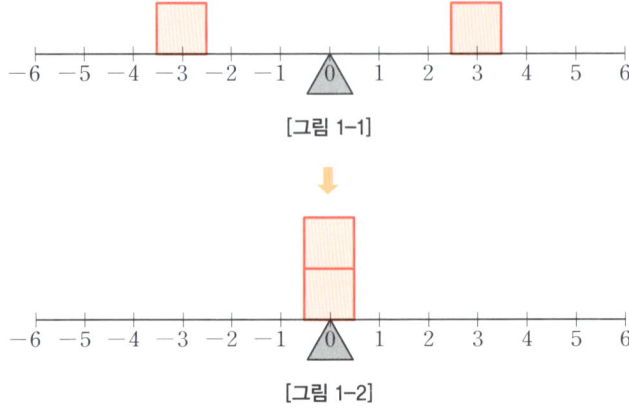
[그림 1-1]

[그림 1-2]

그리고 [그림 1-2]와 같이 두 나무판을 모두 그 균형점의 위치로 옮겨 쌓아도 균형이 그대로 유지된다. 이는 여러 개의 물체를 모두 그 균형점의 위치로 옮겨 쌓으면 무게중심의 위치는 변하지 않음을 의미한다.

이번에는 다음 그림처럼 똑같은 나무판 6개를 -5, -3, -1, 1, 3, 5의 위치에 각각 놓아보자. 좌우 대칭이므로 당연히 균형을 이룬다.

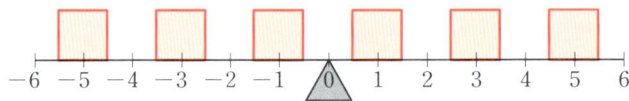

그리고 -5와 -3에 있는 두 나무판을 이 둘의 균형점인 -4로 옮겨 쌓으면 어떻게 될까? 신기하게도 균형이 무너지지 않는다.

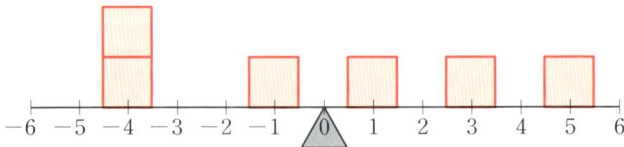

이는 부분의 무게중심이 변하지 않으면 전체의 무게중심도 변하지 않음을 의미한다. 이제 -1, 1, 3, 5에 있는 나머지 네 개를 한군데로 옮겨

　　　　1부　분할과 통합을 직관하다: 적분

쌓으려고 하는데, 균형이 무너지지 않도록 하려면 어디로 옮겨야 할까?
그 위치는 바로 -1, 1, 3, 5의 균형점인 $\dfrac{-1+1+3+5}{4}=2$이다.

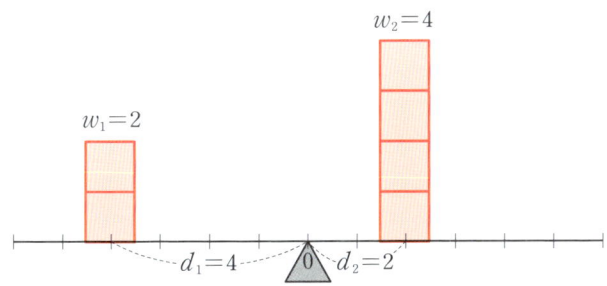

나무판 한 개의 무게를 1이라 하면 왼쪽에 쌓여 있는 두 나무판의 무
게의 합은 $w_1=2$, 균형점으로부터의 거리는 $d_1=4$이고, 오른쪽에 쌓여
있는 네 나무판의 무게의 합은 $w_2=4$, 균형점으로부터의 거리는 $d_2=2$
이다. 이때

$$w_1+d_1=w_2+d_2 \text{와} \ w_1 \times d_1=w_2 \times d_2$$

가 모두 성립하는데, 이 두 등식 중 어느 것이 올바른 지레의 원리일까?

나무판 한 개의 무게를 2로 바꿔보자. 이때 $w_1=4$, $w_2=8$이므로

$$w_1+d_1=4+4, \ w_2+d_2=8+2 \text{이므로} \ w_1+d_1 \neq w_2+d_2 \text{이고,}$$

$$w_1 \times d_1=4 \times 4, \ w_2 \times d_2=8 \times 2 \text{이므로} \ w_1 \times d_1=w_2 \times d_2 \text{이다.}$$

이처럼 물체의 무게를 어떻게 바꾸든, 그 위치를 어떻게 옮기든 상관
없이 등식

$$w_1 \times d_1=w_2 \times d_2$$

가 성립하기만 하면 지레의 균형이 항상 유지된다는 우주의 원리를 아
르키메데스는 발견했다.

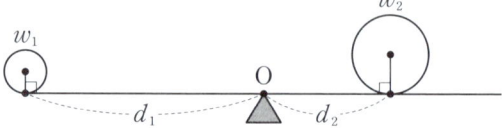
지레의 원리가 우주에 적용되다

대개 지구와 태양이 서로를 끌어당긴다고만 간단히 알고 있지만, 실제로는 지구의 모든 부분과 태양의 모든 부분이 서로를 끌어당기고 있다. 지구를 작은 조각들로 나누어 생각해보면, 각 조각끼리 서로를 끌어당기는 동시에 태양의 각 조각을 끌어당기고 있는 것이다. 마찬가지로 태양의 각 조각들도 서로를 끌어당기는 동시에 지구의 모든 조각을 끌어당긴다. 이처럼 수많은 조각 사이에 작용하는 힘을 빠짐없이 계산해서 두 천체 사이의 만유인력을 정확히 계산하기란 불가능해 보인다.

그런데 뉴턴은 밀도가 일정한 구 모양의 두 천체 사이에 작용하는 만유인력은 각 천체의 모든 질량이 그 중심에 모여 있다고 보고, 두 중심 사이의 거리를 두 천체 사이의 거리로 간주해 계산한 값과 같다는 사실을 자신이 만든 미적분으로 증명했다.

한편, 아르키메데스가 지상의 물체들이 따르는 지레의 원리를 발견했다면, 뉴턴은 이 지레의 원리가 우주의 천체들 사이에도 성립함을 발견했다.

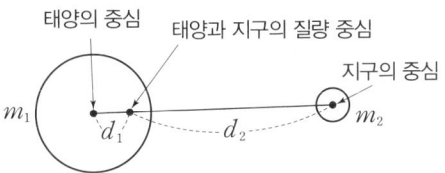

태양과 지구의 질량을 각각 m_1, m_2라 하고, 태양과 지구의 중심으로부터 두 천체의 질량중심까지의 거리를 각각 d_1, d_2라 하면

$$m_1 \times d_1 = m_2 \times d_2$$

가 성립함을 알아낸 것이다.

실제로 태양과 지구는 두 천체의 질량중심을 중심으로 각각 공전하고 있다. 그런데 태양 질량이 지구 질량보다 비교할 수 없을 정도로 크기 때문에 그 무게중심은 태양의 중심 부근에 위치한다.● 그리고 이러한 현상은 태양과 모든 행성 사이에도 동시에 일어난다. 그래서 마치 태양은 그대로 있고 행성들만 태양 주위를 도는 것처럼 보이는 것이다.

──────────

● 지구 질량과 태양 질량의 비는 약 1 : 330,000이고, 태양의 반지름의 길이와 지구에서 태양까지의 거리의 비는 약 1 : 210이다.

무게중심의 본래 의미

지레의 원리에서 특히 유념해야 할 중요한 사항이 있다. 그것은 지레의 받침점으로부터 지레 위의 물체 사이의 거리 d_1, d_2는 그 물체의 '무게중심'에서 지레에 내린 수선의 발까지의 거리와 같다는 사실이다.

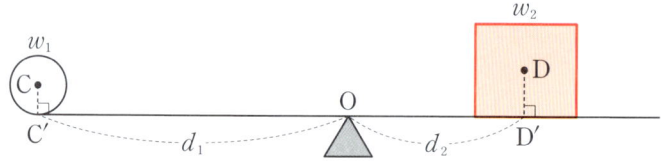

예를 들어 밀도가 일정한 구와 정육면체의 모든 질량은 위 그림과 같이 각각 점 C(구의 중심)와 점 D(정육면체 대각선의 중점)에 모여 있다고 생각해야 한다. 이때 구와 정육면체가 지렛대에 가하는 힘의 방향은 아래로 수직 방향이므로 점 C와 점 D에서 지레에 내린 수선의 발을 각각 점 C′, 점 D′이라 하고 받침점을 점 O라 하면 $d_1=\overline{OC'}$, $d_2=\overline{OD'}$다.

학생들이 지레의 원리를 잘 이해했는지를 확인하기 위해, 가방에서 서로 합동인 직각이등변삼각형 모양의 나무판 두 개와 지렛대를 꺼내 아래와 같이 지레의 양쪽에 대칭으로 놓는다.

"두 나무판은 서로 합동이므로 당연히 균형을 이루겠지. 이제 왼쪽 나무판은 그대로 두고, 오른쪽 나무판을 지레와 수직이 되도록 놓아 균형을 이루도록 하려면 오른쪽 나무판을 지레의 어느 위치에 놓아야 할까?"

"밑변의 중점?"

가장 처음에 나온 대답이다.

"과연 그럴까?"

그 학생의 말대로 오른쪽 나무판을 밑변의 중점 위치에 지레와 수직 방향으로 놓으니 지레는 왼쪽으로 기운다.

"아, 무게중심이겠네. 오른쪽 나무판의 무게중심에서 지레에 내린 수선의 발의 위치에, 나무판을 지레와 수직이 되도록 놓아야 합니다. 따라서 그 위치는 밑변을 2 : 1로 내분하는 점입니다."

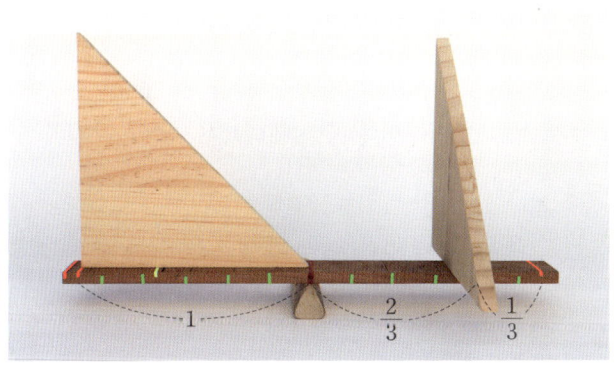

과연 그 학생의 말대로 나무판을 놓으니 정확히 균형을 이뤘다.

"와, 맞네. 맨날 무게중심 문제를 풀면서도 이 말이 진짜 무게의 중심이란 걸 생각 못 했어."

이 말을 듣고 속으로 크게 놀랐다. 아마도 무게중심을 공식으로만 외우고 문제 풀이에만 사용해온 결과일 것이다.

"좋아, 이제 지레의 원리를 완벽히 이해했군. 이제 본격적인 실험을 할 수 있겠어!"

무게의 비로부터 추가로 알아낼 수 있는 것들

아래 그림과 같이 지레의 양쪽에 두 나무판 A, B를 받침점에서 서로 만나게 놓으면 지레는 당연히 A 쪽으로 기운다.

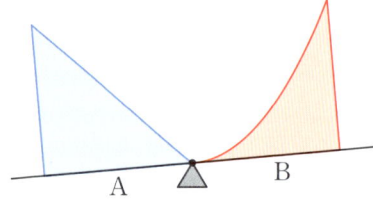

학생들에게 포물선 나무판 B를 지레의 한쪽 끝에 지레와 수직 방향으로 올려놓고, 삼각형 나무판 A의 위치를 미세하게 조정하면서 균형점을 찾는 실험을 직접 해보도록 하니, 몇 번의 시도 끝에 어렵지 않게 균형을 맞췄다.

그 균형점으로부터 두 나무판 A, B까지의 거리를 측정해보니 약 2 : 3이다.

"이 거리의 비를 2 : 3이라 가정할 때, 두 나무판 A, B의 무게의 비는 몇 대 몇일까?"

"지레의 원리에 의해 3 : 2입니다."

"전자저울로 측정했던 결과와 같네. 그렇다면 두 나무판 부피의 비는?"

"부피의 비도 3 : 2입니다."

드디어 나의 속내를 드러낼 시간이다.

"사실 두 나무판의 무게의 비나 부피의 비를 구하는 것은 오늘 수업의 목표가 아니었어. 우리는 위의 실험을 통해 무엇을 더 알아낼 수 있을까? 이것이 오늘의 진짜 수업 목표야."

"예? 알아낼 게 아직도 더 있다고요?"

난 빙그레 웃으며 말한다.

"두 나무판 A, B의 밀도도, 두께도 서로 같아. 그리고 무게의 비와 부피의 비는 모두 3 : 2이지. 과연 무엇을 더 알아낼 수 있을까?"

이번에는 독자들을 위한 불친절한 사고思考의 시간이다.

지레의 원리로 이것까지 알 수 있다고?

수학에는 알고 나면 쉽지만, 스스로 깨닫기는 어려운 것들이 참 많다. 나무판 A와 B의 물리량 중 무엇이 알고 싶은가? 무게? 부피? 밀도? 혹시 넓이도 궁금하지 않은가?

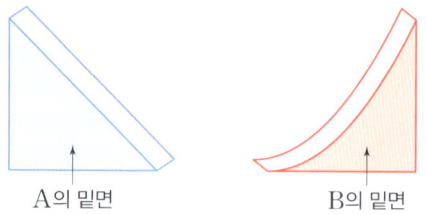

A의 밑면   B의 밑면

그렇다. 밀도가 같고 두께도 같은 두 나무판 A, B를 입체기둥으로 생각할 때,

(A의 무게) : (B의 무게)

=(A의 부피) : (B의 부피)

=(A의 밑면의 넓이) : (B의 밑면의 넓이)

=3 : 2

가 성립한다!

나도 지레를 이용해 밑면의 넓이를 구할 수 있을 것이라는 생각까지는 이르지 못했다. 호모 사피엔스 중 누가 이런 생각을 맨 처음으로 했을까? 바로 "유레카!"를 외쳤던 그 사람이다.

포물선 도형의 넓이를 추측하다

다음 그림과 같이 나무판 A와 나무판 B를 좌표평면 위에 올려놓고, 밑변의 길이를 1로 생각하면 A의 빗변은 직선 $y = -x$ 위에 있고, B의 곡선은 포물선 $y = x^2$과 겹친다.

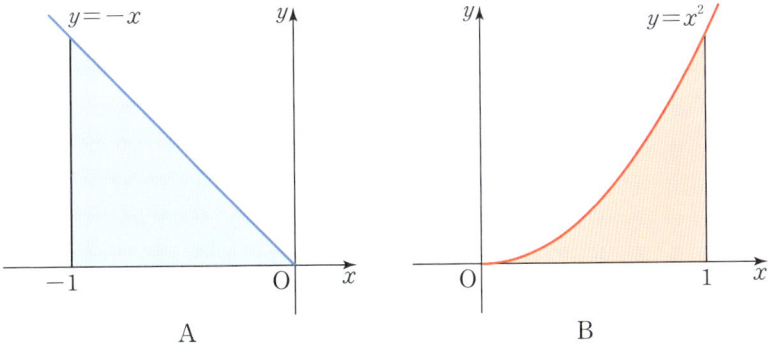

A   B

나무판 A의 밑면인 직각이등변삼각형의 넓이가

$$\frac{1}{2} \times 1 \times 1 = \frac{1}{2}$$

임은 이미 잘 알고 있다. 그런데 지레 실험으로부터

(A의 밑면의 넓이) : (B의 밑면의 넓이) = 3 : 2

임도 알고 있다. 따라서 나무판 B의 밑면, 즉 포물선과 두 선분으로 둘러싸인 도형의 넓이는

$$\frac{1}{2} \times \frac{2}{3} = \frac{1}{3}$$

이다. 이것은 포물선 $y = x^2$과 x축 및 직선 $x = 1$로 둘러싸인 도형의 넓이가 $\frac{1}{3}$이라는 사실을 말해주고 있다!

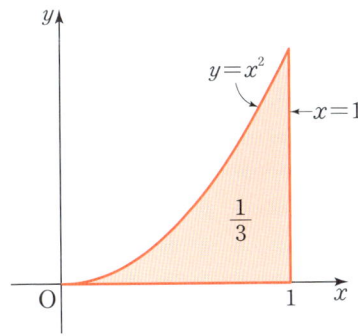

어쩌면, 아니 틀림없이 아르키메데스도 지레와 나무판을 직접 만들어 이런 실험을 해봤을 것이다. 그러나 이 정도로는 그가 알몸을 무릅쓸 경지까지는 이르지 못했다. $\frac{1}{3}$이라는 넓이는 실험을 통해 추론한 근삿값에 불과하기 때문이다.

혹시나 했더니 역시나, 아르키메데스는 근삿값에 만족하지 않았다.

3

아르키메데스의 수학 서커스

예술 작품을 감상하듯

앞 실험의 결과는 포물선 도형의 넓이를 이미 알고 있던 나에게 새로운 방법에 대한 신선한 흥미와 지적 만족감을 주는 것에 머물렀지만, 포물선 도형의 정확한 넓이를 아직 몰랐던 아르키메데스에게는 그 넓이를 정확하게 구하는 또 하나의 사고실험을 설계하는 영감을 주었다. 그리고 마침내 그 영감을 이용해 '넓이'를 구하는 오직 자신만의 방법을 발견했다. 아니, 발명했다! 아르키메데스의 이 사고실험이야말로 아르키메데스의 진가를 확인할 수 있게 하는 여러 수학적 성과 중 가히 백미白眉라 할 수 있는 것으로, "아르키메데스가 아르키메데스 했다."라는 말밖에 나오지 않게 만든다.

나는 아르키메데스의 사고실험에 완전히 매료되었고, 학생들에게도 그 감흥을 그대로 전해주고 싶어졌다. 그러나 곧 내용을 어떻게 전달해야 할지가 큰 문제임을 깨달았다. 쉽게 설명하기가 무척 어려웠기 때문이다.

하지만 우리가 대가들의 예술 작품을 온전히 이해하지는 못하더라도 한번 감상해보는 것만으로도 소중한 경험이 될 수 있듯이, 수학을 좋아하는 사람들이라면 아르키메데스의 이 사고실험을 한번 구경해보는 것만으로도 역사상 최고의 예술 작품이나 건축물을 감상하는 것 못지않은 경외감과 감동을 느낄 수 있을 것이라는 믿음으로 도전해보기로 마음먹었다. 그 결과물이 바로 앞에서 소개했던 삼각형과 포물선 모양의 나무판을 이용하는 것이었다.

이제 아르키메데스와 함께하는 나의 수업으로 어서 오시라.

수학 서커스의 막이 오르다

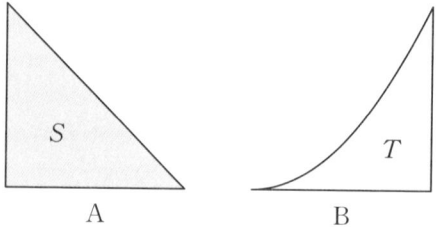

나무판 A의 밑면인 삼각형의 넓이를 S라 하고, 나무판 B의 밑면인 포물선 도형의 넓이를 T라 하자. 아르키메데스는 삼각형의 넓이가

$$S = \frac{1}{2} \times 1 \times 1 = \frac{1}{2}$$

이라는 것을 잘 알고 있지만, T는 아직 모르는 상황이다.

지레의 양쪽에 놓인 나무판 A와 B를 적당히 좌우로 움직이며 균형을 맞추는 것은 누구나 할 수 있지만 이 방법으로는 근삿값을 구할 수 있을 뿐이다.

아르키메데스는 A, B의 무게의 비를 정확하게 알아낼 수만 있다면

(무게의 비)＝(밑면의 넓이의 비)

임을 이용해 T의 참값을 구할 수 있다는 사실을 간파하고,

'두 입체도형 A, B의 정확한 무게의 비를 어떻게 알아낼 것인가?'

를 고민하기 시작했다. 아르키메데스가 그 방법을 찾기까지 얼마만큼의 시간이 걸렸는지는 아무도 모르지만, 아르키메데스는 자신 말고는 영원히 아무도 몰랐을 법한 환상적인 수학 서커스를 마침내 성공시켰다. 이제 그 서커스의 막이 서서히 올라간다.

전체를 조각으로 나누어 무게를 비교하다

지레 위에서 두 도형 A, B의 정확한 균형을 수학적으로 맞추는 방법을 고민하던 아르키메데스는 다음과 같은 발상을 떠올린다.

'두 도형 A, B를 밑변과 수직인 무수히 많은 평행선분들로 이루어져 있다고 생각하고, 각각의 선분 조각을 지레의 양쪽에 하나씩 올려놓고 무게를 비교하자!'

아르키메데스의 이 발상은 보고 나서도, 듣고 나서도 무슨 생각으로 어떻게 하려는 것인지 짐작조차 어려울 정도로 심오하고 막연하다. 그의 발상의 첫 출발은 다음 그림과 같다.●

● 원점 O에서 양쪽으로 양의 방향의 뻗어나가는 수직선으로 생각한 그림이므로 여기서부터 해당 내용을 다룰 땐 편의상 $y=-x$를 $y=x$로 나타낼 것이다. 또한 현실에서는 평형상태가 아니므로 지레는 왼쪽으로 기운다.

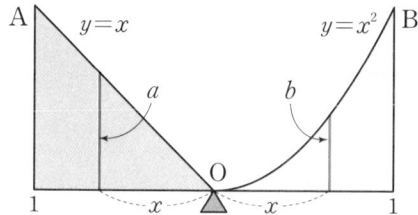

두 도형 A, B를 밑변과 수직이면서 일정한 폭으로 아주 얇게 자를 때,[•] 점 O로부터 양쪽으로 $x\,(0\leq x\leq 1)$만큼 떨어진 지점에 있는 조각을 각각 a, b라 하면 a의 길이는 x이고 b의 길이는 x^2이 된다.

이제 지레 위에 이 두 조각만 올려져 있다고 상상하자.

이때 두 조각의 밀도, 두께, 폭이 서로 같으므로

  (a의 무게) : (b의 무게)

  =(a의 길이) : (b의 길이)

  =$x : x^2$

이 성립한다. 따라서

  (a의 무게)$=kx$, (b의 무게)$=kx^2$ (k는 상수)

으로 놓을 수 있다.

지레 위에서 두 조각의 균형을 맞춰라

지금 지레 위에는 다음 그림과 같이 오직 두 개의 조각만 있다.

• 실제 선분에서는 폭이 없지만, 아르키메데스는 한없이 작지만 폭이 있는 선분을 생각한 것이다.

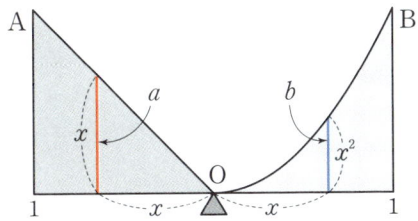

　0$<x<1$일 때는 $x>x^2$이므로 a가 b보다 무겁다. 그런데 받침점 O로부터 두 조각 a, b까지의 거리는 x로 서로 같다. 따라서 지레의 원리에 의해

$$\underset{\text{무게}}{kx}\times\underset{\text{거리}}{x}>\underset{\text{무게}}{kx^2}\times\underset{\text{거리}}{x}$$

이므로 지레는 a 쪽으로 기울 것이다.

　"이제 이 두 조각의 균형을 맞추려면 어떻게 해야 할까? 물론 조각을 자르는 것은 안 되지. 이걸 스스로 발견하면 거의 아르키메데스급이라 할 수 있을 텐데."

　학생들의 눈이 갑자기 커진다.

　"이 방법은 그야말로 아르키메데스처럼 지레의 원리 $w_1d_1=w_2d_2$에 미친 사람만이 떠올릴 수 있을 거거든."

　방금 내가 큰 힌트를 주었음을 아무도 눈치채지 못한 듯하다. 한참을 기다렸지만, 이대로는 남은 수업 시간을 다 줘도 침묵이 깨질 것 같지가 않다. 이제 직접적인 힌트를 주어야겠다.

　"지금 우리는

　　　$(a$의 무게$) : (b$의 무게$)=x : x^2$

이라는 사실은 이미 알고 있어. 두 조각의 무게는 변하지 않아. 그렇다

면 두 조각의 균형을 맞추기 위해서는 어디에 변화를 주어야 할까?"

"거리에 변화를 주어야 합니다."

"그래, 맞았어. 과연 아르키메데스는 거리를 어떻게 조절해 균형을 맞췄을까?"

나는 이 순간부터 학생들에게 5분이 넘는 시간을 주었던 것 같다. 우리 학교의 아르키메데스가 탄생하길 기대한다고 말하면서. 그러나 도무지 기미가 보이지 않는다. 할 수 없이 결정적인 힌트를 제공하기로 했다.

"지금 지레의 원리 $w_1 d_1 = w_2 d_2$에서 $w_1 = kx$, $w_2 = kx^2$이라는 것은 모두가 알고 있지? 이제 이 등식이 성립하도록 d_1, d_2를 정해야 하는데⋯⋯."

너무 노골적인 힌트였을까? 한 학생이 아르키메데스와 똑같은 생각을 떠올렸다.

"$d_1 = x$, $d_2 = 1$이면 되겠네요?"

이를 스스로 발견했던 아르키메데스는 아마도 여기에서 또 한번 외쳤을 것이다.

"유레카!"

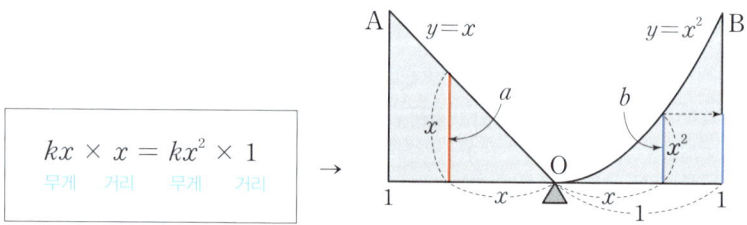

위 등식과 그림은 무게가 kx인 왼쪽 조각은 받침점으로부터 x만큼 떨어진 원래 자리에 그대로 두고, 무게가 kx^2인 오른쪽 조각은 받침점으

로부터 1만큼 떨어진 오른쪽 끝점으로 옮겨 놓으면 균형이 맞춰짐을 의미하고 있다. 더구나 이 등식은 0보다 크고 1보다 작거나 같은 모든 실수 x에 대해 항상 성립한다. 따라서 이 균형은 [그림 1]과 같이 x의 값이 0부터 1까지의 모든 실수의 값을 가지며 변하는 동안 계속 유지될 것이다.

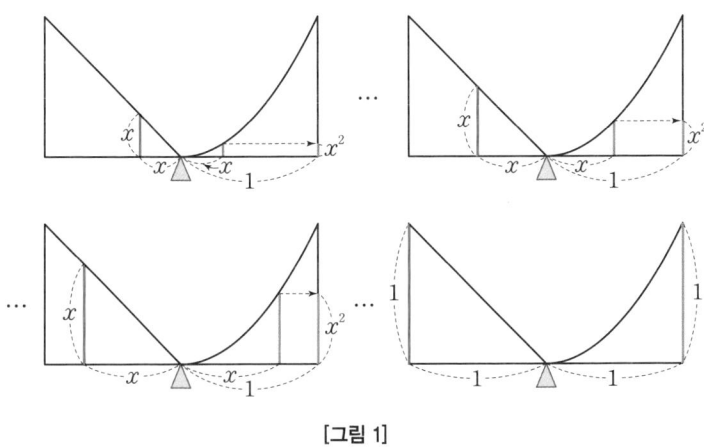

[그림 1]

조각을 다시 모아 전체를 비교하다

아르키메데스는 기껏 잘게 잘라서 어렵게 균형을 맞춰놓은 무한개의 조각들을 다시 모아 원래의 나무판으로 되돌리는 데 성공했다. 균형이 맞은 그 상태 그대로 말이다.

[그림 1]에서 지레의 왼쪽에 있던 모든 조각들을 원래 자리에 그대로 모으면 다음 그림과 같이 원래의 직각이등변삼각형 모양의 나무판으로 되돌아갈 것이다.

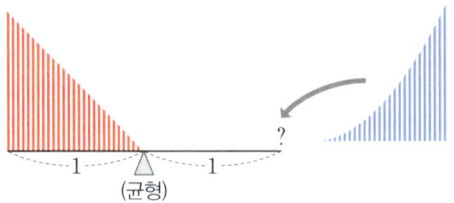

그리고 [그림 1]에서 지레의 오른쪽에 있던 모든 조각들은 위 그림과 같이 지레의 오른쪽 끝이라는 단 한 점에 모두 놓여 있어야 한다. 그런데 오른쪽에 있던 모든 조각들을 지레의 균형을 깨뜨리지 않은 채로 원래의 포물선 모양의 나무판으로 되돌려놓는 것이 과연 가능할까?

아르키메데스는 이 불가능해 보이는 문제마저 멋지게 해결했다.

[그림 2]

위 그림과 같이 포물선 모양의 나무판을 지레의 맨 오른쪽 끝 지점에서 지레와 수직 방향이 되도록 90°만큼 회전시켜서 놓음으로써 이 나무판의 모든 질량이 오른쪽 끝 지점에 있는 것과 같은 효과를 낸 것이다.

실제로 두 나무판을 이렇게 배치했을 때, 단번에 균형이 맞는 장면을 직접 목격한 학생들은 환호를 보냈다.

균형점에서 삼각형 도형까지의 거리는?

학생들이 아르키메데스의 신기한 서커스에 빠져 이 수업의 목적을 잊은 것만 같아 난 수업의 목표를 다시 상기시킨다.

"우리의 목표는 지레의 원리를 이용해 두 입체도형의 무게의 비를 정확하게 찾아내고, 이를 이용해 포물선 모양 나무판의 밑면의 넓이를 구하는 것이야."

지금 균형을 이루고 있는 [그림 2]만으로는 두 입체도형의 무게의 비를 아직 알 수 없다. 받침점으로부터 포물선 도형까지의 거리가 1이라는 것은 알고 있지만, 받침점으로부터 삼각형 도형까지의 거리를 아직 모르기 때문이다.

"'받침점으로부터 삼각형 도형까지의 거리'는 [그림 2]에서 삼각형 도형을 지레와 수직 방향, 즉 포물선 도형과 평행하게 놓아서 균형을 이룰 때의 거리를 말하지. 그럼 삼각형 도형이 놓일 위치는 [그림 2]에 있는 삼각형의 밑변의 어디쯤일까?"

"무게중심에서 지레에 내린 수선의 발입니다."

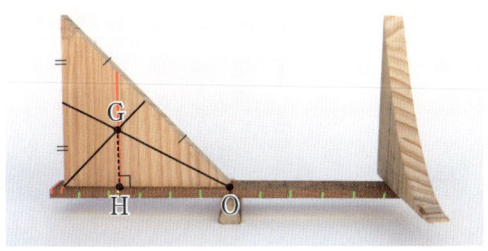

"그렇지!"

이제 밑면의 무게중심 G에서 지레에 내린 수선의 발을 H라 하면 무게중심의 성질에 의해

$$\overline{\mathrm{OH}} = \frac{2}{3} \times 1 = \frac{2}{3}$$

이다.

두 도형의 무게의 비 확인하기

"이제 우리가 마지막으로 직접 확인해보고 싶은 지레의 균형은 무엇일까?"

"오른쪽 끝에는 포물선 도형을 놓고, 왼쪽에는 받침점에서 $\frac{2}{3}$만큼 떨어진 지점에 삼각형 도형을 놓으면 균형이 맞아야 합니다."

두 도형을 학생이 말한 대로 놓자 정확하게 균형이 맞았다. 교실에서는 2,300년 전으로 보내는 함성과 박수 소리가 터져 나왔다.

4

아르키메데스의 '방법'

포물선이 넓이를 품는 방식

마지막 실험 결과는 균형점에서 삼각형 도형까지의 거리와 포물선 도형까지의 거리의 비가

$$\frac{2}{3} : 1, 즉\ 2 : 3$$

임을 말해주고 있다. 아르키메데스는 이 결과로부터 삼각형 도형과 포물선 도형 사이의

(무게의 비)=(부피의 비)=(밑면의 넓이의 비)=3:2

임을 밝혀냈다.

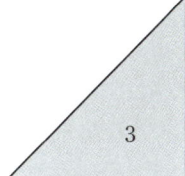 : 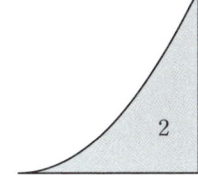 ➡

그리하여 우리는 마침내 다음과 같은 놀라운 사실을 알게 된다.

포물선 도형의 넓이는 직각이등변삼각형의 넓이의 $\frac{2}{3}$이다!

한편, 위의 실험을 일반화하면 [그림 1-1]과 같이 모든 직각삼각형에 대해 빗변의 한 끝점이 포물선의 꼭짓점이기만 하면 항상

'포물선은 직각삼각형의 넓이를 1 : 2로 나눈다.'

라는 사실도 확인할 수 있다.

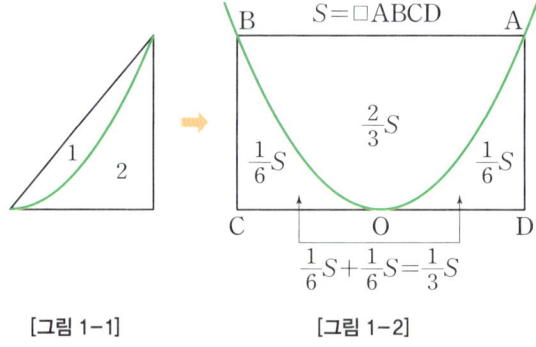

[그림 1-1]　　　　　　　[그림 1-2]

그리고 [그림 1-2]와 같이 직사각형의 한 변의 중점을 꼭짓점으로 하고, 직사각형의 두 꼭짓점을 지나는 포물선은 직사각형의 넓이를 항상 2 : 1로 나눈다는 사실도 쉽게 알 수 있다. 이것이 포물선이 넓이를 품는 방식이다.

학생들에게 포물선 도형의 넓이는 어차피 적분을 배우고 나면 쉽게 계산할 수 있을 것이므로 굳이 암기할 필요는 없지만, 감동과 깨달음을 통해 마음속에 자연스럽게 들어온 것을 굳이 놓아버릴 필요는 없다고도 말한다. 사실 생각해보면, 원의 넓이를 구할 때 공식 πr^2을 암기해 사용하지 않고 매번 적분을 이용하는 사람은 없지 않은가?

아르키메데스의 위대함

지레의 원리만을 이용해 무한히 얇은 무한개의 조각에서 시작해

(길이의 비) ⇨ (무게의 비) ⇨ (부피의 비) ⇨ (넓이의 비)

로 나아가는 논리적인 생각의 흐름이 응축된 다음 사진을 보고 있노라면 수학을 예술 작품으로 승화시킨 것만 같은 아름다움마저 느낀다.

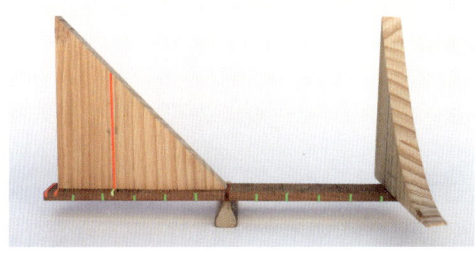

아르키메데스가 자신의 업적 중 가장 자부심을 느꼈던 것은 아마도 지레의 원리가 아니었을까? 지레를 이용해 지구를 들어 올릴 수 있다고 호언장담했고, 지레의 원리를 발전시켜 복합 도르래를 발명했으며, 수학에서도 이토록 멋지게 활용했으니 말이다.

나는 아르키메데스의 이 방법을 처음 접했을 때의 놀라움과 감동을 아직도 잊지 못한다. 기원전의 수학자가 찾아냈다고는 믿기 어려울 정도로 기발하고 상상 이상으로 신기했기 때문이다. '혹시 뉴턴이 타임머신을 타고 과거로 가서 아르키메데스의 역할을 한 것이 아닐까?'라는 엉뚱한 의심까지 하며 한참 동안 넋을 잃고 황홀경에 빠졌던 기억을 떠올리니 또다시 '수학 심장'이 두근거린다.

적분 역사의 시작으로 적분 수업을 시작하다

사실 아르키메데스가 넓이를 구하고자 했던 실제 포물선은 다음과 같이 훨씬 일반적인 포물선 도형과 삼각형이었다.[•]

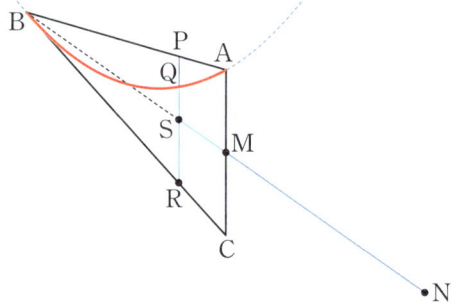

아르키메데스는 위 그림에서 점 P의 위치와 관계없이

$$\overline{PQ} \times \overline{MN} = \overline{PR} \times \overline{MS}$$

가 성립함을 보인 다음, 선분 PR은 제자리에 그대로 두고, 선분 PQ를 모두 점 N으로 이동시켜 균형을 맞췄다.

그런데 위 등식을 포물선의 고유의 성질만을 이용해 설명하기가 꽤나 복잡하다. 그래서 나는 좀 더 쉽게 설명할 방법을 고민했고, 마침내 포물선 위쪽 영역 대신 포물선 아래쪽 영역을, 포물선의 성질 대신 이차함수를 이용하는 방법을 발견했다. 아르키메데스의 '지레의 원리'와 '방법'을 지렛대 삼아 발견한 이 수업 방법이 나에겐 커다란 "유레카"였다.

그 후 목공에도 일가견이 있는 동료 수학 선생님의 도움을 받아 직각

•   직선 BC는 점 B에서 포물선에 접하는 직선이고, 두 선분 AC, PR은 포물선의 축과
     평행하며, 점 M은 두 선분 AC, BN의 중점이다.

이등변삼각형 모양과 포물선 모양의 나무판을 직접 만들어 수업에 활용할 수 있었다. 교육 분야에도 AI 도입이 점차 확산되고 있는 이 최첨단 시대에, 적분법의 시작을 알린 고대 수학자의 방법과 나무 조각만으로 적분 수업을 시작하는 방식이 오히려 최첨단처럼 느껴지는 것은 나만의 착각일까?

다행히 이 수업에서 아르키메데스의 '방법'을 직접 체험한 학생들의 반응은 기대 이상이었다. 그 시대에는 분수도, 좌표평면도, 곡선의 방정식도, 심지어 아라비아 숫자도 없었다고 말해주면 다시 한번 놀란다. 특히 아르키메데스가 우리나라의 고조선 시대 인물이라는 말을 해주면 입을 다물지 못한다. 그러고는 아르키메데스가 왜 역사상 가장 위대한 세 명●의 수학자 중 하나로 항상 손꼽히는지 진심으로 이해하게 되었다고 말한다.

'방법(The Method)'

아르키메데스의 방법은 오늘날 적분법의 정신, 즉 **전체를 작은 조각으로 나누어 분석한 후, 그것들을 다시 결합해 전체를 이해하는 방식**의 모태라 할 수 있다. 그래서 적분법의 역사 맨 처음에는 언제나 아르키메데스가 등장한다.

● 일반적으로 역사상 가장 위대한 세 명의 수학자로는 아르키메데스, 뉴턴, 가우스가 언급된다.

그런데 놀라운 사실은 적분법을 완성한 뉴턴과 라이프니츠조차 아르키메데스의 방법의 존재를 몰랐다는 것이다. 이 방법이 자칫 인류의 기억 속에서 영영 사라질 뻔했던 아찔한 위기가 있었기 때문이다.

아르키메데스는 자신의 대범하면서도 독창적인 방법을 소논문 형식으로 정리해 당대 자신의 수학을 이해할 수 있었던 유일한 친구 에라토스테네스Eratosthenes, 기원전 276?~기원전 194?에게 편지로 보냈다. 그러나 원본은 소실되었고, 심지어 그 내용에 대한 후대의 언급조차도 역사 속에서 오랫동안 모습을 감췄다.

고대 수학자들은 연구 결과를 파피루스● 위에 기록했는데, 파피루스는 장기간 보관이 불가능했다. 양피지▲가 발명된 이후에야 기존 책들을 양피지에 다시 베껴 쓰는 방식으로 고대의 지식을 오랫동안 보전할 수 있게 되었다.

천만다행으로 아르키메데스의 논문도 10세기경 누군가가 양피지에 옮겨 적었다. 그런데 12세기에 그 문서의 중요성을 알지 못했던 또 다른 누군가가 양피지를 재사용하기 위해 표면을 문질러 원래 내용을 지우고 그 위에 기도문을 써버렸다. 이 양피지는 수백 년을 낡아가다 19세기에야 콘스탄티노플■의 교회 도서관에서 발견되었다. 기도문 아래에 원문이 희미하게, 그러나 그 내용이 수학과 관련된 것임을 충분히 알아볼 수 있는 상태였다. 이 사실을 알게 된 덴마크의 고전 문헌학자 헤이베르

- ● 파피루스라는 식물을 재료 삼아 글을 적는 용도로 만들어진 것으로서 오늘날 종이 (paper)의 어원이기도 하다.
- ▲ 양이나 송아지 등의 가죽으로 된 문서 재료
- ■ 오늘날 튀르키예의 이스탄불 지역

Johan Ludvig Heiberg, 1854~1928가 1906년에 그 내용을 해독해 세상에 알리며 아르키메데스의 방법이 다시 빛을 보게 되었다. 그러나 양피지는 세계 대전을 거치면서 다시 한번 세상에서 감쪽같이 사라졌다가 20세기 말에 다시 등장했다. 1998년 뉴욕의 경매장에서 200만 달러에 낙찰된 후에야 현대의 첨단 기술 덕분에 마침내 그 내용이 대부분 복원되었다.

기도서와 섞인 아르키메데스의 논문•

그렇게 기적적으로 되살아난 아르키메데스의 논문의 내용은 오늘날 '방법The Method'으로 불린다. 이 간결한 이름에서 현대 수학자들이 아르키메데스에게 바치는 감동과 경외감을 느낄 수 있다.

아르키메데스는 논문에서 "나는 도형 문제를 해결할 때 이 '방법'을 이용해 답에 대한 실마리를 직관적으로 찾고 난 다음 논리적으로 증명하는 과정을 거쳤다."라고 고백했다.

• 　기도서는 위에서 아래 방향으로 쓰였으며, 그 아래에 원본 아르키메데스 필사본이 왼쪽에서 오른쪽 방향으로 쓰여 있다.

결과를 미리 짐작하고 증명 과정을 찾아가는 것과, 아무런 실마리도 없이 증명을 시도하는 것 사이에는 커다란 차이가 있다는 사실을 수학을 공부해본 사람이라면 누구나 절실하게 공감할 것이다. 아르키메데스에게 이 '방법'은 그러한 직관의 실마리를 제공하는 전가傳家의 보도寶刀였던 것이다. 그러고는 후대의 누군가가 무언가를 발견할 때 자신의 '방법'이 도움이 되길 바란다고 썼는데, 자신만의 비법까지 과감히 공개하는 대인배의 풍모를 엿볼 수 있다.

나는 이 '방법'이 인간의 발상이라는 사실이 잘 믿기지 않아 '이것이 오랫동안 역사 속에서 사라졌던 것은, 어쩌면 누군가가 다시 독자적으로 발견할 수 있는지를 시험해보려는 신의 의도가 아니었을까?' 하는 생각마저 해본 적이 있다.

그러나 그로부터 2,000년이 훨씬 넘는 세월이 흐르는 동안 아무도 이 '방법'을 생각해내지 못했다. 뉴턴도, 라이프니츠도 말이다.

어쩌면 이 '방법'이 19세기 말에야 극적으로 세상에 다시 등장한 이유는 그 누군가가 영원히 나타나지 않을 것이 확실해졌기 때문이었는지도 모른다. 그때는 굳이 그렇게 어려운 방법을 사용할 필요가 없는 세상이 되어버린 후였기 때문이다. '미적분'이라는 쉽고 간편한 방법이 태어나 완성되어 있었으므로 말이다.

5

평면도형의 넓이를 어떻게 구할 것인가

다각형의 넓이를 정복하다

'지구는 평평하다', '무거운 것이 빨리 떨어진다', '태양이 지구를 돈다', '빛의 속도는 무한하다'와 같은 중세 이전의 과학은 이제는 옛날 이야기로만 남아 있고, 오늘날의 교과서에는 대부분 갈릴레오와 뉴턴 이후의 과학만이 살아 있다. 그 이전까지 알려진 물질의 본질, 운동의 법칙, 힘의 원리 등에 대한 거의 모든 지식에서 오류나 결함이 발견되었기 때문이다. 게다가 오늘날 우리가 알고 있는 원자나 우주에 대한 최신 이론들조차 언제든지 새로운 발견으로 수정될 가능성을 강하게 품고 있다. 이처럼 과학은 현재의 이론조차 언제든지 새로운 이론으로 대체될 가능성이 존재하는 역동적이고 가변적인 학문이다. 과학은 본질적으로 가설 위에 세워지는 학문이기 때문이다.

그러나 수학은 다르다. 수학은 무너지기 힘든 공리와 원리를 기초로 하고 완벽한 논리의 전개로 건설되는 학문이기 때문에 세월이 지나도 교체되지 않고 계속 쌓이고 확장된다. 그래서 아무리 세월이 흐르더라도 수론과 기하학을 배우려면 기원전의 수학부터 시작해야 한다.[•] 한편, 수학을 제대로 이해하려면 옛 수학자들이 어떤 필요에서 어떤 생각과 발상에 따라 어떤 방법을 통해 수학을 만들어왔는지를 이해해야 한다. 적분도 당연히 예외가 아니다. 이제 옛 수학자들이 평면도형의 넓이를 구해온 과정을 통해 적분법의 발상을 살펴보자.

누구라도 넓이의 단위로는 한 변의 길이가 1인 정사각형의 넓이가 가장 적합하다고 생각할 것이다. 뉴턴이 넓이를 계산할 때 '□'표기를 자주 사용했던 것도 이런 이유일 것이다. 예를 들어 [그림 1-1]과 같은 가로 4 m, 세로 3 m인 직사각형에는 한 변의 길이가 1 m인 정사각형이 4×3개가 들어가므로 그 넓이는 $12 \ \text{m}^2$가 된다.

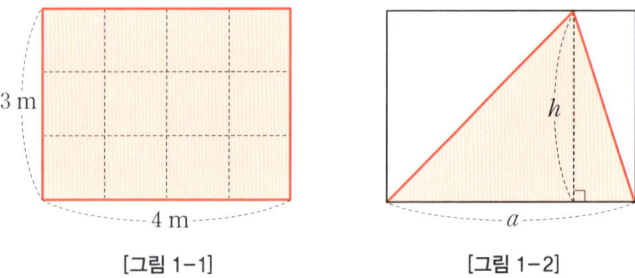

[그림 1-1]   [그림 1-2]

그리고 직사각형의 대각선이 직사각형의 넓이를 이등분한다는 성질로부터 [그림 1-2]와 같은 삼각형의 넓이

$$S = \frac{1}{2}ah \ (a\text{는 밑변의 길이}, \ h\text{는 높이})$$

• 물론 유클리드 기하학과 완전히 다른 비유클리드 기하학들이 태어나기도 했지만, 이 것들은 유클리드 기하학의 대체품이 아니라 새로운 분야다.

를 유도할 수 있다.

이제 [그림 2-1]과 같은 다각형의 넓이는 [그림 2-2]처럼 여러 개의 삼각형으로 나눈 다음, 각 삼각형의 넓이의 총합을 구하면 된다.

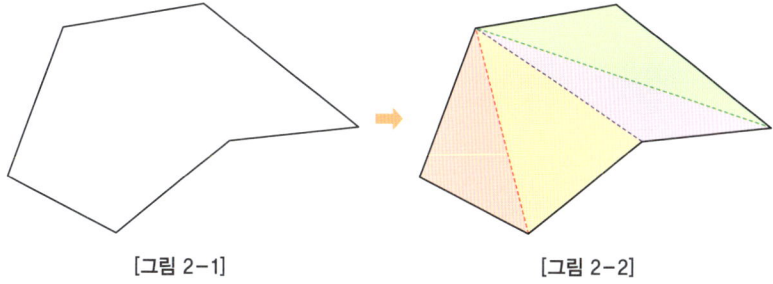

[그림 2-1]   [그림 2-2]

이제 모든 다각형의 넓이를 구할 수 있게 되었다.

원의 넓이로 향하다

선분으로 둘러싸인 다각형의 넓이를 정복한 수학자들의 관심은 자연스럽게 곡선으로 둘러싸인 도형의 넓이로 옮겨갔다. 그중에서 가장 단순하면서도 가장 완벽한, 그러면서도 가장 친숙한 곡선인 원의 넓이가 최우선 과제였던 것은 너무나 당연했다.

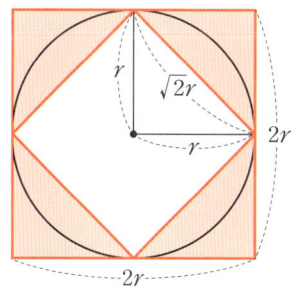

앞 그림에서 반지름의 길이가 r인 원에 외접하는 정사각형의 넓이는 $(2r)^2=4r^2$이고, 내접하는 정사각형의 넓이는 $(\sqrt{2}r)^2=2r^2$이다. 눈대중으로만 보면 원이 색칠한 4개의 직각이등변삼각형의 넓이를 거의 이등분하면서 지나가는 것처럼 보이지 않는가? 만약 이 짐작이 맞다면 원의 넓이는 외접하는 정사각형과 내접하는 정사각형의 넓이의 평균인

$$\frac{2r^2+4r^2}{2}=3r^2$$

이 될 것이다. 이것이 고대 바빌로니아인들이 원의 넓이를 $3r^2$으로 생각한 이유다. 이처럼 이집트나 바빌로니아에서는 수학적 원리나 공식에 대한 논리적인 증명보다는 실용적인 근삿값을 구하는 방법을 더 중요시했다.

그에 반해 그리스의 수학은 정확한 값과 엄밀한 증명을 강조했고, 심지어 증명 자체를 즐기기까지 했다. 그 대표적인 예가 바로 피타고라스 정리의 증명•이다.

오른쪽 그림과 같은 직각삼각형에 대해 항상 성립하는 등식 $a^2+b^2=c^2$은 피타고라스가 살던 기원전 6세기~기원전 5세기보다 약 1,000년 앞선 바빌로니아와 약 500년 앞선 중국에서 이미 알고 있었다는 증거가 있

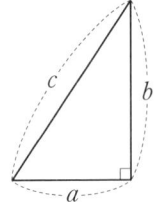

지만, 이 공식이 오늘날 피타고라스 정리로 불리게 된 이유는 '마테마티코이 mathematikoi'라 불리던 피타고라스학파의 핵심 회원들이 이 정리를 논리적으로 증명해 널리 퍼뜨렸기 때문이다.

• 피타고라스의 증명법은 400개가 넘는다고 한다. 《올댓 피타고라스 정리》(경문사, 2007)에 자세한 내용이 소개되어 있다.

한편, '배움'이라는 의미를 품고 있던 'mathematikoi'는 라틴어 'mathematica'로 변한 뒤 오늘날 수학을 뜻하는 'mathematics'가 되었다. '수학'은 '생각하는 방법을 배우는 학문'에서 출발했던 것이다.

적분법의 첫 발상이 태어나다

이러한 정신을 물려받은 그리스의 수학자들은 근삿값이 아닌 정확한 원의 넓이를 알아내고자 노력했다. 피타고라스학파와 유클리드Euclid, 기원전 4세기~기원전 3세기에 의해 그리스의 기하학은 놀랄 정도로 정교하게 발전했지만, 원의 넓이만큼은 엄밀한 증명 대신 무한과 직관을 이용하는 방법으로 발견되었다.

이 방법은 반지름의 길이가 r인 원을 모두 합동인 작은 부채꼴로 잘라 울퉁불퉁한 직사각형 모양이 되도록 재배치한 다음, 부채꼴의 개수를 점점 늘려가는 상황을 상상하는 방식이었다.

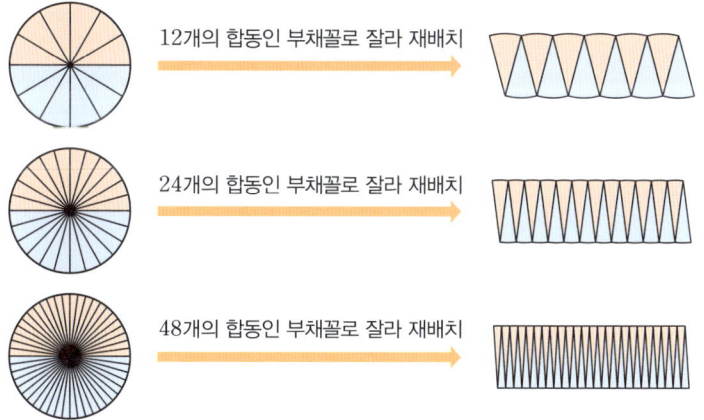

두 개의 자석을 아주 천천히 서로 접근시키다 보면, 두 자석이 갑자기 서로를 향해 맹렬하게 돌진하며 서로 '척' 하고 달라붙는 순간을 누구나 한 번쯤 경험해봤을 것이다. 위 그림에서도 부채꼴의 개수를 점차 늘려가다 보면 부채꼴을 재배치한 울퉁불퉁한 도형이 우리 머릿속에서 '가로가 원둘레 l의 절반이고, 세로가 반지름의 길이 r인 직사각형'으로 순식간에 변하는 순간을 경험하게 된다. 이 순간이 바로 유한이 무한으로 승화하는 순간이다.

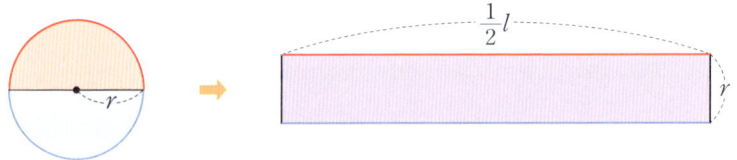

이 방법은 대부분의 사람이 원의 넓이를 처음 배울 때 만나는 방법으로, 곡선으로 둘러싸인 도형을 한없이 작은 조각들로 나눈 후 그 조각들을 재배치해 원래 도형의 넓이를 구한다는 적분법의 발상을 처음으로 경험하게 해주는 대표적인 소재이기도 하다.

원과 부채꼴은 특수한 삼각형이다

그리스 수학자들은 원의 넓이를 구하는 또 다른 방법도 발견했는데, 여기에도 무한과 직관이 활용된다. 이 방법은 원에 내접하는 정다각형을 그릴 때 [그림 3-1]과 같이 변의 개수를 한없이 증가시키면 정다각형의 넓이와 원의 넓이의 차를 한없이 작게 줄일 수 있다는 발상에서 출발한다.*

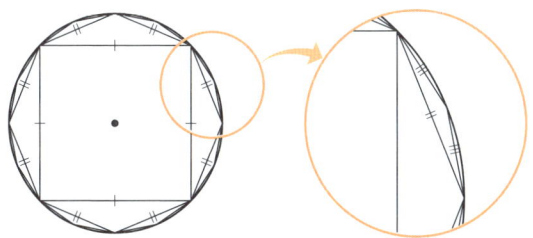

[그림 3-1] 원에 내접하는 정4, 8, 16, …각형

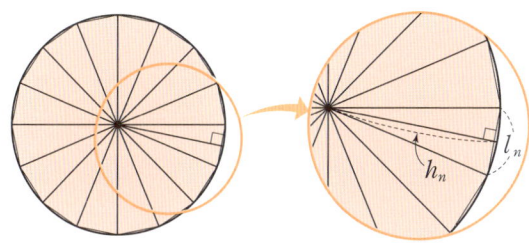

[그림 3-2]

이때 [그림 3-1]의 정 n각형을 [그림 3-2]와 같이 한 꼭짓점이 원의 중심이고 서로 합동인 n개의 이등변삼각형의 합으로 나타낼 수 있다. 이제 정 n각형의 한 변의 길이를 l_n이라 하고 이등변삼각형의 높이를 h_n이라 하면 이등변삼각형 한 개의 넓이는 $\frac{1}{2} \times l_n \times h_n$이므로 정 n각형의 넓이는

$$n \times \left(\frac{1}{2} \times l_n \times h_n \right)$$

이 된다. 이때 $n \to \infty$이면

---

* 중국의 수학자 유휘(劉徽, 220?~280?)도 이와 같은 방법으로 원의 넓이를 구했는데, 중국에서는 이 방법을 '할원술(割圓術)'이라고 부른다.

$$n \times l_n \qquad \rightarrow (\text{원둘레 } l),$$

$$h_n \qquad\quad \rightarrow (\text{원의 반지름의 길이 } r)$$

이 될 것이라는 직관으로부터 출발해

$$(\text{정 } n\text{각형의 넓이}) = \frac{1}{2} \times h_n \times (n \times l_n) \rightarrow \frac{1}{2} rl$$

이 될 것이라는 합리적인 추론을 거쳐 원의 넓이 S가

$$S = \frac{1}{2} rl$$

이라는 결론에 도달한다.

그런데 원의 넓이 공식 $S = \frac{1}{2}rl$이 삼각형의 넓이 공식과 똑같지 않은가? 아르키메데스는 이 결과로부터 원의 넓이가 '밑변의 길이가 원의 둘레 l과 같고, 높이는 반지름의 길이 r인 삼각형의 넓이와 같다'는 것을 발견했다. 이와 같이 원을 삼각형으로 생각하는 발상을 일반화하면, 원의 일부인 부채꼴은 모든 반지름이 높이가 될 수 있는 '특수한 이등변삼각형'•으로 생각할 수 있는데, 이렇게 하면 다음 그림처럼 부채꼴의 넓이를 삼각형의 넓이 공식을 이용해 쉽게 이해할 수 있다.

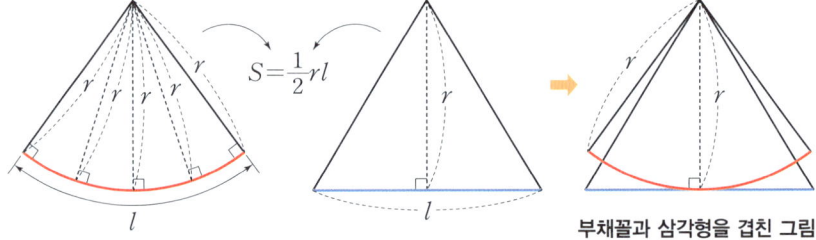

부채꼴과 삼각형을 겹친 그림

• 부채꼴 그림에서 반지름이 부채꼴의 호와 서로 수직이라는 것은 반지름과 원의 접선이 서로 수직임을 의미한다.

6

원주율을 구하는 여정

원주율을 알아야 원의 넓이를 구할 수 있다

이제 수학자들은 반지름의 길이가 r인 원의 넓이가

$$S = \frac{1}{2} r l$$

이라는 것을 알게 되었다. 하지만 이것만으로 원의 넓이를 실제로 알 수는 없었다. 아직 원둘레 l을 모르기 때문이다.

수학자들은 원둘레 l이 지름의 길이에 비례한다는 사실은 잘 알고 있었지만 그 비례상수, 즉 원둘레가 지름의 몇 배인지를 나타내는 원주율•의 값을 정확하게 알아내는 것은 결코 쉬운 일이 아니었다. 물론 원 모양의 바퀴를 정교하게 만든 다음 한 바퀴 굴려서 움직인 거리를 측정하면 원주율의 근삿값을 구할 수는 있겠지만, 그들은 정확한 값을 원했다.

• (원주율) $= \dfrac{(원둘레)}{(지름)}$

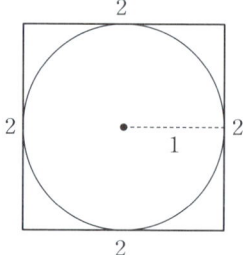
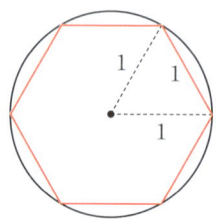

수학자들은 반지름의 길이가 1인 '단위원'에 외접하는 정사각형의 둘레는 8이고, 이 원에 내접하는 정육각형의 둘레는 6이므로 원둘레가 6보다 크고 8보다 작다는 사실로부터

$$\frac{6}{2} < \frac{(원둘레)}{(지름)} < \frac{8}{2},$$

즉,

$$3 < (원주율) < 4$$

임을 발견했다.

한편,

$$(원둘레 \ l) = (원주율) \times (지름) > 3 \times (2r)$$

에서 $l > 6r$이므로 원의 넓이 S는

$$S = \frac{1}{2}rl > 3r^2$$

이다. 따라서 원의 넓이를 $3r^2$으로 생각했던 바빌로니아인들의 생각이 틀렸음이 여기서 드러난다.

아르키메데스의 방법

    아르키메데스는 정밀한 원주율의 값을 구하기 위해 원에 내접하는 정다각형과 외접하는 정다각형을 동시에 이용했는데, 정6각형에서 시작해 변의 개수를 2배씩 늘려가며 계산했다.

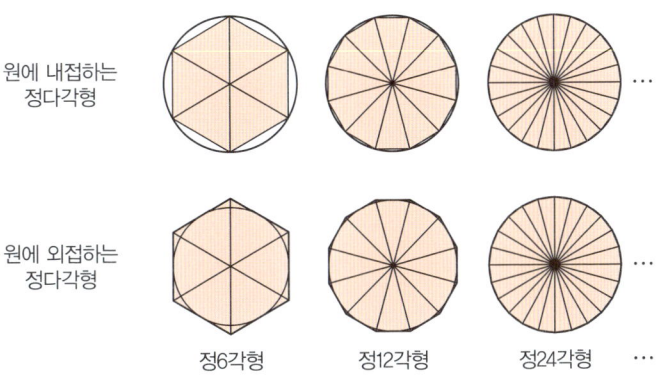

내접하는 정 n각형의 둘레의 길이를 s_n, 외접하는 정 n각형의 둘레의 길이를 t_n이라 하고 원둘레를 l이라 하면, n이 커질수록

$$s_6 < s_{12} < s_{24} < s_{48} < s_{96} < \cdots < l < \cdots < t_{96} < t_{48} < t_{24} < t_{12} < t_6$$

과 같이 s_n과 t_n이 l을 향해 점점 가까워진다.•

    아르키메데스는 정96각형일 때의 s_{96}과 t_{96}을 이용해

$$3 + \frac{10}{71} < (원주율) < 3 + \frac{10}{70},$$

즉,

$$3.140\cdots < (원주율) < 3.142\cdots$$

•   이 방법을 '조임법' 또는 '착출법'이라고 부른다.

임을 알아냈다. 잘 알려진 원주율의 근삿값 3.14가 이때부터 등장하지만 사실 이때까지는 소수 표기법이 없었다.

17세기에 소수 표기법이 생긴 후에야 수학자들은 원둘레 l을 지름으로 나눈 값 $\dfrac{l}{2r}$ 을 '원주율'이라 부르고 'π'로 나타내기로 했다.[●]

정다각형의 극한은 원이다?

오른쪽 그림은 아르키메데스의 정96각형을 컴퓨터로 그린 것이다. 그런데 우리 눈으로는 96개의 꼭짓점 중 단 하나도 보기 어렵다. 이처럼 겨우 정96각형만으로도 거의 완벽한 원처럼 보이다 보니 원을 무한다각형으로 생각하는 것이 납득이 가는 한편, 아르키메데스가 정96각형으로 계산한 원주율이 겨우 소수점 아래 둘째 자리까지만 정확하다는 사실에서는 무한의 심오한 깊이를 새삼 느끼게 된다.

정96각형

사실, 원을 정다각형의 극한으로 생각하는 것은 '곡선을 한없이 확대하

● 원주율을 π로 처음 나타낸 수학자는 윌리엄 존스(William Jones, 1675~1749)이지만, 오일러(Leonhard Euler, 1707~1783)가 이 기호를 사용하기 시작한 이후로 널리 사용되었다.

면 직선으로 보인다.'라는 미분의 근본이 되는 발상과도 일맥상통한다.

이제 이와 같은 직관을 이용해 해결할 수 있는 기출문제를 만나보자.

문제 1   2006학년도 6월 수능 모의평가

[그림 1]은 중심이 같은 두 개의 정$2n$각형에서 큰 정$2n$각형의 꼭짓점, 작은 정$2n$각형의 꼭짓점과 중심이 한 직선 위에 있도록 연결한 것이다. 중심에서 두 개의 정$2n$각형의 꼭짓점까지의 거리는 각각 10, 20이다. [그림 1]의 어두운 부분을 잘라내어 만든 [그림 2]와 같은 도형의 넓이를 S_n이라 하자. $\dfrac{1}{\pi}\lim\limits_{n\to\infty}S_n$의 값을 구하시오. [4점]

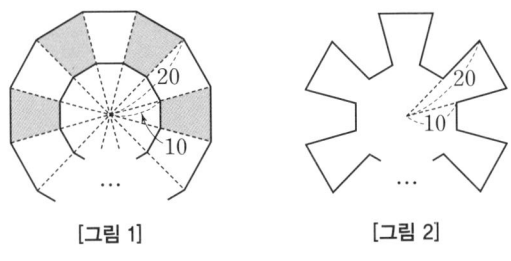

[그림 1]   [그림 2]

$n\to\infty$일 때의 그림을 상상하는 것이 이 문제해결의 관건이다.

$n\to\infty$이면 안쪽의 정$2n$각형은 반지름의 길이가 10인 원에 한없이 가까워지고, 바깥쪽의 정$2n$각형은 반지름의 길이가 20인 원에 한없이 가까워질 것이다. 그러므로 잘라낸 부분(어두운 부분)의 넓이는 두 원 사이 영역의 넓이의 절반, 즉 $\dfrac{1}{2}(20^2\pi-10^2\pi)=150\pi$에 한없이 가까워질 것이다.

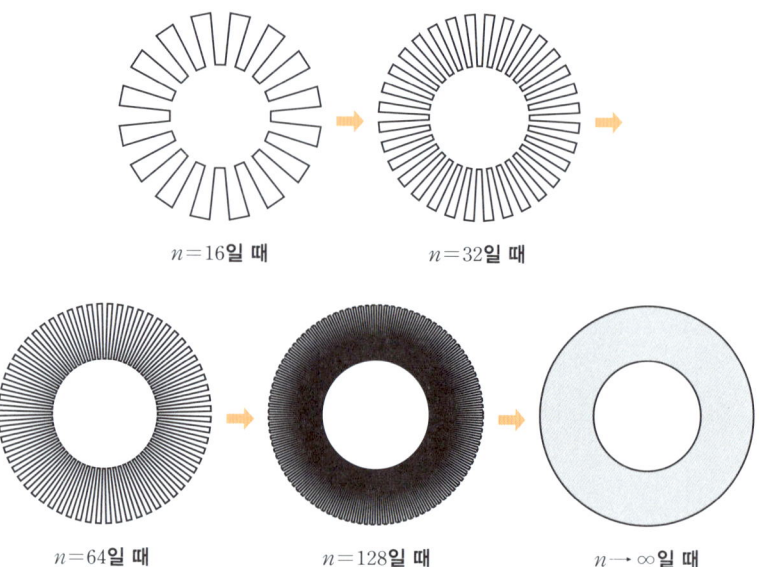

$n=16$일 때 $n=32$일 때

$n=64$일 때 $n=128$일 때 $n \to \infty$일 때

따라서 남아 있는 도형의 넓이의 극한은

$$\lim_{n \to \infty} S_n = 10^2 \pi + 150\pi = 250\pi$$

이므로 $\dfrac{1}{\pi} \lim_{n \to \infty} S_n = 250$이다.

역시나 원은 그 자체로 무한을 품고 있는 도형이 맞았다.

무한한 원주율을 향한 무한 경쟁

비록 아르키메데스는 정96각형에서 멈췄지만, 그의 방법을 따르는 수학자들이 계속 등장했다. 중국에서는 3세기에 유휘가 정192각형과 정3,072각형을 이용했고, 5세기에 조충지(祖沖之, 429~500)는 정24,576각형을 이용해 원주율을 3.1415926까지 정확하게 계산했다. 특히 조충지는 원주율과 매우 비슷하면서도 단순한 분수 $\frac{355}{113}$($=3.1415929\cdots$)를 발견하기도 했다. 15세기 아랍의 수학자 알 카시Jamshid al-Kāshī, 1380~1429는 원에 내접하는 정3×2^{28}각형과 외접하는 정3×2^{28}각형의 둘레의 길이의 평균을 계산해 소수점 아래 16번째 자리까지 정확한 원주율을 구했으며, 16세기 독일의 수학자 쾰런Ludolph van Ceulen, 1540~1610은 평생을 바쳐 정2^{62}각형의 둘레를 계산해 원주율을 소수점 아래 35번째 자리까지 정확하게 구했다.[•] 프랑스의 수학자 비에트François Viète, 1540~1603는 정다각형의 변의 개수가 2배로 늘어날 때 넓이가 변하는 비율을 찾아내 정확한 π의 값을 나타내는 역사상 최초의 등식

$$\frac{2}{\pi} = \sqrt{\frac{1}{2}} \times \sqrt{\frac{1}{2} + \frac{1}{2}\sqrt{\frac{1}{2}}} \times \sqrt{\frac{1}{2} + \frac{1}{2}\sqrt{\frac{1}{2} + \frac{1}{2}\sqrt{\frac{1}{2}}}} \times \cdots$$

을 발견했다.

17세기에는 π의 근삿값을 훨씬 간단하고 빠르게 구할 수 있는 수학적 도구가 등장하면서 정다각형을 이용하는 방법이 막을 내린다. 새로운 도구란 바로 '미적분'이다. 적분의 탄생에 결정적으로 공헌했던 원주율 π가 다시 미적분의 도움으로 그 정확한 값을 다양한 모습으로 드러내게 된 것이다. 대표적인 결과물과 발견자는 다음과 같다.

1) 월리스John Wallis, 1616~1703

$$\frac{\pi}{2} = \frac{2}{1} \times \frac{2}{3} \times \frac{4}{3} \times \frac{4}{5} \times \frac{6}{5} \times \frac{6}{7} \times \frac{8}{7} \times \frac{8}{9} \times \cdots$$

[•] 이런 이유로 독일에서는 원주율을 쾰런의 이름인 '루돌프'를 따 '루돌프의 수'라고 부르기도 한다.

2) 그레고리 James Gregory, 1638~1675, 라이프니츠

$$\frac{\pi}{4} = \frac{1}{1} - \frac{1}{3} + \frac{1}{5} - \frac{1}{7} + \frac{1}{9} - \frac{1}{11} + \cdots$$

3) 오일러

$$\frac{\pi^2}{6} = \frac{1}{1^2} + \frac{1}{2^2} + \frac{1}{3^2} + \frac{1}{4^2} + \frac{1}{5^2} + \cdots$$

π는 소수점 아래에 숫자들이 아무 규칙도 없이 무한히 등장하는 무리수인데, 위 등식들의 우변에는 유리수들이 규칙적으로 무한히 등장한다. 이처럼 무한과 미적분의 힘으로 규칙적인 유리수와 불규칙한 무리수 π가 정확한 등식으로 연결되는 광경은 보고 또 봐도 그저 신기하기만 하다.

π에 관한 등식 중에서 가히 압권이라 할 수 있는 것은

$$\frac{6}{\pi^2} = \left(1 - \frac{1}{2^2}\right)\left(1 - \frac{1}{3^2}\right)\left(1 - \frac{1}{5^2}\right)\left(1 - \frac{1}{7^2}\right)\left(1 - \frac{1}{11^2}\right)\cdots\left(1 - \frac{1}{p^2}\right)\cdots$$

이라 할 수 있다(p는 소수). 위 등식의 우변에는 모든 소수가 차례로 등장한다. 이 중 단 하나의 소수라도 빠뜨리면 등식은 무너지고 말 것이다.

무한에 가장 가깝고 가장 완벽한 도형인 원의 상수 π와, 아무런 규칙도 없어 보이는 무한개의 소수 사이에 이토록 완벽한 관계가 존재한다는 것을 보여준 이 등식은 모든 수학자를 경악시켰는데, 이 등식도 오일러의 작품이다.

이제 시간만 충분하다면 위와 같은 등식들을 이용해 π의 소수점 아래 자릿수를 원하는 만큼 계산할 수 있다. 오늘날에는 π의 소수점 아래 숫자를 더 빨리 알아낼 수 있는 새로운 등식을 찾아내고, 더 빨리 계산할 수 있는 고성능의 컴퓨터를 개발하는 방식으로 π를 향한 경쟁이 계속되

고 있다.•

　심지어 π의 소수점 아래 특정 자리의 숫자를 정확하게 알아내는 알고리즘까지 발견되었다. 이 알고리즘을 이용하면 1부터 8까지의 자연수가 π의 소수점 아래 186,557,266자리부터 차례로 나오는 것을 알 수 있다.▲

- 　2025년 4월 기준 Kioxia(미국)와 Media Group(캐나다)이 협력해 300조 자리까지 구했다고 한다.
- ▲　https://www.angio.net/pi/bigpi.cgi에서 직접 자신의 생일이나 전화번호도 확인할 수 있다.

7

아르키메데스의 엄밀한 적분

삼각형으로 포물선 도형을 채우다

원의 둘레와 넓이를 모두 정복한 아르키메데스는 또 하나의 원뿔곡
선인 포물선으로 눈길을 돌렸다. 아르키메데스의 진정한 천재성과 독창
성은 그가 포물선의 넓이를 구하는 방법에서 더욱 두드러진다.

그중 하나는 앞에서 소개했던, 지레의 원리를 이용하는 아르키메데스
의 '방법'이다. 그런데 이것은 이미 넓이를 알고 있는 삼각형과 아직 넓
이를 모르는 포물선 도형의 비교를 통해 넓이를 알아내는 간접적인 방
법이다.

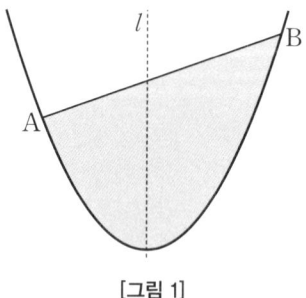

[그림 1]

아르키메데스는 [그림 1]과 같은 포물선 도형(포물선과 선분 AB로 둘러싸인 부분)의 넓이를 직접적으로 구할 수 있는 엄밀한 방법도 창조했다.

이 방법은 [그림 2-1]과 같이 포물선 위의 두 점 A, B 사이에 있는 포물선 위의 점 중에서 선분 AB의 중점을 지나고 축 *l*과 평행한 직선이 포물선과 만나는 점 P•를 잡고 삼각형 APB를 그리는 것으로 시작한다.

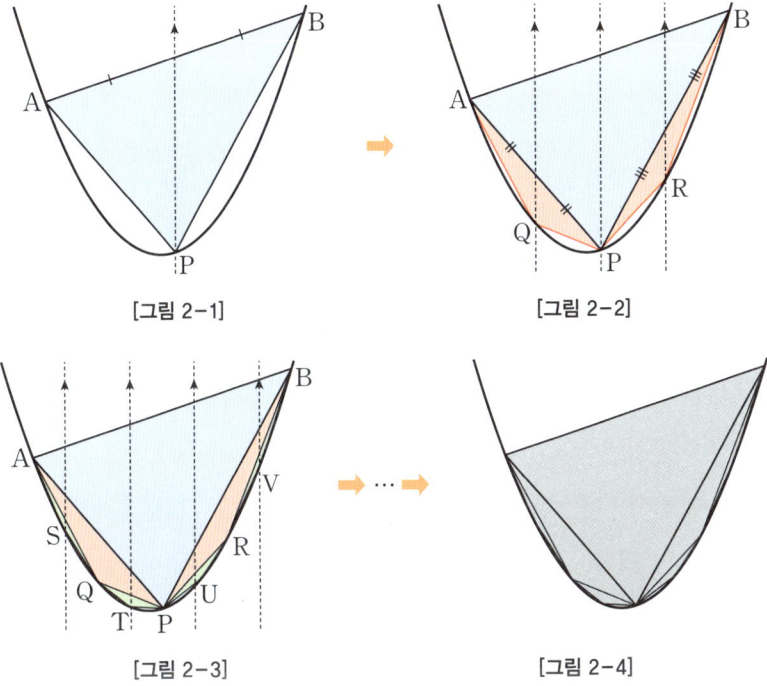

[그림 2-1]

[그림 2-2]

[그림 2-3]

[그림 2-4]

그리고 [그림 2-2]와 같이 포물선 위의 두 점 A, P와 두 점 B, P 사이에도 같은 방법으로 두 점 Q, R을 각각 잡는다. 이런 과정을 한없이 반복하면 처음 포물선 도형은 무한개의 삼각형으로 가득 채워질 것이다.

• 점 P에서 포물선에 접하는 직선은 직선 AB와 평행하다. 따라서 점 P는 두 점 A, B 사이의 포물선 위의 점 중 삼각형 APB의 넓이가 최대인 점이다.

아르키메데스는 위의 각 단계에서 새로 만들어진 작은 삼각형들의 넓이의 총합이 그 직전 단계에서 만들어진 삼각형들의 넓이의 총합의 $\frac{1}{4}$임을 알아냈다(증명은 부록 '더 깊이 들어가기' 참조).

즉, [그림 2-2]에서 새로 만들어진 두 삼각형 AQP, PRB의 넓이의 합은 큰 삼각형 APB의 넓이의 $\frac{1}{4}$이고, [그림 2-3]에서 새로 만들어진 네 삼각형 ASQ, QTP, PUR, RVB의 넓이의 총합은 [그림 2-2]에서 새로 만들어진 두 삼각형 AQP, PRB의 넓이의 합의 $\frac{1}{4}$이다.

따라서 삼각형 APB의 넓이를 S라 하면 [그림 2-2]에 있는 3개의 삼각형 APB, AQP, PRB의 넓이의 총합은

$$S+\frac{1}{4}S$$

이고, [그림 2-3]에 있는 $7(=1+2+4)$개의 삼각형의 넓이의 총합은

$$S+\frac{1}{4}S+\left(\frac{1}{4}\right)^{2}S$$

이다. 아르키메데스는 이와 같은 방식으로 작은 삼각형들을 한없이 그려나가면 [그림 2-4]와 같이 모든 삼각형의 넓이의 총합이 포물선 도형의 실제 넓이에 한없이 가까워질 것임을 간파했다. 즉, 포물선 도형의 넓이는

$$S+\frac{1}{4}S+\left(\frac{1}{4}\right)^{2}S+\left(\frac{1}{4}\right)^{3}S+\cdots=S\left(1+\frac{1}{4}+\frac{1}{4^{2}}+\frac{1}{4^{3}}+\cdots\right)$$

라고 생각한 것이다. 여기서 S는 쉽게 구할 수 있으므로

$$1+\frac{1}{4}+\frac{1}{4^{2}}+\frac{1}{4^{3}}+\cdots$$

의 값을 알 수만 있다면 포물선 도형의 넓이를 정확하게 구할 수 있게

된다. 그러나 당시에는 오늘날의 등비급수●의 개념이 없었다. 하지만 아르키메데스에게는 자신만의 천재적 발상이 있었다.

급수를 다루는 천재의 방식

아르키메데스는 등식

$$\frac{1}{4^n} + \frac{1}{3} \times \frac{1}{4^n} = \frac{3+1}{3 \times 4^n} = \frac{1}{3} \times \frac{1}{4^{n-1}}$$

을 마치 마술 도구처럼 사용했다.

$1 + \frac{1}{4} + \frac{1}{4^2} + \frac{1}{4^3} + \cdots + \frac{1}{4^{n-1}} + \frac{1}{4^n}$ 에 $\frac{1}{3} \times \frac{1}{4^n}$ 을 더하기만 하면 복잡

하게 얽혀있던 실타래가 술술 풀리듯

$$\left(1 + \frac{1}{4} + \frac{1}{4^2} + \frac{1}{4^3} + \cdots + \frac{1}{4^{n-1}} + \frac{1}{4^n} \right) + \frac{1}{3} \times \frac{1}{4^n}$$

$$= 1 + \frac{1}{4} + \frac{1}{4^2} + \frac{1}{4^3} + \cdots + \frac{1}{4^{n-1}} + \frac{1}{3} \times \frac{1}{4^{n-1}}$$

$$= 1 + \frac{1}{4} + \frac{1}{4^2} + \frac{1}{4^3} + \cdots + \frac{1}{3} \times \frac{1}{4^{n-2}}$$

$$\vdots$$

$$= 1 + \frac{1}{4} + \frac{1}{4^2} + \frac{1}{3} \times \frac{1}{4^2}$$

$$= 1 + \frac{1}{4} + \frac{1}{3} \times \frac{1}{4}$$

$$= 1 + \frac{1}{3}$$

$$= \frac{4}{3}$$

● 등비수열의 모든 항의 합

가 되는 신비를 경험하게 된다. 따라서

$$1+\frac{1}{4}+\frac{1}{4^2}+\frac{1}{4^3}+\cdots+\frac{1}{4^{n-1}}+\frac{1}{4^n}=\frac{4}{3}-\frac{1}{3}\times\frac{1}{4^n}$$

이 되고, n이 한없이 커지면 $\frac{1}{4^n}$은 0에 한없이 가까워지므로

$$1+\frac{1}{4}+\frac{1}{4^2}+\frac{1}{4^3}+\cdots+\frac{1}{4^{n-1}}+\frac{1}{4^n}+\cdots=\frac{4}{3}-0=\frac{4}{3}$$

가 되어 포물선 도형의 넓이는 $\frac{4}{3}S$가 될 것이다.[●]

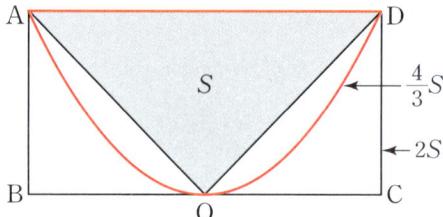

아르키메데스는 유한에서 무한으로 도약하는 과정을 당시의 수학으로는 엄밀하게 설명할 수 없음을 스스로 깨닫고 포물선의 넓이가 $\frac{4}{3}S$보다 크다고 가정해도 모순이 생기고, 작다고 가정해도 모순이 생김을 보이는 '이중 귀류법'을 사용해 포물선 도형의 넓이가 정확하게 $\frac{4}{3}S$일 수밖에 없음을 증명하는 치밀함도 보여줬다.[▲]

이처럼 삼각형들을 한 단계씩 그려나갈 때마다 모든 삼각형을 합친 도형과 포물선 사이에 있는 자투리 영역이 점점 소진된다는 의미에서

[●] 아르키메데스의 '방법'을 통해 밝혔던 '포물선이 넓이를 품는 방식'(38쪽)과 같은 결과임을 알 수 있다.

[▲] 이런 이유로 아르키메데스의 방법은 뉴턴이나 라이프니츠의 적분법보다도 엄밀하다는 평가를 받기도 한다.

아르키메데스의 이러한 방법을 실진법悉盡法(또는 소진법消盡法), method of exhaustion●이라고 부르는데, 이 방법은 오늘날 적분법의 뿌리가 되는 위대한 발상으로 여겨지고 있다.

● 에우독소스(Eudoxus, 기원전 408~기원전 355)가 원의 넓이를 구할 때 이미 이 방법을 사용했다고 한다.

8

입체도형의 부피를 어떻게 구할 것인가

기둥과 뿔의 부피

고대에는 토지의 넓이를 구하는 것만큼이나 물이나 곡식을 담을 그 릇의 부피를 구하는 것도 중요했다. 따라서 입체도형의 부피를 구하는 일도 수학자들의 중요한 임무가 되었다. 수학자들은 한 모서리의 길이 가 1인 정육면체의 부피를 부피의 단위로 정했다. 이렇게 정의하면 입 체기둥의 부피는

(밑면의 넓이)×(높이)

가 된다. 원기둥의 경우에도 밑면인 원의 넓이를 구하기만 하면 부피를 구하는 것은 일도 아니다.

한편, 유클리드에 의해 모든 각뿔의 부피는 각기둥의 부피의 $\frac{1}{3}$ 이라 는 사실도 널리 알려졌다.

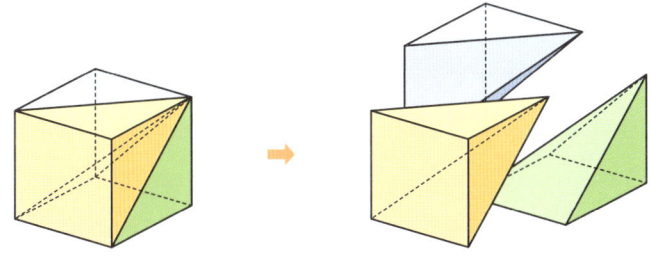

정육면체를 서로 합동인 세 입체로 자른 그림

그리고 아르키메데스는 원뿔을 그에 내접하는 정다각뿔의 극한으로 생각하는 방식으로 원뿔의 부피도 원기둥의 부피의 $\frac{1}{3}$임을 증명했다.

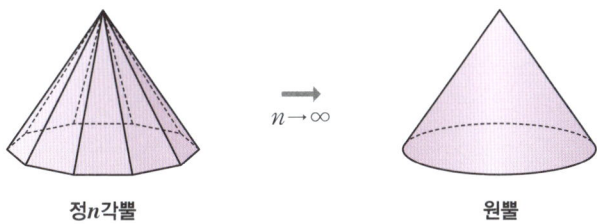

정n각뿔　　　　　　　　　　　**원뿔**

구의 부피

이제 부피에 관한 연구의 방향은 기둥도 뿔도 아닌 입체인 구球로 향했다.

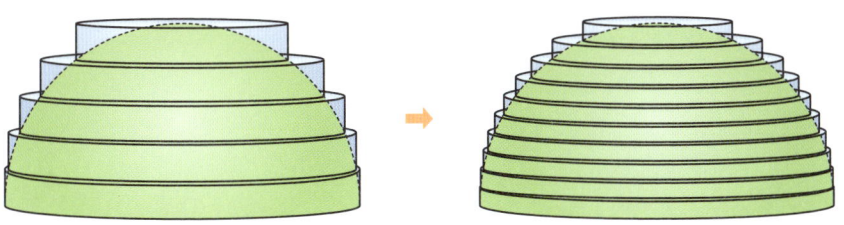

아르키메데스는 구를 아주 얇은 조각으로 나누고 각 조각을 원기둥으로 간주해 부피를 구한 다음, 모든 원기둥의 부피 합의 극한을 구하는 방법으로 구의 부피를 구했다. 그리고 회전포물체, 회전타원체, 회전쌍곡체에도 이 방법을 적용해 이 입체들의 부피를 구하는 데도 성공했다.

이와 같은 방법은 오늘날에도 흔히 사용되는 구분구적법區分求積法[•]의 모태로서, 17세기 미적분의 개척자들에게도 결정적인 영감을 줬다.

한편, 고대 그리스 시대에는 수학적 기호와 표기법이 부족했기 때문에 구한 결과를 직접 수식으로 표현하지 못하고, 이미 알고 있는 다른 값과의 상대적인 비로 나타내는 방식을 이용할 수밖에 없었다. 그래서 아르키메데스는 자신이 구한 구의 부피를 다음과 같이 표현했다.

"구의 부피는 구의 반지름을 밑면의 반지름으로 하고 높이가 구의 반지름과 같은 원뿔 부피의 4배다."

도대체 무슨 말일까? 이를 오늘날의 수식으로 다시 표현하면

$$(\text{구의 부피}) = \left(\pi r^2 \times r \times \frac{1}{3} \right) \times 4 = \frac{4}{3} \pi r^3$$

과 같이 그 의미를 간명하게 전달할 수 있다.

아르키메데스가 이 공식을 후대에 선물함으로써 우리는 원자, 물방울, 지구, 별 그리고 우주의 부피까지, 세상의 모든 둥근 것들의 부피를 그 반지름의 길이만으로 구할 수 있게 되었다.

[•]   도형을 작은 조각들로 나눈 다음 그 조각들의 넓이(부피)의 합의 극한으로 도형의 넓이(부피)를 구하는 방법.

구의 겉넓이

아르키메데스는 구의 부피를 구한 다음 무한과 직관을 이용해 구의 겉넓이도 구했는데, 그 과정을 다음과 같이 설명했다.

"원을 '밑변이 원의 둘레이고 높이가 반지름인 삼각형'으로 볼 수 있듯이, 구를 '밑면이 구의 겉면이고 높이가 반지름인 뿔'로 볼 수 있다.

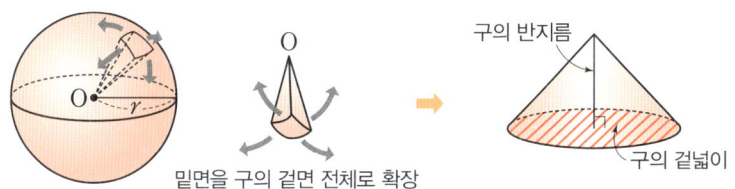

밑면을 구의 겉면 전체로 확장

따라서 반지름의 길이가 r인 구의 겉넓이를 S라 하면 구의 부피 V는

$$V = \frac{1}{3}Sr$$

이다. 그런데 구의 부피는 $V = \frac{4}{3}\pi r^3$이므로 $\frac{4}{3}\pi r^3 = \frac{1}{3}Sr$에서

$$S = 4\pi r^2$$

이다."

아르키메데스는 구의 부피와 겉넓이를 구한 후, 그림과 같이 원기둥과 이에 내접하는 구 사이에

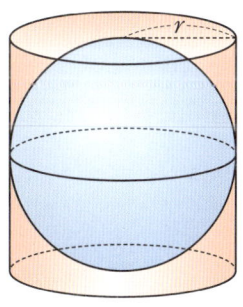

(원기둥의 부피) : (구의 부피)

=(원기둥의 겉넓이) : (구의 겉넓이)

=3 : 2

가 성립한다는 사실에 매료되어 자신의 묘비에 이 그림을 새겨달라는

요청까지 했다. 어쩌면 그는 지금도 어느 곳에서 하늘의 넓이와 우주의 부피를 계산하고 있을지 모른다.

아르키메데스의 최후

아르키메데스의 재능과 업적은 비단 수학에만 국한되지 않았다. 그의 대표적인 발견인 지레의 원리와 부력의 원리, 그리고 그의 대표적인 발명품인 복합 도르래, 나선식 펌프, 오목거울 등은 오늘날까지도 활발히 사용되고 있을 정도로 아르키메데스가 수천 년간 인류 문명에 끼친 영향력은 실로 막대하다.

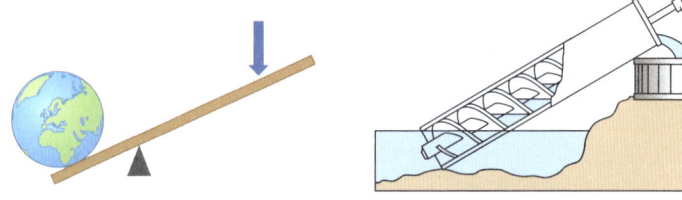

우피치 미술관 '수학의 방'에 있는 벽화
줄리오 파리지Giulio Parigi, 〈아르키메데스의 거울Archimedes-Mirror〉, 1599~1600

1부 분할과 통합을 직관하다: 적분

한편, 아르키메데스의 최후에는 이순신 장군의 최후에 버금가는 감동이 있다. 그리스와 로마의 전쟁 중, 적장인 로마 장군은 병사들에게 아르키메데스는 죽이지 말라는 명령을 내렸지만, 병사들은 누가 아르키메데스인지 알지 못했다.

자신의 집에서 모래 위에 원을 그리며 골똘히 연구 중이었던 아르키메데스는 자신의 집에 쳐들어온 로마의 병사에게

"나의 원을 망치지 말라!"

라고 외쳤고, 이는 그의 마지막 말이 되고 말았다. 이처럼 아르키메데스는 마지막 순간까지도 기하학을 연구하고 수학을 사랑한 사람이었다.

에두아르 비몽Edouard Vimont, 〈아르키메데스의 최후Death of Archimedes〉, 1920년경

적분이 미분보다 먼저 탄생한 이유

지금까지 살펴본 대로 아르키메데스는 적분법의 선구자임이 틀림없다. 교과서에는 미분이 적분보다 먼저 소개되기 때문에 학생들은 미분

이 먼저 생겼다고 생각하기 쉽지만, 실제로는 적분이 미분보다 먼저 등장했다. 그것도 거의 2,000년 가까이나 앞섰다.•

적분법積分法은 무한과 극한을 이용해 평면도형의 면적面積(넓이)이나 입체도형의 체적體積(부피)을 구하는 수학적 방법을 일컫는다. 적분은 토지의 넓이나 식량의 부피와 같은 인류의 기초적인 삶과 밀접한 관련이 있기 때문에 고대의 수학자들이 적분에 먼저 관심을 가지게 된 것은 어쩌면 당연한 이치였을 것이다.

반면, 미분법微分法은 접선의 기울기와 관련이 깊다. 고대 그리스에서도 접선에 대한 관심이 없었던 것은 아니어서 원을 포함한 원뿔곡선의 접선에 대한 연구가 활발했고 아르키메데스는 나선의 접선에 대한 논문을 남기기도 했다. 하지만 당시 접선의 개념은 단지 스치듯 만나는 직선에 머물렀고, 작도를 통한 방법에 국한돼 있었다.

사실 미분의 관심사는 접선 그 자체보다는 접선의 기울기(순간변화율)에 있다고 할 수 있는데, 고대 그리스 시대에는 곡선의 방정식은 물론 좌표평면도 없는 상태였기 때문에 접선의 기울기에 대한 관심이 생길 수조차 없었다. 즉 미분은 대수적이어서 기하적인 적분보다 늦게 태어날 수밖에 없었다.

또한, 수학에서 적분이 미분보다 개념적으로 먼저 등장할 수밖에 없었던 근본적인 이유는 인간의 본성이 부분보다 전체에 더 많은 관심을

• 12세기 인도의 수학책에 미분의 개념과 비슷한 내용이 나오기도 하지만, 일반적으로 미분의 시작은 17세기로, 적분의 시작은 에우독소스나 아르키메데스 시대 즈음으로 본다.

갖기 때문이고, 동적動的인 것보다 정적靜的인 것을 탐구하는 것이 훨씬 쉬웠기 때문이다.

적분은 '정적인 전체'를 탐구하는 과정에서 탄생했고,

미분은 '동적인 부분'을 탐구하는 과정에서 시작되었다.

9

수열의 일반항과 합

계단을 걷다 깨달은 수열의 일반항

어느 날 계단을 걸어 올라가다가 수업용 퀴즈 하나가 떠올랐다.

퀴즈

각 층의 높이가 똑같은 20층짜리 건물이 있다. 이 건물의 계단으로 1층부터 10층까지 걸어 올라가는 것과, 10층부터 20층까지 걸어 올라가는 것 중 어느 것이 더 힘들까?

이 퀴즈에 학생들은

"똑같아요."

"위로 올라갈수록 중력이 약해지니까 더 쉬워져요."

"위로 올라갈수록 산소가 희박해지니까 더 어려워져요."

와 같이 다양한 추론을 시도하면서 나의 '낚시'에 걸려든다.

"문제를 좀 더 쉽게 변형해볼까? 아파트 1층에서 3층까지 가는 것과,

3층에서 6층까지 가는 것 중에는 어느 것이 더 쉬울까?"

학생들은 이제야 문제의 본질을 알아챘다.

"1층부터 10층까지는 9층을 올라가야 하고, 10층부터 20층까지는 10층을 올라가야 하는 것이었군요. 또 낚였네요. 하하하."•

수열 수업을 시작할 때마다 이 계단 퀴즈를 제시하는데, 여기에 수열의 일반항의 본질이 숨어 있기 때문이다. 일반적으로 수직선이나 시간의 출발점은 0이지만, 수열은 **첫째항 a_1부터 시작한다**는 것이 바로 그것이다.

수직선	수열

따라서 1층부터 n층까지 올라가려면 n층이 아니라 $(n-1)$층을 올라가야 하는 것처럼, a_1부터 a_n까지 가려면 수열의 규칙을 n번이 아니라 $(n-1)$번 적용해야 한다. 그래서 첫째항부터 차례대로 일정한 수 d▲를 더해서 만들어지는 '등차수열'의 n번째 항 a_n■은

$$a_n = a_1 + \underbrace{d + d + \cdots + d}_{(n-1)\text{개}} = a_1 + (n-1)d$$

이고, 첫째항부터 차례대로 일정한 수 r◆을 곱해서 만들어지는 '등비수열'의 일반항은

$$a_n = a_1 \times \underbrace{r \times r \times \cdots \times r}_{(n-1)\text{개}} = a_1 r^{n-1}$$

• 유럽에서는 우리나라의 1층을 0층, 2층을 1층, …과 같이 표기한다.
▲ common difference의 d를 딴 기호이며 '공차'라고 한다.
■ n번째 항 a_n을 수열 $\{a_n\}$의 일반항이라고 한다.
◆ common ratio의 r을 딴 기호이며 '공비'라고 한다.

인 것이다.

자연이 만드는 피보나치 수열

수열은 그 안에 내재된 다양하고 창의적인 규칙성 때문에 고대부터 수학자들에게 매우 흥미로운 연구 대상이 되어왔다. 대표적인 예로, 이탈리아의 수학자 레오나르도 피사노Leonardo Pisano, 1170~1250?[•]가 토끼의 개체수로부터 착안해 만든 '피보나치 수열'을 들 수 있다.

한 쌍의 새끼 토끼가 한 달이 지나면 어른이 되고 다음 달부터 매달 암수 한 쌍의 새끼를 낳는다고 가정할 때, n달 후의 개체수를 a_n(쌍)이라 하면 수열 $\{a_n\}$은

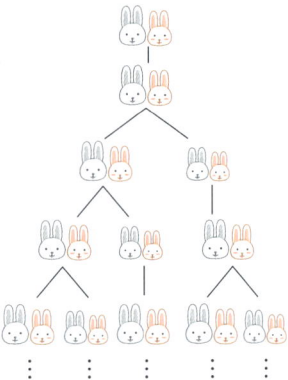

1, 1, 2, 3, 5, 8, 13, 21, 34, 55, 89, …

와 같이 모든 자연수 n에 대해

$$a_{n+2}=a_{n+1}+a_n \quad \cdots\cdots (*)$$

을 만족시킨다. 많은 학생들이 피보나치 수열에 대해 잘 알고 있다고 생각하지만, (*)을 증명할 수 있어야 진짜로 아는 것이다(부록 '더 깊이 들어가기' 참조).

- 우리에게는 본명보다 별명인 '피보나치'로 잘 알려진 인물로서, 인도-아라비아 숫자를 유럽에 소개하고 정착시키는 데 큰 역할을 했다.

참 좋은 기호 $\sum$

여러 가지 수열의 합의 유도 과정에 담긴 창의적인 매력은 많은 수학자들을 유혹하기에 충분했다. 특히 오일러는 아주 멋지고 편리한 수열의 합의 기호를 만들었는데 $\sum$(시그마)[•]가 바로 그것이다. 이 기호를 이용하면

$$a_1+a_2+a_3+\cdots+a_n=\sum_{k=1}^{n}a_k,$$

$$a_{10}+a_{12}+a_{14}+\cdots+a_{100}=\sum_{k=5}^{50}a_{2k},$$

$$1^2+3^2+5^2+\cdots+19^2=\sum_{k=1}^{10}(2k-1)^2$$

$$1+(1+2)+(1+2+3)+\cdots+(1+2+3+\cdots+10)=\sum_{n=1}^{10}\left(\sum_{k=1}^{n}k\right)$$

와 같이 더하고자 하는 수열의 일반항과 항의 개수를 간명하게 나타낼 수 있다.

예를 들어 수열의 합 $\frac{1}{2}+\frac{1}{6}+\frac{1}{12}+\frac{1}{20}+\cdots+\frac{1}{10100}$ 만으로는 여기에 나열된 수들의 규칙성과 개수를 쉽게 파악하기가 어렵지만, 이 합을

$$\sum_{k=1}^{100}\frac{1}{k(k+1)}$$

로 나타내는 순간, 이 수열의 합이 수열 $\left\{\frac{1}{n(n+1)}\right\}$ 의 첫째항부터 제100항까지의 합이라는 사실이 명확하게 드러난다.

•   합(sum)을 나타내는 S에 해당하는 그리스 문자 $\sum$ 에서 따온 기호다.

연속한 자연수들의 합

피타고라스학파는 연속한 자연수들의 합

$$1, 3(=1+2), 6(=1+2+3), 10(=1+2+3+4), \cdots$$

을 다음과 같이 삼각형 모양으로 나타낼 수 있다는 이유로 '삼각수'라고
불렀다.

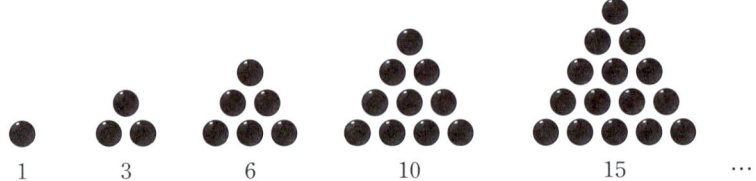

| 1 | 3 | 6 | 10 | 15 | $\cdots$ |

이때 다음 그림과 같이 서로 같은 2개의 삼각수를 사각형 모양으로
배치해보면 n번째 삼각수는

$$\sum_{k=1}^{n} k = 1+2+3+\cdots+n = \frac{1}{2}n(n+1)$$

임을 알 수 있다.

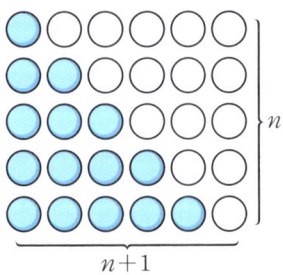

연속한 홀수들의 합에 대한 나의 증명

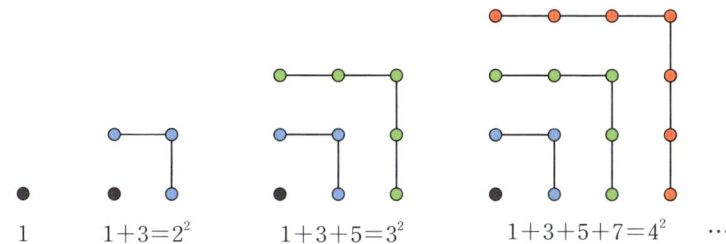

$$1 \qquad 1+3=2^2 \qquad 1+3+5=3^2 \qquad 1+3+5+7=4^2 \qquad \cdots$$

1부터 연속한 n개의 홀수를 위의 그림과 같이 배열하면 정사각형 모양이 되는데, 덕분에 위 그림만으로도

$$\sum_{k=1}^{n}(2k-1)=1+3+5+\cdots+(2n-1)=n^2$$

이 성립함을 쉽게 알 수 있다. 이런 이유로 피타고라스학파는 자연수의 제곱수를 '사각수'라고 불렀다.

한편, 몇 해 전 수업 준비를 하다 '1부터 연속한 n개의 홀수의 합'에 관한 증명을 발견했다.

우선 다음 그림과 같이 한 변의 길이가 n인 정삼각형의 각 변을 n등분하는 점들을 지나고 한 변에 평행한 선분들을 그린다. 그러면 한 변의 길이가 1인 작은 정삼각형들이 생긴다.

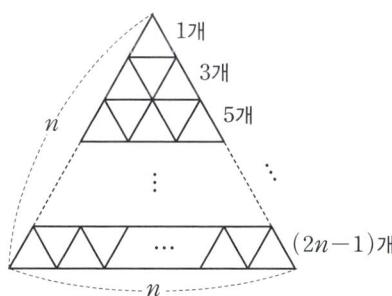

이 그림에서 작은 정삼각형들의 개수를 N이라 하면

$$N = 1 + 3 + 5 + \cdots + (2n-1)$$

이다. 그런데 처음 정삼각형과 작은 정삼각형은 닮음비가 $n:1$인 닮은 도형이므로 작은 정삼각형 하나의 넓이를 S라 하면 처음 정삼각형의 넓이는 $n^2 S$이다. 이때 작은 정삼각형 N개의 넓이 $N \times S$는 처음 정삼각형의 넓이 $n^2 S$와 같아야 한다. 따라서

$$N \times S = n^2 S$$

에서 $N = n^2$, 즉 $1 + 3 + 5 + \cdots + (2n-1) = n^2$임이 증명된다.

이 증명이 다른 누군가에 의해 이미 발견된 것인지도 모르겠으나, 스스로 발견했다는 점에서 나는 이 증명을 사랑할 수밖에 없다.

피타고라스의 수 찾기

직각삼각형의 세 변의 길이를 이루는 세 자연수를 '피타고라스의 수'라고 부르기도 하는데, 연속한 홀수의 합 공식

$$1 + 3 + 5 + \cdots + (2n-1) = n^2$$

을 피타고라스의 수를 발견하는 데 이용할 수 있다. 예를 들어 $(1+3+5+7)+9 = 5^2$에서 $1+3+5+7 = 4^2$이고 $9 = 3^2$이므로

$$4^2 + 3^2 = 5^2$$

이 성립하면서 가장 유명한 피타고라스의 수 $(3, 4, 5)$가 등장한다.

마찬가지로

$$(1+3+5+\cdots+23)+25 = 12^2 + 5^2 = 13^2$$

에서 피타고라스의 수 $(5, 12, 13)$을 발견할 수 있다.

이런 식으로 누구나 피타고라스의 수

$$(3, 4, 5), (5, 12, 13), (7, 24, 25), (9, 40, 41), \cdots$$

을 끝없이 찾을 수 있다.

수업 시간에 학생들에게 위의 피타고라스의 수들로부터 발견할 수 있는 공통점을 찾아보라고 했다. 내가 기대했던 것은 세 수 중 가장 큰 수와 두 번째로 큰 수의 차가 항상 1이라는 단순한 사실이었다. 학생들이 이 사실을 발견하면 $64 = 31 + 33$임을 이용해

$$1+3+5+\cdots+29+31+33 = (1+3+5+\cdots+29) + (31+33)$$

$$17^2 \qquad = \qquad 15^2 \quad + \quad 8^2$$

과 같이 가장 큰 수와 두 번째로 큰 수의 차가 2인 피타고라스의 수 $(8, 15, 17)$도 찾을 수 있음을 알려줄 참이었다.•

그런데 한 학생이

$$3^2 = 4+5, \ 5^2 = 12+13, \ 7^2 = 24+25, \ 9^2 = 40+41, \cdots$$

과 같은 규칙성을 발견했고, 난 크게 칭찬하며 '수학과 과학은 어떤 현상이나 실험에서 규칙성이나 공통점을 발견하고 검증하는 학문'이라는 점을 강조하면서 그 학생에게 자신의 발견을 처음으로 증명한 사람이 될 기회를 줬다.

• $(6, 8, 10)$과 같이 기존의 수에 일정한 수를 모두 곱해 만든 수는 논외다.

등차수열의 합

시험을 치르고 나면 학생들은 자신의 평균 점수를 궁금해하기 마련이다. 일반적으로 평균은 우선 모든 과목의 점수를 합한 총점을 구한 다음 과목 수로 나누어 구한다. 그런데 아주 가끔은 총점보다 평균을 구하기가 더 쉬운 학생도 있다. 모든 과목의 점수가 같은 학생을 제외하고도 말이다.

퀴즈

7개 과목의 점수가 다음과 같은 학생의 총점을 구하시오.

73, 76, 79, 82, 85, 88, 91

이 학생의 점수는 공교롭게도 등차수열을 이루고 있다. 그러므로 정중앙의 점수인 82점 또는 최하 점수와 최상 점수를 더한 뒤 2로 나눈 $\frac{73+91}{2}=82$점이 이 학생의 평균임이 자명하다. 따라서 이 학생의 총점은 $82 \times 7 = 574$점이다.

이처럼 등차수열의 n개 항 $a_1, a_2, a_3, \cdots, a_{n-1}, a_n$의 평균이 $\frac{a_1+a_n}{2}$임을 이용해 총합을

$$a_1+a_2+a_3+\cdots+a_n=\frac{a_1+a_n}{2} \times n=\frac{n(a_1+a_n)}{2}$$

과 같이 구할 수 있다.

연속한 자연수의 거듭제곱의 합

고등학교 교과서에는 자연수의 거듭제곱의 합에 관해서 $\sum_{k=1}^{n} k$, $\sum_{k=1}^{n} k^2$, $\sum_{k=1}^{n} k^3$까지의 공식만 소개되고 네제곱 이상의 합 공식은 나오지 않는데, 아마 누구나 한 번쯤은 그 공식들에 대해 궁금해 했을 것이다. 나도 고교 시절에 $\sum_{k=1}^{n} k^4$을 직접 구해본 적이 있다.

아랍의 수학자 알하이삼Ibn al-Haytham, 965~1040은 11세기 초에 $\sum_{k=1}^{n} k$, $\sum_{k=1}^{n} k^2$, $\cdots$, $\sum_{k=1}^{n} k^p$을 이용해 $\sum_{k=1}^{n} k^{p+1}$을 구하는 기발한 방법을 발견했는데, 그 발상은 다음 그림으로부터 얻었다.[•]

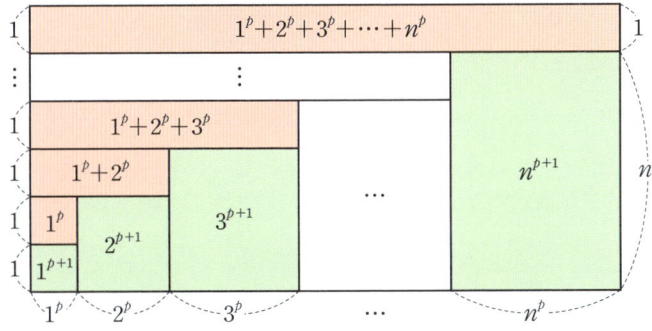

예를 들어 $p=1$일 때의 그림은 다음과 같다.

- 그림에서 $(n+1)\sum_{k=1}^{n} k^p = \sum_{k=1}^{n} k^{p+1} + \sum_{k=1}^{n}\left(\sum_{m=1}^{k} m^p\right)$이 성립함을 알 수 있다.

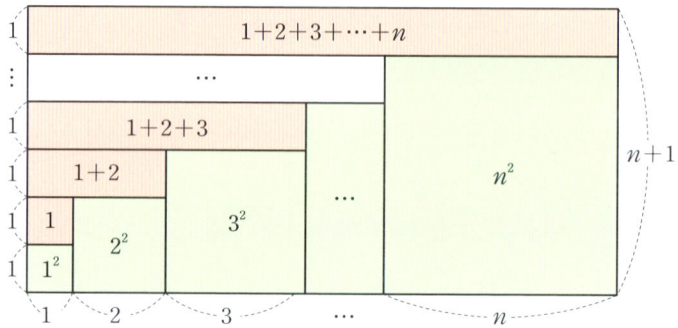

위 그림에서 가장 큰 직사각형의 넓이는

$$(1+2+3+\cdots+n)\times(n+1) \qquad \cdots\cdots \text{㉠}$$

이고, 초록색 직사각형들의 넓이의 합은

$$1^2+2^2+3^2+\cdots+n^2 \qquad \cdots\cdots \text{㉡}$$

이며, 분홍색 직사각형들의 넓이의 합은

$$1+(1+2)+(1+2+3)+\cdots+(1+2+3+\cdots+n) \qquad \cdots\cdots \text{㉢}$$

이다. 이때 ㉠=㉡+㉢이므로 다음이 성립한다.

$$(n+1)\sum_{k=1}^{n}k=\sum_{k=1}^{n}k^2+\sum_{k=1}^{n}\left(\sum_{m=1}^{k}m\right)=\sum_{k=1}^{n}k^2+\sum_{k=1}^{n}\frac{k(k+1)}{2}$$

$$=\frac{3}{2}\sum_{k=1}^{n}k^2+\frac{1}{2}\sum_{k=1}^{n}k$$

$$\frac{3}{2}\sum_{k=1}^{n}k^2=\left(n+\frac{1}{2}\right)\sum_{k=1}^{n}k=\frac{2n+1}{2}\times\frac{n(n+1)}{2}$$

$$\therefore \sum_{k=1}^{n}k^2=\frac{n(n+1)(2n+1)}{6}$$

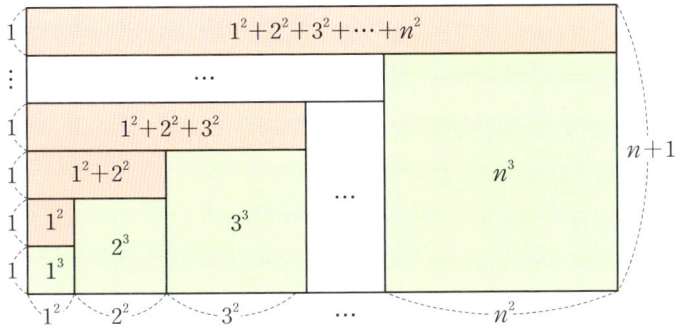

또, 위와 같이 $p=2$일 때의 그림을 이용하면

$$\sum_{k=1}^{n} k^3 = \left\{ \frac{n(n+1)}{2} \right\}^2$$

임을 보일 수 있는데, 직접 도전해보길 바란다.

다음은 알하이삼의 방식을 이용해 구한

$$\sum_{k=1}^{n} k^p \ (p=2, 3, 4, 5)$$

의 공식이다.

$$\sum_{k=1}^{n} k^2 = \frac{n(n+1)(2n+1)}{6} \qquad = \frac{1}{3} n^3 + \cdots$$

$$\sum_{k=1}^{n} k^3 = \left\{ \frac{n(n+1)}{2} \right\}^2 \qquad = \frac{1}{4} n^4 + \cdots$$

$$\sum_{k=1}^{n} k^4 = \frac{n(n+1)(2n+1)(3n^2+3n-1)}{30} \qquad = \frac{1}{5} n^5 + \cdots$$

$$\sum_{k=1}^{n} k^5 = \frac{n^2(n+1)^2(2n^2+2n-1)}{12} \qquad = \frac{1}{6} n^6 + \cdots$$

이 공식들을 모두 암기하기란 어렵겠지만, 다행히 모두 암기할 필요도 없다. 다만 위 공식들의 최고차항을 관찰해보면

$$1^m + 2^m + 3^m + \cdots + n^m = \frac{1}{m+1} \times n^{m+1} + \cdots$$

라는 규칙성은 어렵지 않게 발견할 수 있을 것이다.

한편, 이미 적분을 아는 사람이라면 이 규칙성이 다항함수의 적분 공식과 같다는 것도 발견했을지 모른다. 그런데 이것은 결코 우연이 아니라는 것이 머지않아 밝혀진다.

10

라이프니츠의 망원합

수열의 합을 구하는 가장 일반적인 방법

수열의 합을 구하는 방법은 수열의 종류에 따라 제각각이어서 일반적인 방법을 찾기가 도무지 쉽지 않다. 그런데 수열의 합을 구하는 가장 일반적인 방법으로 지금도 유용하게 쓰이고 있는 방법이 있다.

이 방법의 핵심은 수열 $\{a_n\}$의 일반항 a_n을

$$a_n = b_{n+1} - b_n \text{ 또는 } a_n = b_n - b_{n+1}$$

의 꼴로 변형하는 것이다. 이렇게 변형할 수만 있다면

$$\sum_{k=1}^{n} a_k = \sum_{k=1}^{n} (b_{k+1} - b_k)$$
$$= (b_2 - b_1) + (b_3 - b_2) + (b_4 - b_3) + \cdots + (b_{n+1} - b_n)$$
$$= b_{n+1} - b_1$$

과 같이 맨 앞과 맨 뒤의 항을 제외한 나머지 인접한 항들이 모두 소거되면서 수열의 합이 갑자기 간단해진다.

길게 더해진 항들이 연쇄적으로 소거되면서 짧게 정리되는 모습이 마치 당시의 망원경을 접었다 폈다 하는 모습과 비슷하다는 이유로, 이 방법을 발견자의 이름을 따 '라이프니츠의 망원합'이라고 부른다.

망원합으로 수열의 합을 구하라

망원합의 발견 이후 수학자들은 수열 $\{a_n\}$의 합을 구해야 하는 상황을 만나면

$$a_n = b_{n+1} - b_n \text{ 또는 } a_n = b_n - b_{n+1}\text{}^{\bullet}$$

을 만족시키는 b_n을 찾을 수 있는지를 고민하기 시작했다.

대표적인 예를 몇 가지만 소개하면 다음과 같다.

(1) 자연수의 거듭제곱의 합 $\displaystyle\sum_{k=1}^{n} k^m$ (m은 자연수)

① $\displaystyle\sum_{k=1}^{n} k$

$b_k = \dfrac{(k-1)k}{2}$라 하면

$$k = \frac{k(k+1)}{2} - \frac{(k-1)k}{2} = b_{k+1} - b_k$$

이므로

• $a_n = b_n - b_{n+2}, a_n = b_{n+2} - b_n,$ …과 같은 식을 찾아도 된다.

$$\sum_{k=1}^{n} k = \sum_{k=1}^{n} (b_{k+1} - b_k) = b_{n+1} - b_1 = \frac{n(n+1)}{2}$$

② $\sum_{k=1}^{n} k(k+1)$

$b_k = \dfrac{(k-1)k(k+1)}{3}$ 이라 하면

$$k(k+1) = \frac{k(k+1)(k+2)}{3} - \frac{(k-1)k(k+1)}{3} = b_{k+1} - b_k$$

이므로

$$\sum_{k=1}^{n} k(k+1) = \sum_{k=1}^{n} (b_{k+1} - b_k) = b_{n+1} - b_1 = \frac{n(n+1)(n+2)}{3}$$

③ 이와 같은 방법을 계속 이용하면[•]

$$\sum_{k=1}^{n} k(k+1)(k+2) = \frac{n(n+1)(n+2)(n+3)}{4},$$

$$\sum_{k=1}^{n} k(k+1)(k+2)(k+3) = \frac{n(n+1)(n+2)(n+3)(n+4)}{5},$$

$$\vdots$$

를 유도할 수 있다.

이제 위 공식들을 차례로 적용하면 임의의 자연수 m에 대해 $\sum_{k=1}^{n} k^m$의

공식을 차례로 유도할 수 있다. 예를 들어

$$\sum_{k=1}^{n} k = \frac{n(n+1)}{2}, \ \sum_{k=1}^{n} k(k+1) = \sum_{k=1}^{n} (k^2 + k) = \frac{n(n+1)(n+2)}{3}$$

- $k(k+1)(k+2)\cdots(k+p) = \dfrac{1}{p+2}\{k(k+1)\cdots(k+p+1) - (k-1)k\cdots(k+p)\}$

  를 이용한다.

이므로

$$\sum_{k=1}^{n} k^2 = \sum_{k=1}^{n}(k^2+k) - \sum_{k=1}^{n} k$$

$$= \frac{n(n+1)(n+2)}{3} - \frac{n(n+1)}{2} = \frac{n(n+1)(2n+1)}{6}$$

(2) 등비수열의 합 $\sum_{k=1}^{n} r^{k-1}$ (단, $r \neq 1$)

$b_k = \dfrac{r^{k-1}}{r-1}$ 이라 하면

$$r^{k-1} = \frac{r^k - r^{k-1}}{r-1} = b_{k+1} - b_k$$

이므로

$$\sum_{k=1}^{n} r^{k-1} = \sum_{k=1}^{n}(b_{k+1} - b_k) = b_{n+1} - b_1 = \frac{r^n}{r-1} - \frac{r^0}{r-1} = \frac{r^n-1}{r-1} \bullet$$

이다.

한편, 등비수열의 합은 항등식

$$(r-1)(r^{n-1} + r^{n-2} + \cdots + r^2 + r + 1) = r^n - 1$$

임을 이용해 구할 수도 있다.

(3) 그 외의 경우

일반적으로 수열의 합의 공식을 찾으려면 망원합으로 변형할 수 있어야 한다. 예를 들어

$$\sum_{k=1}^{n} \frac{1}{k(k+1)} = \sum_{k=1}^{n}\left(\frac{1}{k} - \frac{1}{k+1}\right) = 1 - \frac{1}{n+1} = \frac{n}{n+1},$$

• 0이 아닌 모든 실수 r에 대해 $r^0 = 1$이다.

$$\sum_{k=1}^{n} \frac{1}{\sqrt{k+1}+\sqrt{k}} = \sum_{k=1}^{n} (\sqrt{k+1}-\sqrt{k}) = \sqrt{n+1}-1,$$

$$\sum_{k=1}^{n} k \times k! = \sum_{k=1}^{n} \{(k+1)!-k!\} = (n+1)!-1$$

이다.

반면, 겉보기로는 오히려 더 간단해 보이는

$$\frac{1}{k}, \sqrt{k+1}+\sqrt{k}, k!$$

은 망원합으로 변형하는 것이 불가능해서

$$\sum_{k=1}^{n} \frac{1}{k}, \sum_{k=1}^{n} (\sqrt{k+1}+\sqrt{k}), \sum_{k=1}^{n} k!$$

을 간단한 식으로 나타낼 수는 없다.

마지막으로 망원합으로 $\sum_{k=1}^{n} \sin k$를 구하는, 복잡하지만 굉장한 방법

을 부록 '더 깊이 들어가기'에서 잠깐 구경해보시라.

11

급수, 무한개의 수를 더하다

급수가 쏘아 올린 직관의 혼란

급수級數, series는 수열의 무한개의 항의 총합을 의미하는 개념으로, 고대 그리스의 제논이 처음으로 무한급수적 사고의 문을 열었고, 아르키메데스는 자신의 적분에 급수를 활용하기도 했다.

그 후 급수는 오랫동안 무한과 함께 잠들어 있다가 중세 이후 수열에 대한 연구가 활발해지면서 수학자들에게 다시 관심받기 시작했다. 이때부터 수학자들은 오랫동안 회피해오던 무한이라는 개념에 정면으로 맞서기 시작했다.

여기 수학자들을 당황시켰던 유명한 급수가 있다.

$$1-1+1-1+1-1+\cdots$$

이 급수는

$$(1-1)+(1-1)+(1-1)+\cdots=0+0+0+\cdots \qquad \cdots\cdots \text{㉠}$$

와 같이 생각하면 답이 0인 것 같고,

$$1+\{(-1)+1\}+\{(-1)+1\}+\cdots=1+0+0+0+\cdots \quad \cdots\cdots \ \unicode{x24C1}$$

와 같이 생각하면 답이 1인 것 같았기 때문이다.

수학자들은 유한개의 덧셈에서 항상 성립하는 결합법칙이 무한개의 덧셈에서도 당연히 성립할 것으로 믿었는데, 서로 다르게 나오는 ㉠, ㉡의 결과는 수학자들을 큰 혼란에 빠뜨렸다. 이 급수의 답이 ㉠의 0과 ㉡의 1의 평균인 $\frac{1}{2}$이라고 생각한 수학자도 있었을 정도로 아주 골치 아픈 문제였다.

급수를 정의하다

수학자들은 이 혼란을 빠져나오기 위해서는 결합법칙을 무한에까지 함부로 사용해서는 안 된다는 결론을 내야 했고, 급수를 다음과 같이 엄밀하게 정의하기로 했다.

급수의 정의

수열 $\{a_n\}$의 각 항을 차례로 덧셈 기호 +로 연결한 식

$$a_1+a_2+a_3+\cdots+a_n+\cdots$$

를 수열 $\{a_n\}$의 '급수'라고 하고, $\sum\limits_{n=1}^{\infty} a_n$과 같이 나타낸다.

급수를 수열 $\{a_n\}$의 '무한개의 항을 모두 더한 합'으로 정의하지 않고 '+ 기호를 이용해 나열한 식'으로 정의하고 있음에 유의해야 한다. 무

한개의 항의 합이 존재하지 않는 경우가 있을 뿐만 아니라, 무한개의 항들을 직접 더해 합을 구하는 것 자체가 불가능하기 때문이다.

이에 수학자들은 $\sum_{n=1}^{\infty} a_n$의 값을 구하기 위해 무한 번의 덧셈을 하는 무모한 시도 대신, 처음 n개의 항의 합 $S_n = \sum_{k=1}^{n} a_k$를 구한 다음 그 극한값 $\lim_{n \to \infty} S_n$을 구하는 우회로를 발견했다. 즉, 급수를

$$\sum_{n=1}^{\infty} a_n = \lim_{n \to \infty} \sum_{k=1}^{n} a_k \text{ 또는 } \sum_{n=1}^{\infty} a_n = \lim_{n \to \infty} S_n$$

과 같이 '부분합•의 극한'을 이용해 구하기로 한 것이다.

이 정의에 의하면 급수

$$1 - 1 + 1 - 1 + 1 - 1 + \cdots$$

의 합이 존재하지 않음을 다음과 같이 증명할 수 있다.

수열 $\{(-1)^{n-1}\}$은 첫째항이 1, 공비가 -1인 등비수열이므로 이 수열의 부분합은

$$S_n = \frac{1\{1 - (-1)^n\}}{1 - (-1)} = \frac{1}{2}\{1 - (-1)^n\}$$

이고 $\lim_{n \to \infty} (-1)^n$은 발산하므로 $\lim_{n \to \infty} S_n$도 발산한다.

따라서 급수 $1 - 1 + 1 - 1 + 1 - 1 + \cdots$는 발산한다.

한편, "$\lim_{n \to \infty} a_n \neq 0$이면 $\sum_{n=1}^{\infty} a_n$은 발산한다."▲라는 성질을 이용해 이 급수가 발산함을 보일 수도 있다.

_____

• $S_n = a_1 + a_2 + \cdots + a_n = \sum_{k=1}^{n} a_k$를 수열 $\{a_n\}$의 부분합이라고 한다.

▲ 명제 "$\sum_{n=1}^{\infty} a_n$이 수렴하면 $\lim_{n \to \infty} a_n = 0$이다."의 대우(對偶) 명제다.

등비급수

급수 중에서 가장 기본적이면서도 중요한 것은 등비수열의 급수, 즉 '등비급수'다. 14세기 아랍권의 수학자들에게는 $p+q=1$인 양수 p, q에 대해

$$p+pq+pq^2+pq^3+\cdots=1$$

이라는 등비급수 공식이 알려져 있었는데, 그림과 같이 넓이가 일정한 비율로 작아지는 무한개의 직사각형들을 이용해 쉽게 증명할 수 있다.

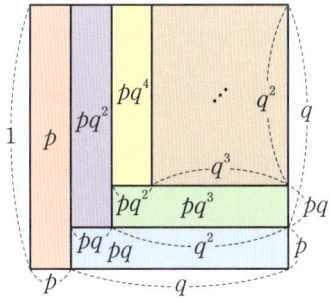

즉, 그림에 있는 무한개의 직사각형의 넓이의 합은 처음 정사각형의 넓이와 같으므로

$$p+pq+pq^2+pq^3+\cdots=1$$

이 성립한다. 그리고 이 등식의 양변을 p로 나누면

$$1+q+q^2+q^3+\cdots=\frac{1}{p}=\frac{1}{1-q}$$

이 되는데, 이를 이용하면 등비급수 공식

$$a+ar+ar^2+\cdots=a(1+r+r^2+\cdots)=\frac{a}{1-r}\ (\text{단},\ -1<r<1)$$

를 얻을 수 있다.

등차수열과 등비수열이 결합된 급수

수학자들은 자연스럽게 다음과 같은 질문도 품게 되었다.

"분자가 등차수열이고 분모는 등비수열인 급수는 수렴할까?"

그 대표적인 예는

$$\frac{1}{2}+\frac{2}{4}+\frac{3}{8}+\frac{4}{16}+\cdots+\frac{n}{2^n}+\cdots$$

인데, 14세기 프랑스의 오렘Nicolas Oresme, 1320?~1382이 다음 그림을 해법으로 제시했다.

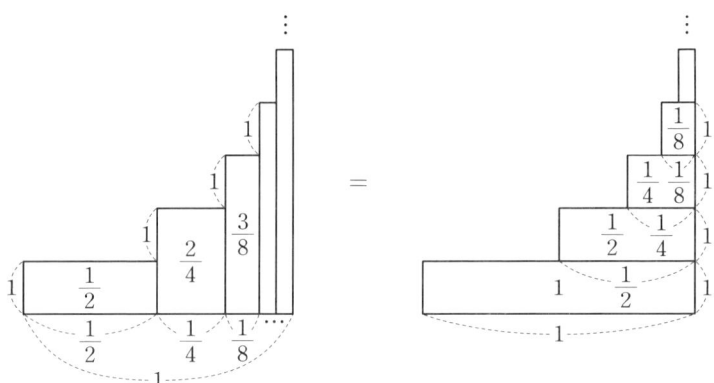

여기서 $\frac{1}{2}+\frac{2}{4}+\frac{3}{8}+\frac{4}{16}+\cdots = 1+\frac{1}{2}+\frac{1}{4}+\frac{1}{8}+\cdots =2$이다.

한편, 수학자들은 다음과 같이 합의 순서를 적당히 바꿔서 급수의 합을 구하기도 했다.

$$S=\frac{1}{2}+\frac{2}{4}+\frac{3}{8}+\frac{4}{16}+\frac{5}{32}+\cdots$$

$$=\frac{1}{2}+\left(\frac{1}{4}+\frac{1}{4}\right)+\left(\frac{1}{8}+\frac{2}{8}\right)+\left(\frac{1}{16}+\frac{3}{16}\right)+\left(\frac{1}{32}+\frac{4}{32}\right)+\cdots$$

　　　　　　　　　　　　　　　1부　분할과 통합을 직관하다: 적분

$$=\left(\frac{1}{2}+\frac{1}{4}+\frac{1}{8}+\frac{1}{16}+\frac{1}{32}+\cdots\right)+\frac{1}{2}\left(\frac{1}{2}+\frac{2}{4}+\frac{3}{8}+\frac{4}{16}+\cdots\right)$$

즉, $S=\dfrac{\frac{1}{2}}{1-\frac{1}{2}}+\dfrac{1}{2}S=1+\dfrac{1}{2}S$이므로 $S=2$이다.

이처럼 급수에 대한 연구는 도형을 이용한 시각화나 식의 변형을 이용하는 방식으로 활발하게 진행되었다.

티끌 모아 태산

제논은 "아무리 작은 양수라도 무한개를 더하면 무한이다."라는 직관으로 역설을 펼쳤었다. 그런데 앞에서 확인한 바와 같이 0으로 수렴하는 모든 등비수열의 급수는 항상 유한하다는 것이 사실로 증명되었다. 이제는 오히려 0으로 수렴하는 수열의 급수는 항상 유한할 것만 같은 느낌이 들기도 한다. 그렇다면 제논의 생각이 완전히 틀린 것일까? 즉, 0으로 수렴하는 모든 수열의 급수는 항상 유한한 것일까?

다음과 같이 0으로 수렴하는 두 수열의 급수를 보자.

① $1+\dfrac{1}{2}+\dfrac{1}{4}+\dfrac{1}{8}+\cdots$ ② $1+\dfrac{1}{2}+\dfrac{1}{3}+\dfrac{1}{4}+\cdots$

①은 등비급수이므로

$$1+\frac{1}{2}+\frac{1}{4}+\frac{1}{8}+\cdots=\frac{1}{1-\frac{1}{2}}=2$$

이다. 무한개의 티끌을 모았지만 총합은 겨우 2에 불과하다.

②는 '조화급수●'로 불리는 급수인데, 얼핏 등비급수 ①과 별 차이가

없어 보인다.

①과 ②의 각 항끼리 하나씩 비교해보면 ②의 값이 ①의 값보다는 크다는 것은 명백하다. 그런데 ②의 유한개의 항들의 합을 실제로 계산해보면

$$① \ 1+\frac{1}{2}+\frac{1}{4}+\frac{1}{8}+\frac{1}{16}+\cdots$$
$$\shortparallel \quad \shortparallel \quad \wedge \quad \wedge \quad \wedge \quad \cdots$$
$$② \ 1+\frac{1}{2}+\frac{1}{3}+\frac{1}{4}+\frac{1}{5}+\cdots$$

$$1+\frac{1}{2}+\frac{1}{3}+\frac{1}{4}+\cdots+\frac{1}{10000}=9.78\cdots<10,$$

$$1+\frac{1}{2}+\frac{1}{3}+\frac{1}{4}+\cdots+\frac{1}{1억}<20,$$

$$1+\frac{1}{2}+\frac{1}{3}+\frac{1}{4}+\cdots+\frac{1}{1조}<30$$

과 같이 합이 아주 느리게 증가한다. 그러다 보니 이 급수도 수렴할 것만 같은 생각이 들기도 한다. 그런데 오렘이

$$1+\frac{1}{2}+\frac{1}{3}+\frac{1}{4}+\frac{1}{5}+\frac{1}{6}+\frac{1}{7}+\frac{1}{8}+\cdots$$
$$=1+\frac{1}{2}+\left(\frac{1}{3}+\frac{1}{4}\right)+\left(\frac{1}{5}+\frac{1}{6}+\frac{1}{7}+\frac{1}{8}\right)+\cdots$$
$$>1+\frac{1}{2}+\left(\frac{1}{4}+\frac{1}{4}\right)+\left(\frac{1}{8}+\frac{1}{8}+\frac{1}{8}+\frac{1}{8}\right)+\cdots$$
$$=1+\frac{1}{2}+\frac{1}{2}+\frac{1}{2}+\cdots=\infty$$

와 같은 방식으로 이 급수가 무한으로 발산함을 최초로 증명했다.

제논의 생각대로 '티끌 모아 태산'이 되는 예, 즉

• 역수가 등차수열을 이루는 수열을 '조화수열'이라 한다.

$$\text{`}\lim_{n \to \infty} a_n = 0 \text{이지만 } \sum_{n=1}^{\infty} a_n \text{이 발산'}$$

하는 수열이 드디어 발견된 것이다. 겉보기에는 거의 비슷해 보이는 두 급수 ①과 ② 사이에 ∞만큼의 차이가 있다는 발견은 수학자들에게 엄청난 놀라움을 줬다.

조화급수와 넓이

수열 $\{a_n\}$의 일반항 a_n을 $a_n = b_{n+1} - b_n$ 또는 $a_n = b_n - b_{n+1}$로 변형할 수만 있다면 망원합을 이용해 $\sum_{k=1}^{n} a_k$는 물론 $\sum_{n=1}^{\infty} a_n$을 아주 쉽게 구할 수 있다. 대표적인 예로는

$$\sum_{n=1}^{\infty} \frac{1}{n(n+1)}$$
$$= \sum_{n=1}^{\infty} \left(\frac{1}{n} - \frac{1}{n+1} \right) = \lim_{n \to \infty} \sum_{k=1}^{n} \left(\frac{1}{k} - \frac{1}{k+1} \right)$$
$$= \lim_{n \to \infty} \left\{ \left(\frac{1}{1} - \frac{1}{2} \right) + \left(\frac{1}{2} - \frac{1}{3} \right) + \left(\frac{1}{3} - \frac{1}{4} \right) + \cdots + \left(\frac{1}{n} - \frac{1}{n+1} \right) \right\}$$
$$= \lim_{n \to \infty} \left(\frac{1}{1} - \frac{1}{n+1} \right) = 1 - 0 = 1$$

을 들 수 있다. 하지만 이러한 변형이 항상 가능한 것은 아니었다. 조화수열의 일반항 $\frac{1}{n}$을 망원합으로 변형하는 방법도 아직 발견되지 않았다. 그래서 오히려 $\sum_{n=1}^{\infty} \frac{1}{n}$은 많은 수학자들의 도전 대상이 되었고, 그 과정에서 기대하지 않았던 수학적 성과들이 잇따랐다. 특히 17세기에 들어서면서 수학자들은 수열의 합과 급수가 곡선 아래의 넓이를 구하는

적분법과 밀접한 관련이 있다는 사실을 점차 깨닫게 된다.

대표적인 예로, 라이프니츠는 조화급수

$$\sum_{n=1}^{\infty}\frac{1}{n}=\frac{1}{1}+\frac{1}{2}+\frac{1}{3}+\cdots\ \cdots\cdots\ (\ *\ )$$

를 곡선 $y=\dfrac{1}{x}$ $(x>0)$ 위에 한 꼭짓점이 있고 한 변이 x축 위에 있으며 밑변의 길이가 1인 무한개의 직사각형들의 넓이의 합으로 생각했다.

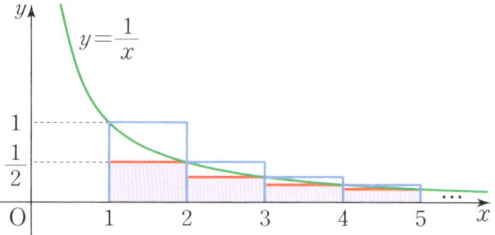

이때 구간 $[1,\ \infty)$에서 곡선 $y=\dfrac{1}{x}$과 x축 사이의 넓이를 S라 하면 위 그림에서

$$\frac{1}{2}+\frac{1}{3}+\frac{1}{4}+\frac{1}{5}+\cdots<S<\frac{1}{1}+\frac{1}{2}+\frac{1}{3}+\frac{1}{4}+\cdots$$

이다. 이때 $\dfrac{1}{2}+\dfrac{1}{3}+\dfrac{1}{4}+\dfrac{1}{5}+\cdots=\infty$, $\dfrac{1}{1}+\dfrac{1}{2}+\dfrac{1}{3}+\dfrac{1}{4}+\cdots=\infty$이므로 S도 ∞로 발산한다.

한편, 오일러는 조화급수에 관한 연구를 발전시켜

$$\lim_{n\to\infty}\left(\sum_{k=1}^{n}\frac{1}{k}-\log_e n\right)=\gamma\ (\gamma\fallingdotseq0.57721\cdots)^{\bullet}$$

• 기호 e는 '자연로그의 밑' 또는 '자연 상수'라 불리는 무리수로서, 그 값은 약 2.71828…이다.

임을 밝혔다. 이 등식은 충분히 큰 자연수 n에 대해

$$1+\frac{1}{2}+\frac{1}{3}+\frac{1}{4}+\cdots+\frac{1}{n} \doteqdot \log_e n + \gamma$$

라는 것을 의미한다. 이 극한값 γ를 '오일러 상수'•라고도 부르는데, γ는 아직 유리수인지 무리수인지도 밝혀지지 않았다.

수학자들을 경악하게 한 급수

수학자들의 호기심은 꼬리에 꼬리를 물고 끝없이 이어진다.

$$1+\frac{1}{2}+\frac{1}{3}+\frac{1}{4}+\cdots=\infty$$

인데, 이 조화급수의 부호를 교대로 바꿔 만든 '교대급수'

$$1-\frac{1}{2}+\frac{1}{3}-\frac{1}{4}+\frac{1}{5}-\frac{1}{6}+\cdots$$

의 합은 어떻게 될까?

이에 대한 최초의 답은 뉴턴이 제시했다. 뉴턴은 자신이 발견한 식

$$\ln(1+x)=x-\frac{1}{2}x^2+\frac{1}{3}x^3-\frac{1}{4}x^4+\cdots▲$$

에 $x=1$을 대입해

$$1-\frac{1}{2}+\frac{1}{3}-\frac{1}{4}+\frac{1}{5}-\frac{1}{6}+\cdots=\ln 2$$

- 나중에 이탈리아의 수학자 마스케로니(Lorenzo Mascheroni, 1750~1800)가 더 정확한 근삿값을 구했는데, 이런 이유로 상수 γ를 '오일러-마스케로니 상수'라고도 부른다.
▲ 자연상수 e를 밑으로 하는 로그 $\log_e n$을 간단히 $\ln x$로 나타내고 '자연로그'라고 부른다.

임을 밝혔다.

그런데 훗날 이 급수는 다음과 같은 믿기지 않는 성질을 지니고 있음이 밝혀진다.

$$1 - \frac{1}{2} + \frac{1}{3} - \frac{1}{4} + \frac{1}{5} - \frac{1}{6} + \frac{1}{7} - \frac{1}{8} + \frac{1}{9} - \frac{1}{10} + \frac{1}{11} - \frac{1}{12} + \cdots$$

$$= \left(1 - \frac{1}{2}\right) - \frac{1}{4} + \left(\frac{1}{3} - \frac{1}{6}\right) - \frac{1}{8} + \left(\frac{1}{5} - \frac{1}{10}\right) -$$

$$\frac{1}{12} + \left(\frac{1}{7} - \frac{1}{14}\right) - \frac{1}{16} + \cdots$$

$$= \frac{1}{2} - \frac{1}{4} + \frac{1}{6} - \frac{1}{8} + \frac{1}{10} - \frac{1}{12} + \frac{1}{14} - \frac{1}{16} + \cdots$$

$$= \frac{1}{2}\left(1 - \frac{1}{2} + \frac{1}{3} - \frac{1}{4} + \frac{1}{5} - \frac{1}{6} + \frac{1}{7} - \frac{1}{8} + \cdots\right)$$

$$= \frac{1}{2} \ln 2$$

수렴하는 급수에서 합의 순서를 적절히 바꿨을 뿐인데 결과가 달라져 버리다니! 이는 수학자들도 미처 예상하지 못한 결과였다.

놀라움은 여기에서 그치지 않았다. 독일의 수학자 리만Georg Friedrich Bernhard Riemann, 1826~1866은 '$\sum_{n=1}^{\infty} a_n$은 수렴하고 $\sum_{n=1}^{\infty} |a_n|$은 발산하는 급수[•] 에서는 더하는 순서를 적절히 바꾸기만 하면 원하는 임의의 값으로 수렴하도록 만들 수 있다.'라는 '리만의 재배열 정리'를 발견하기도 했다.

다음은 교대급수가 0으로 수렴하도록 하는 재배열의 한 예다.

$$1 - \frac{1}{2} - \frac{1}{4} - \frac{1}{6} - \frac{1}{8} = -0.0416\cdots < 0,$$

• 이런 급수는 주어진 순서 그대로 $\lim_{n \to \infty} \sum_{k=1}^{n} a_k$에 따라 계산해야 한다.

1부   분할과 통합을 직관하다: 적분

$$1-\frac{1}{2}-\frac{1}{4}-\frac{1}{6}-\frac{1}{8}+\frac{1}{3}=0.2916\cdots>0,$$

$$1-\frac{1}{2}-\cdots-\frac{1}{8}+\frac{1}{3}-\frac{1}{10}-\frac{1}{12}-\frac{1}{14}-\frac{1}{16}=-0.0255\cdots<0,$$

$$1-\frac{1}{2}-\cdots-\frac{1}{8}+\frac{1}{3}-\frac{1}{10}-\cdots-\frac{1}{16}+\frac{1}{5}=0.1744\cdots>0,$$

$$\cdots$$

1에 음수들을 차례로 더하다가 합이 0보다 작아지면 그다음 양수 $\frac{1}{3}$을 더하고, 다시 그다음 음수들을 차례로 더하다가 합이 0보다 작아지면 다시 그다음 양수 $\frac{1}{5}$을 더하는 절차를 한없이 반복하다 보면 그 급수는 0에 수렴하게 된다.●

이와 같은 일이 가능한 이유는

$$\frac{1}{1}+\frac{1}{3}+\frac{1}{5}+\cdots=\infty,\quad -\frac{1}{2}-\frac{1}{4}-\frac{1}{6}-\cdots=-\infty$$

이고

$$\lim_{n\to\infty}\left|\frac{(-1)^{n-1}}{n}\right|=0$$

이기 때문이다.

반면, $\sum_{n=1}^{\infty}a_n$과 $\sum_{n=1}^{\infty}|a_n|$이 모두 수렴하는 급수▲에서는

$$1-\frac{1}{2}+\frac{1}{4}-\frac{1}{8}+\frac{1}{16}-\frac{1}{32}+\cdots=\frac{1}{1-\left(-\frac{1}{2}\right)}=\frac{2}{3}$$

를

● 임의의 실수 a에 대해 이와 같은 시행을 반복하면 a로 수렴하게 된다.

▲ 공비 r이 $|r|<1$인 등비급수가 대표적이다.

$$1 - \frac{1}{2} + \frac{1}{4} - \frac{1}{8} + \frac{1}{16} - \frac{1}{32} + \cdots$$

$$= \left(1 - \frac{1}{2}\right) + \left(\frac{1}{4} - \frac{1}{8}\right) + \left(\frac{1}{16} - \frac{1}{32}\right) + \cdots$$

$$= \frac{1}{2} + \frac{1}{8} + \frac{1}{32} + \cdots = \frac{\frac{1}{2}}{1 - \frac{1}{4}} = \frac{2}{3}$$

또는

$$1 - \frac{1}{2} + \frac{1}{4} - \frac{1}{8} + \frac{1}{16} - \frac{1}{32} + \cdots$$

$$= \left(1 + \frac{1}{4} + \frac{1}{16} + \cdots\right) - \left(\frac{1}{2} + \frac{1}{8} + \frac{1}{32} + \cdots\right)$$

$$= \frac{1}{1 - \frac{1}{4}} - \frac{\frac{1}{2}}{1 - \frac{1}{4}} = \frac{4}{3} - \frac{2}{3} = \frac{2}{3}$$

와 같이 더하는 순서를 마음대로 바꿔도 답이 달라지지 않는다.[•]

이제 수렴하는 수열에서조차 합의 순서를 함부로 바꿀 수 없게 되었다. 이제야 급수의 정의에 '차례로'라는 말이 들어간 이유를 알 것 같다.

이렇듯 무한은 우리의 직관을 따르는 듯하다가도, 어느 순간 직관을 배반하며 우리를 예상하지 못한 발견으로 이끌기도 한다.

• 비록 답이 틀린 것은 아니지만, 함부로 합의 순서를 바꾸는 것은 고등학교 교육과정을 위배할 가능성이 있다.

1부 분할과 통합을 직관하다: 적분

12

자기닮음과 프랙털

도형으로 등비급수 구하기

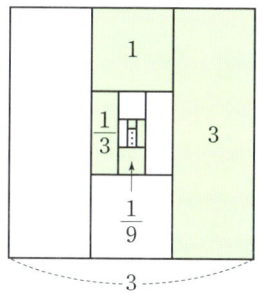

위 그림과 같이 한 변의 길이가 3인 정사각형을 3등분하고 가운데에 있는 직사각형을 다시 3등분하는 과정을 한없이 반복할 때, 색칠된 부분의 넓이의 총합은

$$3+1+\frac{1}{3}+\left(\frac{1}{3}\right)^2+\left(\frac{1}{3}\right)^3+\cdots=\frac{3}{1-\frac{1}{3}}=\frac{9}{2}$$

이다. 그런데 위 그림에서 색칠된 부분의 넓이와 색칠되지 않은 부분의

넓이가 서로 같음을 발견할 수 있다면 색칠된 부분의 넓이가

$$\frac{1}{2} \times 3^2 = \frac{9}{2}$$

임을 직관적으로 알아챌 수 있다.

마찬가지로 오른쪽 그림과 같이 한 변의 길이가 2인 정사각형을 4 등분하고 그중 하나를 다시 4등분 하는 과정을 한없이 반복할 때, 색 칠된 정사각형들의 넓이의 총합은 전체 정사각형의 넓이의 $\frac{1}{3}$과 같 으므로

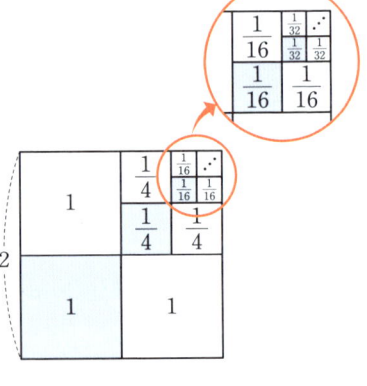

$$\frac{1}{3} \times 2^2 = \frac{4}{3}$$

이다.

'자기닮음'의 마법

앞에서 살펴본 그림에는 아주 흥미로운 성질이 내포되어 있다.

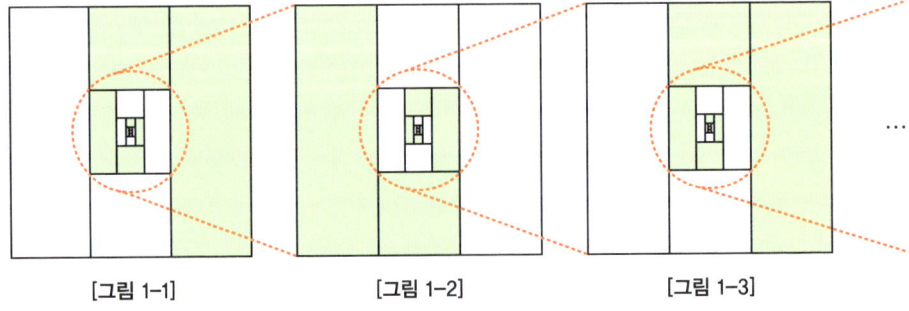

[그림 1–1]   [그림 1–2]   [그림 1–3]

[그림 1-1]에는 유한 단계까지만 그려져 있지만 우리의 상상력을 동원해 무한 단계의 시행이 담겨 있다고 가정하고, [그림 1-1]의 정중앙에 있는 정사각형을 3배 확대한 [그림 1-2]를 처음 그림과 비교해보자. 두 그림은 색칠된 부분만 반전되었을 뿐 크기와 모양이 완벽하게 똑같다.

즉, [그림 1-1]에는 자기 자신 안에 자신과 똑같이 생겼지만 크기만 다른, 즉 닮음비가 3 : 1인 닮은꼴 도형이 들어 있었던 것이다. 심지어 이런 현상은 [그림 1-2], [그림 1-3], …에서도 계속된다.

이와 같이 자기 자신 안에 자신과 닮은꼴인 도형이 들어 있는 성질을 '자기닮음self-similarity'이라고 한다. 자기닮음은 무한만이 가질 수 있는 마법 같은 능력이다.

다음 그림은 '피보나치 수열'에서의 토끼의 쌍을 그림으로 나타낸 것인데, 여기에 숨어 있는 자기닮음을 찾아보길 바란다.

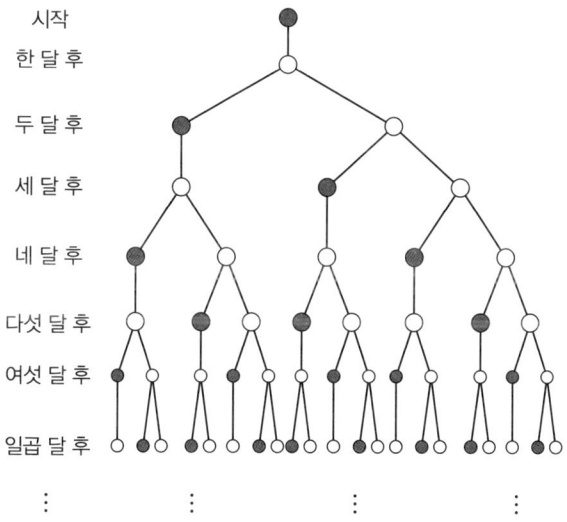

(● : 새끼토끼의 쌍, ○ : 어른토끼의 쌍, │ : 성장, \ : 그대로, / : 번식)

'자기닮음'으로 넓이 구하기

자기닮음의 성질을 이용하면 무한개의 넓이의 합을 다음과 같이 매우 낭만적으로 구할 수 있다.

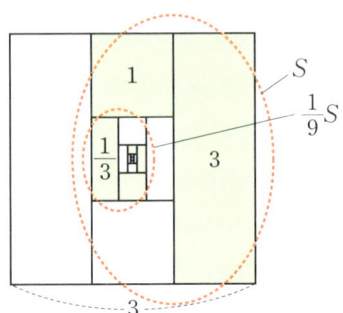

위 그림에서 큰 정사각형의 한 변의 길이가 3일 때 색칠된 모든 부분의 넓이의 합을 S라 하면 닮은 도형의 성질에 의해, 그림의 가운데에 있는 한 변의 길이가 1인 작은 정사각형 안에 색칠된 부분의 넓이는 $\left(\frac{1}{3}\right)^2 S = \frac{1}{9}S$이다. 따라서 위 그림에서

$$S = 3 + 1 + \frac{1}{9}S$$

즉, $\frac{8}{9}S = 4$에서

$$S = \frac{9}{2}$$

이다.

이와 같은 자기닮음의 마법을 이용해 해결할 수 있는 수능 문제를 만나보자. (자세한 설명은 생략하고 그림만 제시한다.)

그림과 같은 과정을 계속해 얻은 n번째 도형을 A_n이라 하고 그 넓이를 S_n이라 할 때, $\lim_{n \to \infty} S_n$의 값을 구하시오.

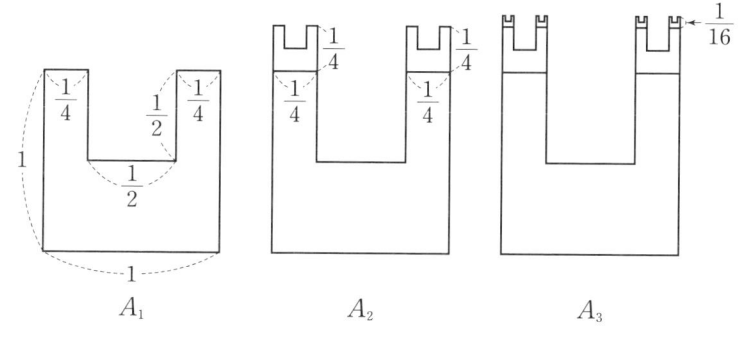

A_1 A_2 A_3

무한번의 시행으로 완성한 전체 도형을 A, 그 넓이를 S라 하고, 다음 그림과 같이 도형을 나누어 넓이를 구해보자.

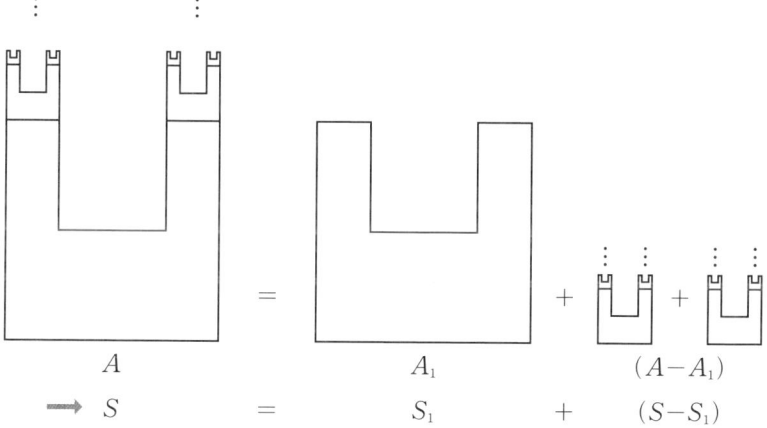

우선 맨 아래에 있는 도형 A_1의 넓이 S_1은

$$S_1 = 1 \times 1 - \frac{1}{2} \times \frac{1}{2} = \frac{3}{4}$$

이다. 또 A에서 A_1의 양쪽 어깨 위에 있는 나머지 도형 두 개는 각각 도형 A와 닮음이고 닮음비가 $1 : \dfrac{1}{4}$이므로 두 도형의 넓이는 각각

$$\left(\frac{1}{4}\right)^2 \times S = \frac{1}{16}S$$

이다. 따라서 전체 A의 넓이 S는

$$S = \frac{3}{4} + 2 \times \frac{1}{16}S$$

즉, $\dfrac{7}{8}S = \dfrac{3}{4}$에서

$$S = \frac{6}{7}$$

이다.●

자기닮음을 잘못 사용하면?

자기닮음은 무한의 성질을 품고 있지만, 이를 함부로 사용하다간 자칫 큰코다칠 수도 있다.

● 모범 답안은
$$\frac{3}{4} + \frac{3}{4} \times \frac{1}{16} \times 2 + \frac{3}{4} \times \left(\frac{1}{16}\right)^2 \times 2^2 + \cdots = \frac{3}{4} + \frac{3}{4} \times \frac{1}{8} + \frac{3}{4} \times \left(\frac{1}{8}\right)^2 + \cdots = \frac{6}{7}$$이다.

1부   분할과 통합을 직관하다: 적분

다음 과정에서 틀린 곳을 말하시오.

급수 $1+2+2^2+2^3+\cdots$의 값을 S라고 하면

$$S=1+2+2^2+2^3+\cdots=1+2(1+2+2^2+2^3+\cdots)=1+2S$$

이므로 $S=-1$이다.

이런 식이라면

$$S=1+1+1+\cdots=1+(1+1+1+\cdots)=1+S$$

이므로 $S-S=1$, 즉 $0=1$이라는 끔찍한 일이 벌어진다.

이처럼 발산하는 급수의 값을 상수 S로 놓는 순간 엉뚱한 결과가 도출될 수 있다. 그러므로 어떤 급수의 합을 S로 놓으려면 우선 S가 상수로서 존재한다는 사실이 전제되어야 한다.

예를 들어 첫째항이 $a\ (a\neq0)$이고 공비가 r인 등비급수 $a+ar+ar^2+ar^3+\cdots$의 합이 존재하려면 $-1<r<1$이라는 수렴 조건을 만족시켜야 한다. 이때 비로소

$$S=a+ar+ar^2+ar^3+\cdots$$

로 놓을 수 있고, 그러면 자기닮음의 성질에 의해

$$S=a+ar+ar^2+ar^3+\cdots$$
$$=a+r(a+ar+ar^2+ar^3+\cdots)$$
$$=a+rS$$

즉,

$$S=\frac{a}{1-r}$$

임을 보일 수 있다.

코흐의 눈송이 곡선

자기닮음을 품고 있는 도형을 '프랙털 fractal'이라고 한다.

완벽한 자기닮음을 구현해 이론적으로 만든 프랙털 도형은 매우 다양하지만, 그중 단순하면서도 아름답고 수학적으로도 흥미로운 성질을 지닌 코흐의 눈송이 곡선 Koch Snowflake curve이 유명하다.

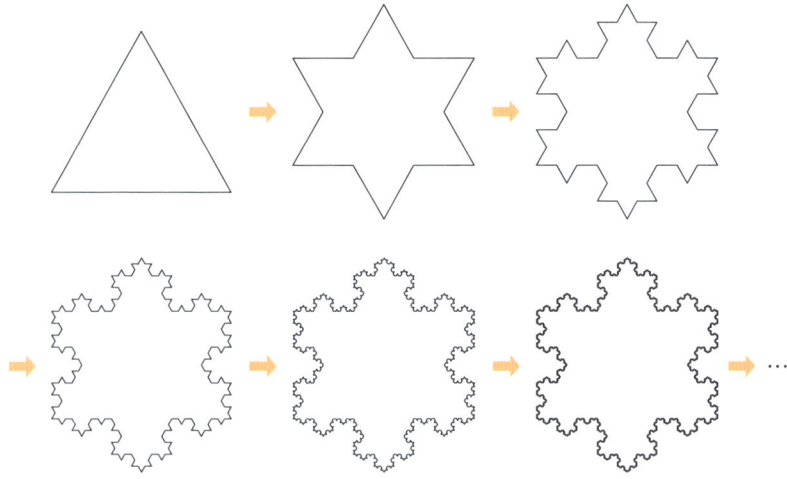

이 곡선은 스웨덴의 수학자 코흐 Helge von Koch, 1870~1924가 정삼각형의 각 변을 삼등분하고 가운데 선분을 한 변으로 하는 정삼각형을 바깥쪽 방향으로 그린 다음, 가운데 선분을 지우는 시행을 모든 선분에 한없이 적용해 만든 것이다. 삼각형에서 시작해 선분들을 지우거나 추가해 그린 도형이지만 '곡선'이라는 이름이 붙은 이유는 이 도형에는 길이가 있는 선분이 하나도 존재하지 않기 때문이다.

또 이 곡선의 둘레는 매 단계마다 직전 단계의 $\frac{4}{3}$배로 길어지므로 상상으로 완성된 눈송이 곡선 둘레의 길이는 무한하다.

그런데 이 곡선으로 둘러싸인 영역의 넓이는 어떠한가? 이 곡선은 지금 이 종이 안에 그려져 있으므로 그 넓이는 분명히 유한하다.

따라서 이 도형의 내부를 색연필로 색칠하면 금방 가득 채울 수 있지만, 색연필을 사용해 이 도형의 둘레를 따라 그리려면 **무한개의 색연필과 무한대의 시간**이 필요하다.

우리는 위 문장의 의미를 과소평가하기 쉽다. 1억 년쯤 지나면 코흐 눈송이의 둘레를 따라 조금이라도 그려나갔을 것으로 생각하기 쉽지만, 사실은 아무리 오랜 시간이 흘러도 출발점에서 아예 한 발짝도 앞으로 나아가지 못하고 어찌할 바를 모르고 있을 것이다.

그리고 보니 이 상황은 제논의 또 하나의 역설을 생각나게 한다.

"우리가 한 걸음을 움직이려면 우선 반걸음에 해당하는 지점을 지나야 하고, 반걸음의 지점을 지나려면 우선 반의 반걸음의 지점을 지나야 하고, 반의 반걸음의 지점을 지나려면 우선 반의 반의 반걸음의 지점을 지나야 하고, …. 따라서 우리는 첫걸음을 떼는 것조차 불가능하다."

제논의 이 주장은 현실과 맞지 않는 역설로 판명되었지만, 코흐의 눈송이 곡선 위에서는 영원히 첫걸음조차 떼지 못한다는 말이 진리가 된다.

13

적분의 재등장

'케플러의 제2법칙'은 적분의 결과다

아르키메데스가 죽은 이후 적분법은 2,000년에 가까운 세월 동안 더디게 발전하며 또 다른 천재들이 태어나기를 기다려야만 했다. 고대 그리스 수학에서 무한과 극한에 대한 탐구가 사라졌기 때문이다.

그리스 수학은 로마 제국의 쇠퇴와 함께 유럽에서 거의 잊히고 만다. 한동안 아랍 지역에서 연구되다가 12세기 이후 다시 유럽으로 전파되었는데, 이는 유럽이 르네상스의 지적 토대를 마련하는 밑거름이 된다.

17세기에 접어들면서는 급변하는 시대의 요구에 따라 유럽의 많은 수학자들이 곡선으로 둘러싸인 도형의 넓이와 입체도형의 부피를 구하는 구적법求積法 연구에 뛰어들었다.

이 새로운 적분법의 문을 연 사람은 케플러였다. 케플러는 자신을 고용했던 천문학자 튀코 브라헤의 정밀한 관측 결과를 분석하다가 행성이 태양에 가까워질수록 더 빨리 움직이고 멀어질수록 느리게 움직인다는 사실을 발견했다. 그러자 '같은 시간 동안 태양과 행성을 연결하는 가상의 선분이 쓸고 지나간 넓이를 계산해봐야겠다.'는 생각이 들었다.

그는 아르키메데스가 원의 넓이를 부채꼴 모양의 무수한 삼각형들의 넓이의 합으로 생각했던 점에서 착안해, 행성의 궤도인 부채꼴의 넓이를 태양을 한 꼭짓점으로 하는 무수한 삼각형들의 넓이의 합으로 간주해 계산했다. 그 결과로 탄생한 것이 바로 케플러의 제2법칙이다.

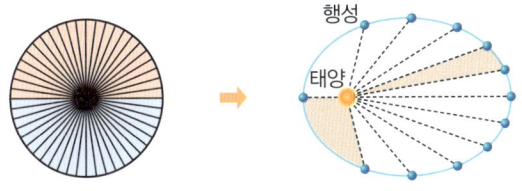

> **케플러의 제2법칙**
> 행성과 태양을 연결하는 선분이 같은 시간 동안 쓸고 지나간 넓이는 항상 같다.

이 법칙은 적분을 통해 우주의 규칙성을 밝힌 인류 최초의 성과였다.

부피를 구하는 케플러의 방법

케플러는 자신의 두 번째 결혼식에서 포도주 상인이 통에 담긴 포도주의 깊이만을 재어 가격을 매기는 불합리함에 놀라, 포도주 통을 무한개의 원기둥의 합으로 간주해 정확한 부피를 구하는 방법을 고민했다.

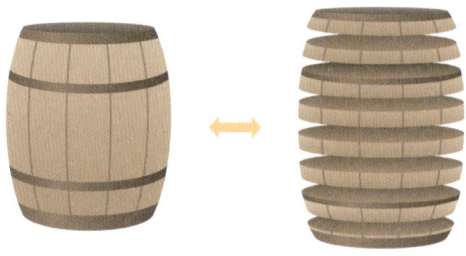

그리고 이와 같은 방식으로 90여 개의 다양한 입체들의 부피를 계산
했는데, 그중 가장 유명한 예가 [그림 1-1]과 같은 도넛 모양 입체인 토
러스torus의 부피 계산이다.

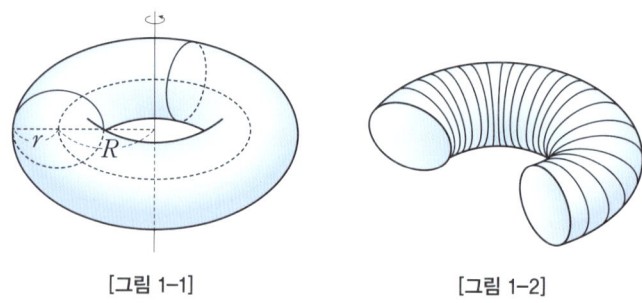

[그림 1-1]   [그림 1-2]

케플러는 이 도형에도 적분법의 기본 알고리즘을 적용했다. 즉, [그림
1-2]와 같이 이 입체를 회전축을 포함하는 무수히 많은 평면으로 자른
다음, 얇은 원판들의 부피의 총합을 구한 것이다.

[그림 1-1]과 같이 이 입체의 단면의 반지름의 길이를 r, 모든 단면들
의 중심을 이어 만든 원의 반지름의 길이를 R이라 하자. 만약 이 입체를
잘라서 길게 펼치면 원기둥처럼 보일 것도 같지만, 실제로는 가장 안쪽
의 둘레는 $2\pi(R-r)$이고 가장 바깥쪽의 둘레는 $2\pi(R+r)$이므로 [그
림 1-3]과 같은 모양이 될 것이라 상상할 수 있다.

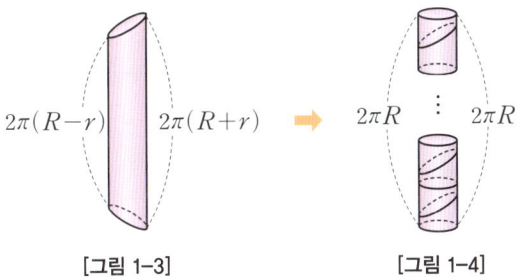

| $2\pi(R-r)$ | $2\pi(R+r)$ | $2\pi R$ | $\vdots$ | $2\pi R$ |

[그림 1-3]　　　　　　　　　　　　[그림 1-4]

이제 [그림 1-2]에서 자른 원판 조각들을 [그림 1-4]와 같이 방향을 번갈아가며 차곡차곡 쌓으면 높이가 $2\pi(R-r)$과 $2\pi(R+r)$의 평균인 $2\pi R$인 원기둥에 가깝지 않을까? 이때 이 원기둥의 밑면의 넓이는 토러스의 단면의 넓이 πr^2과 같으므로 원기둥의 부피는

$$\pi r^2 \times 2\pi R = 2\pi^2 r^2 R$$

이다. 따라서 토러스의 부피도 $2\pi^2 r^2 R$일 것이다.

천문학자로 잘 알려진 케플러는 이처럼 넓이나 부피를 구하기 위해 무한을 자유자재로 다룬 창의적인 수학자이기도 했다. 하지만 대상이 바뀔 때마다 그에 맞는 새로운 발상을 고안해야 했다는 점에서는 아르키메데스와 크게 다르지 않았다. 이 때문에 수학자들 사이에서는 모양에 상관없이 넓이나 부피를 구할 수 있는 적분법의 일반적이고 체계적인 방법을 찾고자 하는 욕구가 점점 커지고 있었다.

카발리에리의 불가분량의 원리

[그림 2-1]은 인쇄용지를 앞면이 직사각형 모양이 되도록 반듯하게

쌓아놓은 모습이다. 앞면인 직사각형은 마치 가느다란 선분들이 평행하게 배열된 것처럼 보인다.

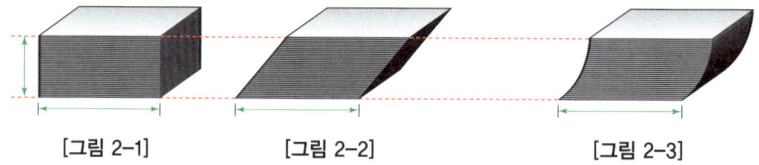

[그림 2-1]　　　　[그림 2-2]　　　　[그림 2-3]

이 용지들을 [그림 2-2] 또는 [그림 2-3]과 같이 옆으로 밀어서 앞면의 모양이 평행사변형 또는 곡선으로 바꾸더라도 앞면의 넓이는 변하지 않는다.

갈릴레오의 제자인 이탈리아의 수학자 카발리에리Bonaventura Cavalieri, 1598~1647는 이 성질을 일반화해 '불가분량의 원리Method of indivisibles'를 발표했다.

> **불가분량의 원리 1**
> 두 평면도형이 한 쌍의 평행한 직선 사이에 들어 있을 때, 두 평행선과 평행한 임의의 직선으로 두 평면도형을 자를 때 생기는 두 선분의 길이의 비가 항상 일정하면, 그 비는 두 평면도형의 넓이의 비와 같다.

예를 들어 다음 그림과 같이 높이가 같은 세 도형을 밑변과 평행한 임의의 직선으로 자를 때 생기는 세 선분의 길이의 비가 항상 1 : 2 : 3이면 세 도형의 넓이의 비도 1 : 2 : 3이다.

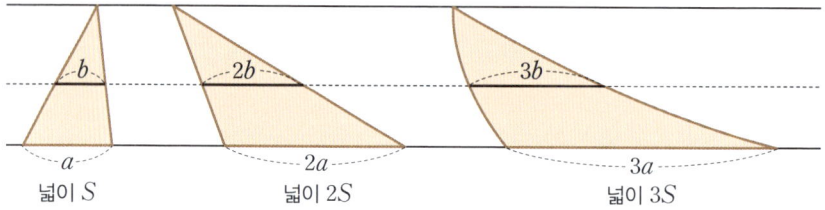

넓이 S　　　넓이 $2S$　　　넓이 $3S$

불가분량의 원리로 타원의 넓이를 구하다

아주 간단하지만 잠시나마 학생들을 당황하게 하는 퀴즈가 있다.

퀴즈

그림과 같이 한 변의 길이가 r인 정사각형 OABC가 있다. 점 O를 중심으로 하고 점 A를 지나는 원의 넓이는 정사각형 OABC의 넓이의 몇 배일까?

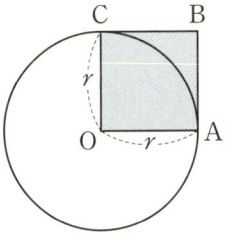

이 퀴즈에 학생들이 당황하는 이유는 '원의 넓이 πr^2은 정사각형의 넓이 r^2의 π배임을 의미한다.'라는 방식으로 생각해본 적이 없기 때문일 것이다.

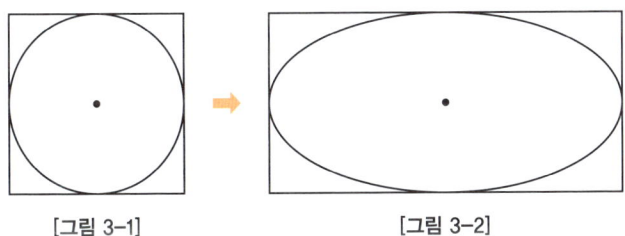

[그림 3-1]   [그림 3-2]

한편, [그림 3-1]과 같이 정사각형에 내접하는 원을 양쪽 방향으로 일정한 비율로 늘이거나 줄이면 [그림 3-2]와 같이 정사각형은 직사각형이 되고 원은 타원이 되는데, 이때 불가분량의 원리에 의해

(정사각형의 넓이) : (원의 넓이) = (직사각형의 넓이) : (타원의 넓이)

가 성립한다.

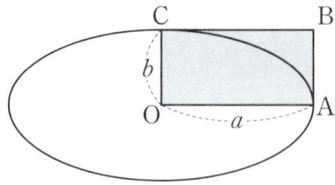

따라서 위 그림에서 타원의 넓이는 여전히 직사각형 OABC의 넓이의
π배라는 성질도 그대로 유지된다. 그러므로 이 타원의 넓이는 $ab\pi$이다.

이제 카발리에리에 의해 누구나 직관적으로 접근할 수 있는 적분법의
시대가 열렸다.

불가분량의 원리의 활용

불가분량의 원리를 함수의 그래프로 둘러싸인 도형의 넓이에도 적용
할 수 있다.

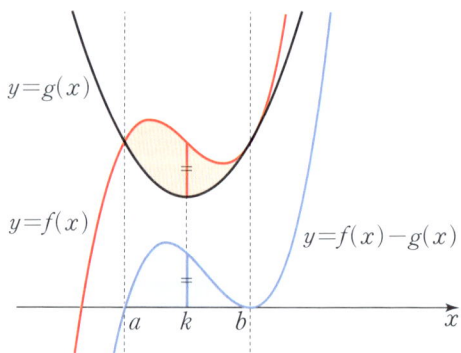

위 그림과 같이 구간 $[a, b]$에서 $f(x) \geq g(x)$인 임의의 두 함수
$y=f(x)$, $y=g(x)$에 대해 직선 $x=k$ $(a \leq k \leq b)$와 두 곡선 $y=f(x)$,

$y=g(x)$가 만나는 두 점 사이의 거리(빨간 선분의 길이)는 곡선 $y=f(x)-g(x)$와 x축 사이의 거리(파란 선분의 길이)와 항상 같다. 따라서 불가분량의 원리에 의해 위 그림의 색칠한 두 도형의 넓이는 서로 같다.•

이 원리를 이해하면 적분법을 모르더라도 다음 기출문제를 간단히 해결할 수 있다.

문제 1 2022학년도 수능

곡선 $y=x^2-5x$와 직선 $y=x$로 둘러싸인 부분의 넓이를 직선 $x=k$ 가 이등분할 때, 상수 k의 값은? [3점]

① 3 ② $\dfrac{13}{4}$ ③ $\dfrac{7}{2}$ ④ $\dfrac{15}{4}$ ⑤ 4

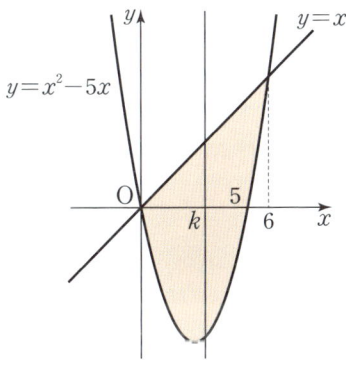

이 문제에서는 위 그림의 색칠한 부분의 넓이를 이등분하는 직선

• 이는 정적분의 성질 $\displaystyle\int_a^b f(x)dx - \int_a^b g(x)dx = \int_a^b \{f(x)-g(x)\}dx$와 같은 의미다.

$x=k$를 찾고 있다. 그러나 색칠한 부분이 좌우 대칭이 아니라서 이 그림만으로 k의 값을 찾기는 쉽지 않다.

그런데 $(x^2-5x)-x=x^2-6x$이므로 직선 $x=t$ $(0<t<6)$가 [그림 3-1]과 [그림 3-2]의 색칠한 부분을 지날 때 생기는 선분의 길이(빨간 선분과 파란 선분의 길이)는 $t-(t^2-5t)=-(t^2-6t)$로 항상 서로 같다.

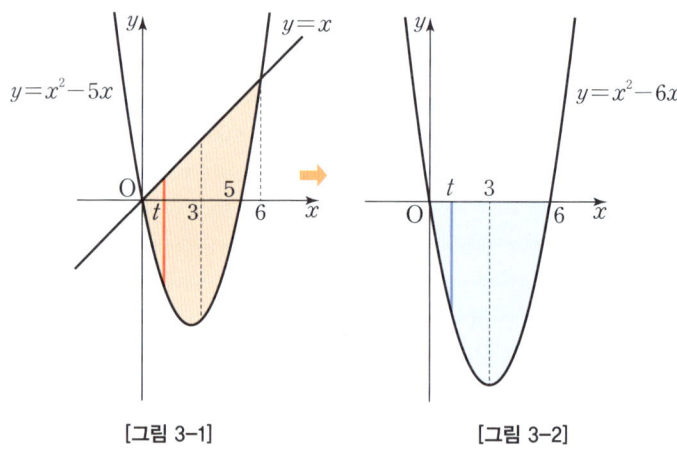

[그림 3-1]　　　　　　　　　[그림 3-2]

여기서 [그림 3-2]의 색칠한 부분은 직선 $x=3$에 대해 대칭이므로 직선 $x=3$이 이 넓이를 이등분하는 것이 직관적으로 명백하다. 따라서 불가분량의 원리에 의해 [그림 3-1]의 색칠한 부분의 넓이를 이등분하는 k의 값도 3이다.

불가분량의 원리로 다음 퀴즈도 직관적으로 해결해보자(풀이 과정은 부록 '더 깊이 들어가기' 참조).

곡선 $y=x^3$ $(x \geq 0)$과 y축 및 직선 $y=1$로 둘러싸인 도형의 넓이를 곡선 $y=ax^3$ $(x \geq 0)$이 이등분할 때, 양수 a의 값을 구하시오.

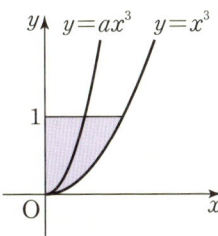

부피로의 확장

카발리에리는 자신의 원리를 부피로도 확장시켰다.

불가분량의 원리 2

두 입체도형이 한 쌍의 평행한 평면 사이에 들어 있을 때, 두 평면과 평행한 임의의 평면으로 두 입체도형을 자를 때 생기는 두 단면의 넓이의 비가 항상 일정하면, 그 비는 두 입체도형의 부피의 비와 같다.

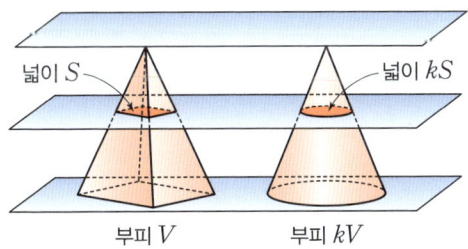

넓이 S 넓이 kS

부피 V 부피 kV

이와 같은 불가분량의 원리를 이용해 구의 부피를 구하는 기발한 방법이 있다.

[그림 5-1]은 반지름의 길이가 r인 반구이고, [그림 5-2]는 밑면의 반지름의 길이와 높이가 모두 r인 원기둥에서 밑면의 반지름의 길이와 높이가 모두 r인 거꾸로 놓인 원뿔을 제거한 입체다.

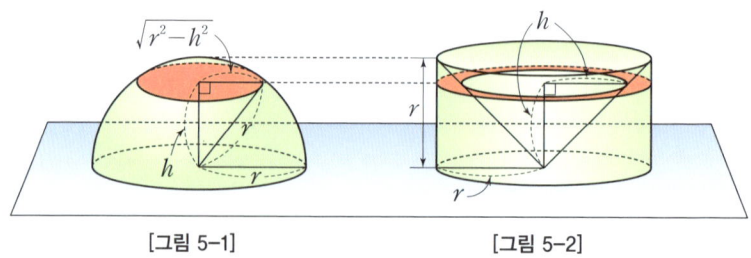

[그림 5-1]   [그림 5-2]

두 입체를 밑면으로부터 h만큼의 높이에 있는 평면으로 자른 단면의 넓이를 비교해보자.

[그림 5-1]의 단면은 반지름의 길이가 $\sqrt{r^2-h^2}$인 원이므로 단면의 넓이는 $\pi(r^2-h^2)$이고, [그림 5-2]의 단면은 반지름의 길이가 r인 원의 내부에서 반지름의 길이가 h인 원의 내부를 제거한 것이므로 단면의 넓이는 $\pi r^2 - \pi h^2 = \pi(r^2-h^2)$이다.

즉, 모든 $h\,(0<h<r)$에 대해 두 단면의 넓이가 서로 같으므로 불가분량의 원리에 의해 [그림 5-1]과 [그림 5-2]의 입체의 부피는 서로 같다. 그런데 [그림 5-2]의 입체의 부피는

$$(\text{원기둥의 부피}) - (\text{원뿔의 부피}) = \pi r^2 \times r - \frac{1}{3} \times \pi r^2 \times r = \frac{2}{3}\pi r^3$$

이므로 [그림 5-1]의 반구의 부피도 $\frac{2}{3}\pi r^3$이 된다. 따라서 구의 부피는 $2 \times \frac{2}{3}\pi r^3 = \frac{4}{3}\pi r^3$이다.

카발리에리의 발상

이처럼 카발리에리는 평면도형을 무수히 많은 평행한 선들이 모여 이루어진 것으로, 입체도형을 무수히 많은 평행한 면들이 모여 이루어진 것으로 보았다. 이는 우리가 흔히 '면은 선의 모임이고, 입체는 면의 모임'이라고 생각하는 것과 일맥상통하는 발상이라 할 수 있다.

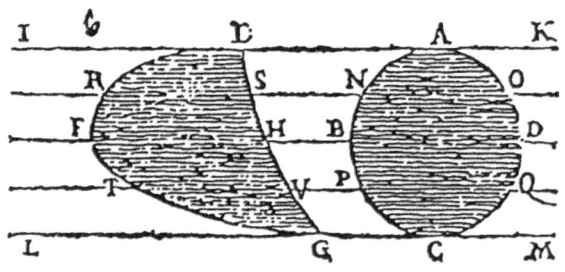

카발리에리가 출판한 책에 수록된 그림

고대의 유클리드는 '선은 폭이 없고, 면은 두께가 없다.'라고 했지만, 카발리에리는 '무한히 가늘지만 폭이 있는 선'과 '무한히 얇지만 두께가 있는 면'을 상상한 것이다.

카발리에리는 이러한 선의 폭과 면의 두께를 '더는 나눌 수 없는 indivisible 양', 즉 '불가분량不可分量'이라 불렀고, 이 개념은 본격적인 적분의 등장을 알리는 마중물이 되었다.

미분과 적분의 통합을 직관하다:
미적분

1

현대적 적분의 시작

수열의 합만으로 넓이를 추론하다

교과서의 방식은 수학을 가장 빠르게 배우는 길일 수는 있겠으나, 가장 재미있게 배우는 길은 아닐 때도 있다. 적분이 대표적이다.

그래서 수열 단원에서 자연수의 제곱의 합 공식

$$\sum_{k=1}^{n} k^2 = 1^2 + 2^2 + 3^2 + \cdots + n^2 = \frac{n(n+1)(2n+1)}{6}$$

을 가르치고 나면 다음 그림을 제시하곤 한다.

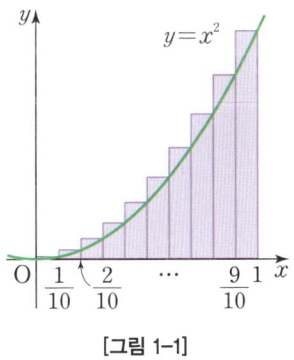

[그림 1-1]

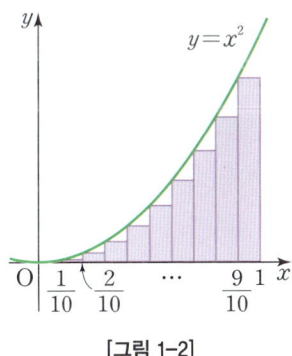

[그림 1-2]

그리고 [그림 1-1]에 있는 10개의 직사각형의 넓이의 총합 S_{10}과 [그림 1-2]에 있는 10개[●]의 직사각형의 넓이의 총합 T_{10}을 구해보자고 한다. 학생들은 그저 수열의 합에 관한 간단한 활용 문제겠거니 생각하며 계산에 임한다.

[그림 1-1]에 있는 10개의 직사각형의 가로의 길이는 모두 $\dfrac{1}{10}$로 일정하고, 맨 왼쪽에서부터 $k\,(1\leq k\leq 10)$번째에 있는 직사각형의 세로의 길이는 $\left(\dfrac{k}{10}\right)^2$이므로 k번째 직사각형의 넓이는

$$\frac{1}{10}\times\left(\frac{k}{10}\right)^2=\frac{k^2}{10^3}$$

이다. 따라서

$$S_{10}=\sum_{k=1}^{n}\frac{k^2}{10^3}=\frac{1}{10^3}\sum_{k=1}^{10}k^2=\frac{1}{10^3}\times\frac{10\times 11\times 21}{6}=0.385$$

이다. 마찬가지 방법으로 [그림 1-2]에 있는 직사각형의 넓이의 총합은

$$T_{10}=\sum_{k=1}^{10}\frac{(k-1)^2}{10^3}=\frac{1}{10^3}\sum_{k=1}^{9}k^{2\,\blacktriangle}=\frac{1}{10^3}\times\frac{9\times 10\times 19}{6}=0.285$$

이다.

"이번에는 구간 [0, 1]을 100등분, 1000등분, …으로 세분해 더 많은 직사각형의 넓이의 합을 구해보려 하는데, 좋은 방법이 없을까?"

"구간을 n등분해 S_n, T_n을 구한 다음 n 대신 100, 1000, …을 대입하면 어떨까요?"

"그거 참 좋은 방법이네."

●   맨 왼쪽에는 직사각형이 안 생기므로 실제로는 9개다.

▲ $\displaystyle\sum_{k=1}^{10}(k-1)^2=0^2+1^2+2^2+\cdots+9^2=\sum_{k=1}^{9}k^2$

학생의 말대로 구간 [0, 1]을 n등분해 직사각형을 그려보면 다음과 같다.

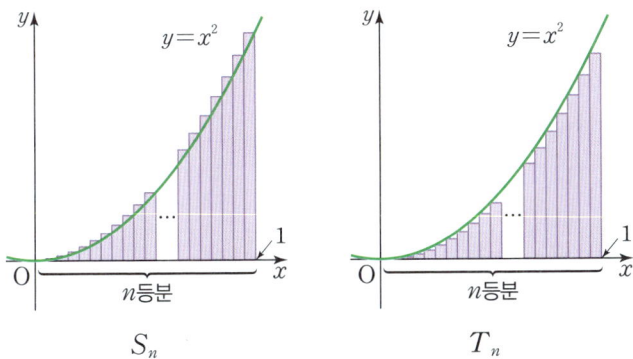

$$S_n \qquad\qquad\qquad T_n$$

위 두 그림에서 n개의 직사각형의 넓이의 합은 각각

$$S_n = \sum_{k=1}^{n} \frac{1}{n}\left(\frac{k}{n}\right)^2 = \frac{1}{n^3}\sum_{k=1}^{n} k^2 = \frac{n(n+1)(2n+1)}{6n^3},$$

$$T_n = \sum_{k=1}^{n} \frac{1}{n}\left(\frac{k-1}{n}\right)^2 = \frac{1}{n^3}\sum_{k=1}^{n-1} k^2 = \frac{(n-1)n(2n-1)}{6n^3}$$

이므로 이제 여기에 $n=100$, $n=1000$, …을 대입하기만 하면 된다.

나는 답을 구하는 대신, 컴퓨터로 n의 값이 10에서 출발해 100을 거쳐 1000까지 증가하는 모습을 보여준다.

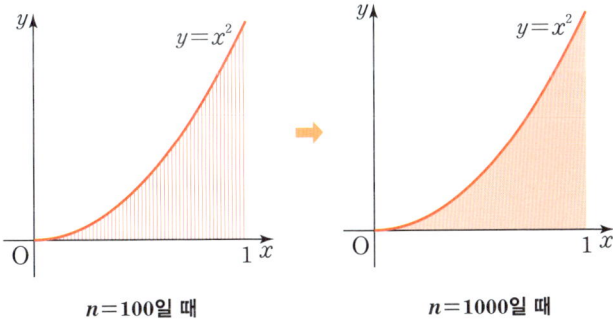

$n=100$일 때 $n=1000$일 때

"우와!" "멋지다."

이 그림을 처음 보는 학생들도 이 그림의 의미를 직감하는 모양이다. 역시 아름다운 것은 누구에게나 통하는 법이다.

"이제 선생님이 진짜로 구하려고 하는 것이 단순히 직사각형들의 넓이의 합이 아니라는 것을 눈치챘지?"

"예, 곡선 아래의 넓이를 구할 수 있을 것 같아요."

"어떻게 하면 곡선과 x축 사이의 넓이 A를 알 수 있을까?"

"n의 값을 한없이 증가시켜요."

학생들이 스스로 극한을 떠올리기 시작한다.

"그렇지. 사실 17세기 수학자들도 이런 방법으로 곡선으로 둘러싸인 도형의 넓이를 구했단다."

다음 표는 n에 10, 100, 1000, …을 대입한 값을 나타낸다.

n	10	100	1000	10000	100000	⋯	∞
S_n	0.385	0.33835	0.3338335	0.333383335	0.33333833335	⋯	0.333⋯
T_n	0.285	0.32835	0.3328335	0.333283335	0.33332833335	⋯	0.333⋯

굳이 극한의 개념을 꺼내지 않더라도 학생들은 n의 값이 한없이 커지면 S_n과 T_n 모두 $0.333\cdots = \dfrac{1}{3}$에 한없이 가까워진다는 것을 유추할 수 있다. 그리고 구하고자 하는 실제 넓이 A가 결국 $\dfrac{1}{3}$이라는 사실도 이해하게 된다.

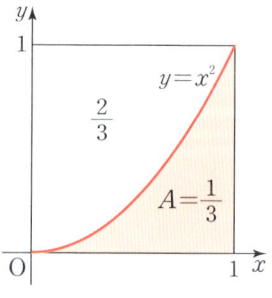

한편, 이 결과는 '포물선이 직사각형의 넓이를 2 : 1로 내분한다.'라는 아르키메데스의 결과와도 일치한다.

이와 같이 어떤 영역의 넓이를 가느다란 직사각형 넓이 합의 극한으로 구하는 방법이야말로 구분구적법의 전형이다. 아직 극한이나 적분을 배우지 않은 학생들도 이 방법을 경험하면, 수열의 합과 간단한 극한 추론만으로도 포물선 아래의 넓이를 정확히 구할 수 있다는 사실 그 자체에 놀라움을 표현한다. 이처럼 누구나 이미 배운 것만으로도 아직 배우지 않은 새로운 것을 알아낼 수 있다는 것이 수학의 특징이자 묘미다.

S_n과 T_n의 차가 완전하게 소멸되다

다음 그림을 통해 n이 커질수록 S_n은 점점 감소하고 T_n은 점점 증가하면서 S_n과 T_n이 실제 넓이 A에 점점 가까워진다는 것을 직관으로 이해할 수 있다.

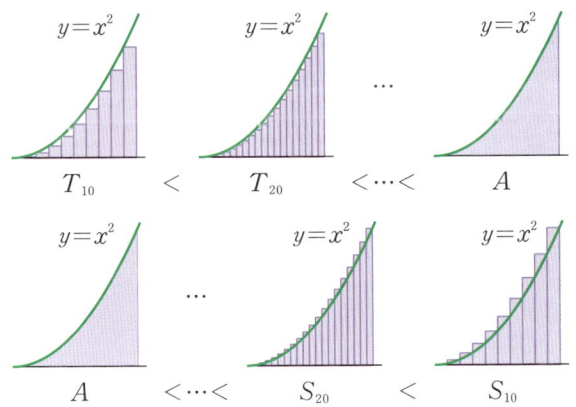

이를 부등식으로 표현하면 다음과 같다.

$$T_1 < T_2 < T_3 < T_4 \cdots < A < \cdots < S_4 < S_3 < S_2 < S_1$$

그러나 이 부등식만으로는 S_n과 T_n이 A로 수렴할 것이라고 단정할 수 없다. n이 한없이 커질 때 $S_n - T_n$의 값이 0에 수렴함을 확인해야 한다. 여기 $S_n - T_n$에 관한 퀴즈가 있다.

퀴즈

다음 그림은 구간 [0, 1]을 20등분해 직사각형을 그린 것이다. 그림 [가]에 있는 직사각형의 넓이의 총합을 S_{20}, 그림 [나]에 있는 직사각형의 넓이의 총합을 T_{20}이라 할 때, $S_{20} - T_{20}$의 값을 구하시오.

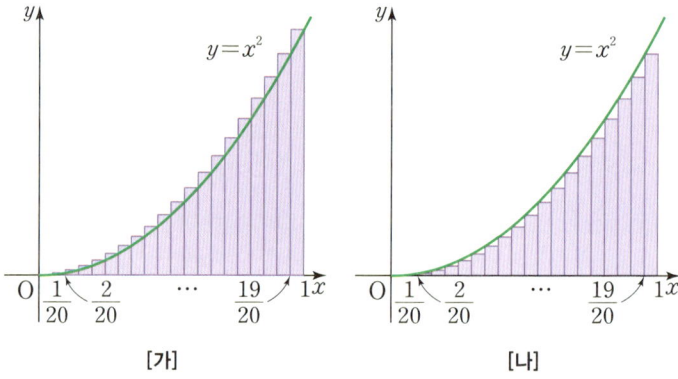

[가]   [나]

모든 스포츠에서 전문가들이 강조하는 말 중 하나가 "몸에 힘을 빼라"는 것이다. 수학에서도 머리에 힘을 빼고 문제에서 조금 떨어져 관조해야 할 때가 있다. 지금이 바로 그런 경우다.

무작정 수열의 합 공식으로 S_{20}과 T_{20}의 값을 계산하려고만 하지 말고, S_{20}과 T_{20}을 하나로 합친 오른쪽 그림을 유심히 보다 보면 $S_{20}-T_{20}$의 값을 단번에 구하는 방법을 발견할 수 있을 것이다.

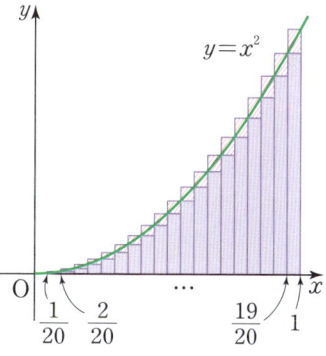

즉, $S_{20}-T_{20}$의 값은 오른쪽 그림에서 빗금 친 직사각형 20개의 넓이의 총합과 같은데, 아래 그림과 같이 빗금 친 사각형들을 모두 오른쪽 끝으로 밀어보라.

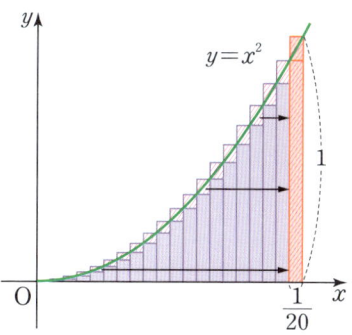

이렇게 하면 20개의 빗금친 작은 직사각형들의 넓이의 총합은 맨 오른쪽 끝에 있는 가로의 길이기 $\frac{1}{20}$이고 세로의 길이가 1인 직사각형 한 개의 넓이와 같게 된다. 따라서 $S_{20}-T_{20}=\frac{1}{20}$임을 한눈에 알 수 있다.

만일 구간 [0, 1]을 n등분했다면 $S_n-T_n=\frac{1}{n}$이 되고, $n\to\infty$가 되면 $\lim_{n\to\infty}(S_n-T_n)=\lim_{n\to\infty}\frac{1}{n}=0$이 되어 결국 S_n과 T_n의 차가 완전히 사라질 것이다.

무한개의 직사각형의 넓이의 합이 결국 0으로 수렴하는 과정은 마치 무한개의 양수의 합이 0이 되어버리는 신기루를 보는 듯하다.●

●　실제로는 무한개의 양수의 합이 0이 될 수는 없다.

2

다항함수 그래프의 넓이가 정복되다

한 가지 방법만으로도 충분하다

앞에서 확인했던 부등식

$$T_1 < T_2 < T_3 < \cdots < A < \cdots < S_3 < S_2 < S_1$$

과 $\lim_{n\to\infty}(S_n - T_n) = 0$으로부터 다음과 같은 사실을 유추할 수 있다.

'$\lim_{n\to\infty} S_n$의 값이 존재하면 $\lim_{n\to\infty} T_n$도 같은 값이 될 것이므로

(실제 넓이 A)$= \lim_{n\to\infty} S_n = \lim_{n\to\infty} T_n$이다.'

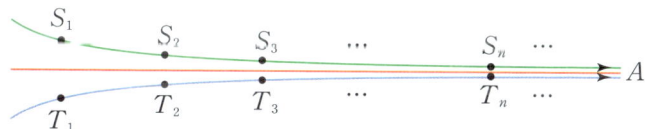

따라서 실제 넓이 A를 구하려면 $\lim_{n\to\infty} S_n$과 $\lim_{n\to\infty} T_n$ 중 하나만 구해도 충분하다. 그렇다면 이 둘 중 어느 것을 구하는 것이 더 편리할까?

앞에서 S_n과 T_n을 구했던 과정을 비교해보라. 누구라도 S_{10}을 구할 때처럼 각 직사각형의 오른쪽 위에 있는 꼭짓점이 곡선 위에 놓이도록 그리는 방법을 선택할 것이다.

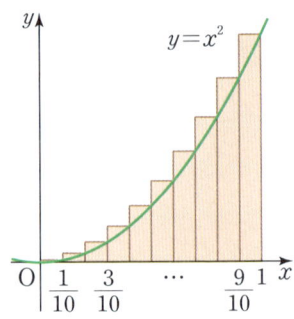

실제로 17세기의 수학자들도 주로 S_n을 이용해 넓이 A를 구했다.

임의의 구간에서의 넓이 구하기

수학자들은 구간 [0, 1]에서뿐만 아니라 임의의 구간에서의 넓이를 알기 위해 임의의 양수 x에 대해 구간 [0, x]에서 곡선 $y=x^2$과 x축 사이의 넓이함수 $S(x)$를 구하고자 했다. 다행히 이 방법은 구간 [0, 1]에서의 방법과 크게 다르지 않다.

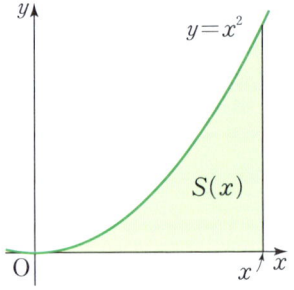

먼저 구간 [0, x]를 n등분해 n개의 직사각형을 오른쪽 그림과 같이 그리는 것으로부터 시작한다.

이 직사각형들의 가로의 길이는 모두 $\dfrac{x}{n}$로 일정하고, 맨 왼쪽에서부터

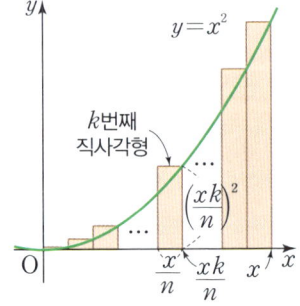

2부 미분과 적분의 통합을 직관하다: 미적분

$k\,(1\le k\le n)$번째에 있는 직사각형의 세로의 길이는 $\left(\dfrac{xk}{n}\right)^2$이므로 이

직사각형의 넓이는

$$\frac{x}{n}\times\left(\frac{xk}{n}\right)^2=\frac{k^2}{n^3}x^3$$

이다. 따라서

$$S_n=\sum_{k=1}^{n}\frac{k^2}{n^3}x^3=\frac{x^3}{n^3}\sum_{k=1}^{n}k^2=\frac{n(n+1)(2n+1)}{6n^3}x^3$$

이고,

$$\lim_{n\to\infty}\frac{n(n+1)(2n+1)}{6n^3}=\lim_{n\to\infty}\frac{2n^3+3n^2+n}{6n^3}$$

$$=\lim_{n\to\infty}\left(\frac{1}{3}+\frac{1}{2n}+\frac{1}{6n^2}\right)$$

$$=\frac{1}{3}$$

이므로

$$S(x)=\lim_{n\to\infty}S_n=\frac{1}{3}x^3$$

이다.

한편, 이 넓이함수 $S(x)=\dfrac{1}{3}x^3$은 단순히 구간 $[0,\,x]$에서의 넓이를 구

하는 데 머물지 않는나.

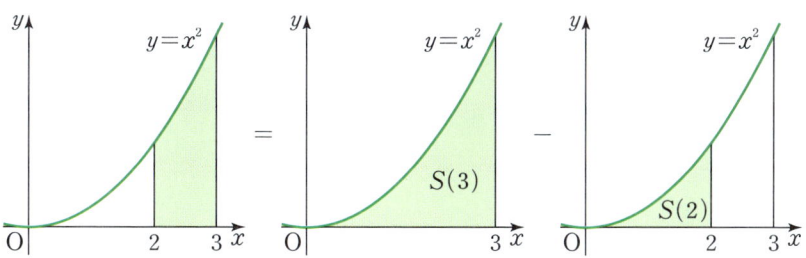

예를 들어 앞 그림에서 구간 [2, 3]에서의 넓이는

$$S(3)-S(2)=\frac{3^3}{3}-\frac{2^3}{3}=\frac{19}{3}$$

와 같이 구할 수 있다.

드디어 이차함수 $y=x^2$의 그래프와 x축 사이에 있는 모든 구간의 넓이가 정복되었다.[•]

삼차함수 그래프의 넓이로 확장하기

이제 구간 $[0, x]$에서 삼차함수 $y=x^3$의 그래프와 x축 사이의 넓이 $S(x)$를 구할 차례다. 이를 위해 새롭게 요구되는 것은 합의 공식

$$\sum_{k=1}^{n} k^3 = \left\{\frac{n(n+1)}{2}\right\}^2 = \frac{n^2(n+1)^2}{4}$$

뿐이고, 나머지 과정은 이차함수 $y=x^2$의 경우와 같다.

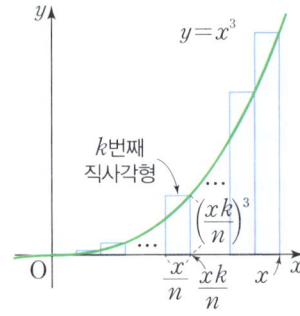

• 　17세기의 수학자들은 음의 실수의 구간은 생각하지 않았다.

이 그림에서 k번째 직사각형의 넓이는 $\dfrac{x}{n} \times \left(\dfrac{xk}{n}\right)^3 = \dfrac{k^3}{n^4}x^4$이므로

$$S(x) = \lim_{n \to \infty} \sum_{k=1}^{n} \frac{k^3}{n^4}x^4 = \lim_{n \to \infty} \left(\frac{x^4}{n^4} \sum_{k=1}^{n} k^3\right)$$
$$= x^4 \times \lim_{n \to \infty} \frac{n^2(n+1)^2}{4n^4} = \frac{1}{4}x^4$$

과 같이 단숨에 처리할 수 있다. 삼차함수도 순식간에 정복되었다.

누구나 발견할 수 있는 규칙성

잠시 상수함수와 일차함수에 대해서 간단히 확인해보자.

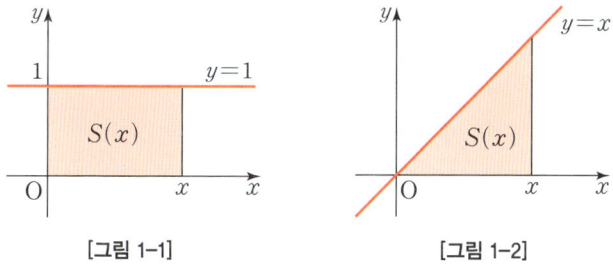

[그림 1-1]　　　　　　[그림 1-2]

구간 $[0, x]$에서 직선 $y=1$과 x축 사이의 넓이 $S(x)$는 [그림 1-1]의 직사각형의 넓이와 같으므로

$$S(x) = x \times 1 = x$$

이고, 직선 $y=x$와 x축 사이의 넓이 $S(x)$는 [그림 1-2]의 직각삼각형의 넓이와 같으므로

$$S(x) = \frac{1}{2} \times x \times x = \frac{1}{2}x^2$$

이다.

이제 지금까지 알아본 구간 $[0, x]$에서 다항함수 $y=f(x)$의 그래프와 x축 사이의 넓이 $S(x)$를 정리해보면 다음과 같다.

$$f(x)=1 \quad \rightarrow \quad S(x)=x$$

$$f(x)=x \quad \rightarrow \quad S(x)=\frac{1}{2}x^2$$

$$f(x)=x^2 \quad \rightarrow \quad S(x)=\frac{1}{3}x^3$$

$$f(x)=x^3 \quad \rightarrow \quad S(x)=\frac{1}{4}x^4$$

위의 결과들을 보다 보면 누구나 아주 단순하지만 매력적인 규칙성을 발견할 수 있을 것이고, 모든 자연수 m에 대해

$$f(x)=x^m \quad \rightarrow \quad S(x)=\frac{1}{m+1}x^{m+1}$$

이 성립할 것만 같은 강력한 예감이 들 것이다.

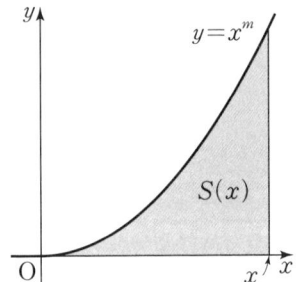

그리고 수학을 하는 사람이라면 예측에서 머물지 않고 증명을 통해 확인하려 할 것이다.

다항함수의 넓이 공식이 탄생하다

실제로 17세기의 카발리에리, 토리첼리 Evangelista Torricelli, 1608~1647, 파스칼 Blaise Pascal, 1623~1662, 페르마를 비롯한 여러 수학자가 구간 $[0, x]$에서 다항함수 $y = x^m$의 그래프와 x축 사이의 넓이 $S(x)$를 구하기 위해 도전했다.•

특히 페르마는 [그림 2-1]과 같이 간격이 등비수열을 이루면서 왼쪽으로 갈수록 점점 작아지는 직사각형들을 이용해 m이 양의 유리수일 때의 넓이를 구하기도 했다(부록 '더 깊이 들어가기' 참조).

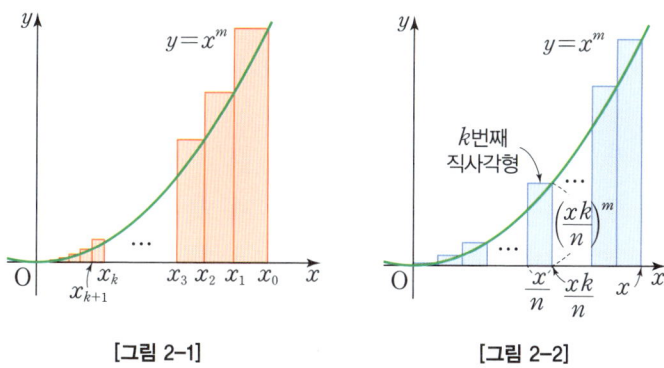

[그림 2-1]   [그림 2-2]

하지만 대부분의 수학자들은 역시 [그림 2-2]와 같이 가로의 길이가 일정한 n개의 직사각형과 당시에도 잘 알려져 있던 합의 공식

$$\sum_{k=1}^{n} k^m = \frac{1}{m+1} n^{m+1} + \bigcirc n^m + \square n^{m-1} + \cdots \ (단, \bigcirc, \square 는 상수)$$

를 이용해 다음과 같이 넓이를 구했다.

• 　토리첼리는 포물선 도형의 넓이를 20여 가지의 방법으로 구했다고 한다.

[그림 2-2]에 있는 n개의 직사각형들의 넓이의 총합 S_n은

$$S_n = \sum_{k=1}^{n} \frac{x}{n} \left(\frac{xk}{n} \right)^m = \frac{x^{m+1}}{n^{m+1}} \sum_{k=1}^{n} k^m$$

$$= \frac{x^{m+1}}{n^{m+1}} \times \left(\frac{1}{m+1} n^{m+1} + \bigcirc n^m + \square n^{m-1} + \cdots \right)$$

$$= x^{m+1} \left(\frac{1}{m+1} + \frac{\bigcirc}{n} + \frac{\square}{n^2} + \cdots \right)$$

이므로 구간 $[0, x]$에서의 넓이는

$$S(x) = \lim_{n \to \infty} S_n$$

$$= x^{m+1} \times \lim_{n \to \infty} \left(\frac{1}{m+1} + \frac{\bigcirc}{n} + \frac{\square}{n^2} + \cdots \right)$$

$$= \frac{1}{m+1} x^{m+1}$$

이다.

마침내 다항함수 $y = x^m$의 그래프와 x축 사이의 넓이가 정복되었다.

3

수학의 대혁명이 눈앞에 아른거리다

구분구적법의 한계

아주 가느다란 직사각형을 이용하는 구분구적법을 통해 함수 $y=x^m$ 의 그래프와 x축 사이의 넓이를 구하는 공식

$$S(x)=\frac{1}{m+1}x^{m+1}$$

이 발견되었지만, m이 자연수인 경우로만 제한된다는 한계가 남아 있었다.

한계를 극복하고 제한 조건을 타파하고자 하는 수학자들의 본능은 자연스럽게 m이 자연수가 아닐 때의 넓이에도 도전하도록 이끌었다.

최우선의 도전 대상은 당연히 $m=\frac{1}{2}$일 때였다. 다행히 17세기에는 미분의 등장으로 인해 $\sqrt{x}=x^{\frac{1}{2}}$이라는 사실이 알려져 있었다. 따라서 수학자들은 우선 $m=\frac{1}{2}$일 때의 함수, 즉 함수 $f(x)=\sqrt{x}$에 대해 다음 [그림 1-1]에 색칠된 영역의 넓이함수 $S(x)$를 구하는 것에 도전했다.

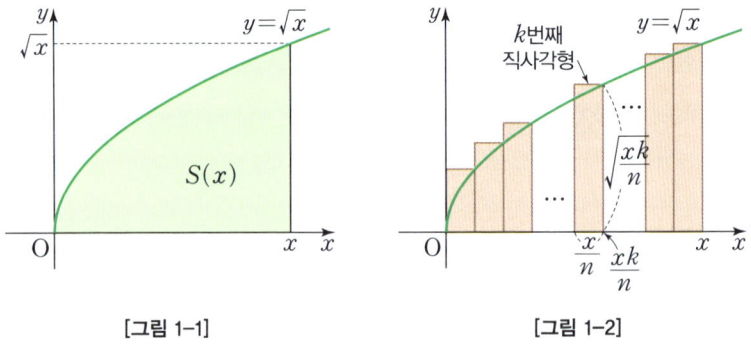

[그림 1-1]   [그림 1-2]

하지만 [그림 1-2]에 있는 n개의 직사각형의 넓이의 합

$$S_n = \sum_{k=1}^{n} \sqrt{\frac{xk}{n}} \times \frac{x}{n} = \frac{x\sqrt{x}}{n\sqrt{n}} \sum_{k=1}^{n} \sqrt{k} \bullet$$

를 구하는 과정에 등장하는 수열의 합 $\sum_{k=1}^{n} \sqrt{k}$를 구하는 것은 도저히 불

가능했다. 따라서 수학자들은 곡선 $y = \sqrt{x}$와 x축 사이의 넓이를 구하는

새로운 방법을 찾아야만 했다.

구분구적법의 한계를 극복하다

이차함수와 x축 사이의 넓이를 배운 학생들에게

"구간 $[0, x]$에서 곡선 $y = \sqrt{x}$와 x축 사이의 넓이를 구해볼까?"

라는 질문을 던지면

•   여기서도 $\frac{x}{n}$를 곱하는 과정에서 $\sqrt{x} = x^{\frac{1}{2}}$이 $x\sqrt{x} = x^{\frac{3}{2}}$으로 차수가 1이 증가함을 확

인할 수 있다.

"무리함수의 적분을 아직 배우지 않았어요."

라며 시도조차 하지 않는 학생들이 대부분이다. 나는 할 수 없이 큰 힌트를 준다.

"이미 배운 것만으로도 충분히 해결할 수 있지."

이 말 한마디에 학생들은 도전하고, 적지 않은 학생들이 방법을 찾아낸다. 어떻게 찾았냐는 물음에는

"역함수를 이용했어요."

라고 짧게 답한다. 이 답변이 아직 답을 찾지 못한 학생들을 돕는다. 학생의 말은 곡선 $y=\sqrt{x}$와 곡선 $y=x^2\,(x \geq 0)$이 직선 $y=x$에 대해 서로 대칭임을 이용하라는 암시이기 때문이다.•

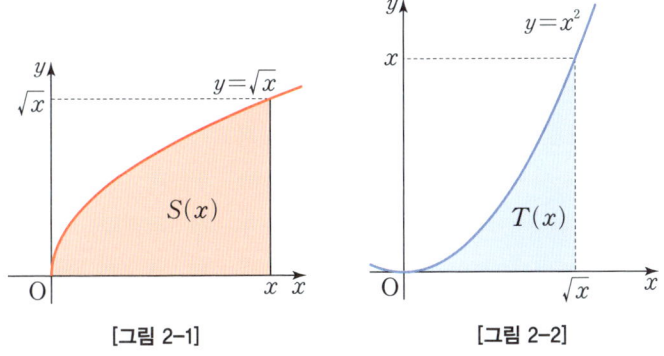

[그림 2-1]   [그림 2-2]

이제 이차함수 $f(x)=x^2$의 넓이함수가 $T(x)=\dfrac{1}{3}x^3$임을 이용하면 [그림 2-2]의 구간 $[0,\sqrt{x}\,]$에 색칠된 영역의 넓이는

$$T(\sqrt{x})=\frac{1}{3}(\sqrt{x})^3=\frac{1}{3}x\sqrt{x}$$

• 함수 $y=\sqrt{x}$는 함수 $y=x^2\,(x \geq 0)$의 역함수다.

가 된다.

이때 두 그림에 있는 직사각형의 넓이는 $x\sqrt{x}$로 같으므로 [그림 2-1]에 색칠된 영역의 넓이는

$$S(x)=x\sqrt{x}-\frac{1}{3}x\sqrt{x}=\frac{2}{3}x\sqrt{x}$$

이다. 불가능한 줄로만 알았던 $\lim\limits_{n\to\infty}\sum\limits_{k=1}^{n}\frac{1}{n}\sqrt{\frac{k}{n}}$의 계산도

$$\lim\limits_{n\to\infty}\sum\limits_{k=1}^{n}\frac{1}{n}\sqrt{\frac{k}{n}}=S(1)=\frac{2}{3}\times 1\times\sqrt{1}=\frac{2}{3}$$

와 같이 단번에 가능해졌다.

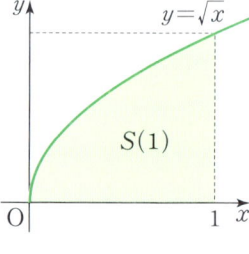

한편, $\sqrt{x}=x^{\frac{1}{2}}$이므로

$$S(x)=\frac{2}{3}x\sqrt{x}=\frac{2}{3}x^{\frac{3}{2}}=\frac{1}{\frac{1}{2}+1}x^{\frac{1}{2}+1}$$

이 된다. 앗! 이것은 다항함수 $f(x)=x^{m}$의 넓이 공식인

$S(x)=\dfrac{1}{m+1}x^{m+1}$에 $m=\dfrac{1}{2}$을 대입한 결과와 일치하지 않는가?

가슴 떨리는 발견

이러한 방식으로 영국의 수학자 월리스와 뉴턴은 모든 양의 유리수 m에 대해서도 함수와 넓이함수의 관계

$$f(x)=x^{m}\rightarrow S(x)=\frac{1}{m+1}x^{m+1}$$

이 성립함을 증명했다. 이제는 누구나 이 공식을 암기하기만 하면 곡선 $y=x^{m}$과 x축 사이의 넓이를 금방 구할 수 있게 되었다.

그런데 17세기의 수학자들은 이 공식을 굳이 새로 암기할 필요가 없었다. 당시에 미분과 적분은 유럽의 거의 모든 수학자의 공통 연구 과제였는데, 미분법을 조금만 아는 사람이라면

$$S'(x)=\frac{1}{m+1}(x^{m+1})'=\frac{m+1}{m+1}x^m=x^m=f(x)$$

가 된다는 사실을 쉽게 발견할 수 있었기 때문이다. 예를 들어 함수 $f(x)=x^{\frac{1}{2}}$의 넓이함수를 구하려면 '미분해서 $f(x)$가 되는 함수 $S(x)$'를 구하기만 하면 된다. 그리고 그 함수가 $S(x)=\frac{2}{3}x^{\frac{3}{2}}$임은

$$S'(x)=\frac{2}{3}\times\frac{3}{2}x^{\frac{3}{2}-1}=x^{\frac{1}{2}}=f(x)$$

를 통해 쉽게 확인할 수 있다.

이러한 성질이 밝혀지자 수학자들은 넓이 문제가 어느 날 갑자기 미분의 역연산 문제가 되어버렸음을 알아차렸다.

하지만 아직 모든 적분 문제가 해결되는 것이 아니었다. $f(x)=x^m$ 꼴, 그것도 $m\neq-1$일 때의 넓이 문제만 해결되었을 뿐이다. 이제부터의 적분은 더욱 기발한 발상과 심오한 상상력이 필요했다. 진정한 천재들의 재능이 필요한 때가 된 것이다.

$$S'(x)=\frac{2}{3}\times\frac{3}{2}x^{\frac{3}{2}-1}=x^{\frac{1}{2}}=f(x)$$

4

뉴턴의 현란한 적분법

곡선 $y = \frac{1}{x}$ 아래의 넓이를 구하다

뉴턴은 적분이라는 신대륙을 정복하는 길의 선봉에 섰다. 그의 발상이 너무나 현란하고 독창적인 까닭에 유감스럽게도 그의 적분법은 대부분 고교과정을 뛰어넘는다. 아직 적분에 익숙치 않은 독자라면 그의 자유로운 영혼을 구경한다는 마음으로 가볍게 읽고 넘어가도 좋다.

뉴턴이 살던 시기에는 $m \neq -1$일 때 '구간 $[0, x]$에서 곡선 $y = x^m$ 아래의 넓이가 $\frac{x^{m+1}}{m+1}$'이라는 넓이 공식이 이미 여러 수학자에 의해 알려져 있었다. 다만, $m = -1$이면 $\frac{x^{m+1}}{m+1}$의 분모가 0이 되므로 곡선 $y = x^{-1}$, 즉 $y = \frac{1}{x}$ 아래의 넓이만큼은 아직 알 수 없었다.

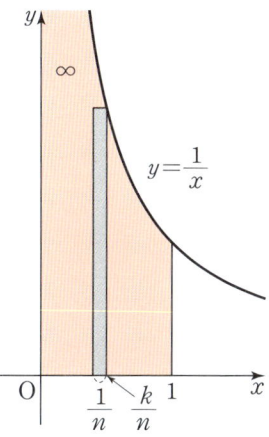

특히 구간 [0, 1]에서의 함수 $f(x)=\dfrac{1}{x}$의 그래프와 x축 사이의 넓이를 구분구적법으로 나타내면

$$\lim_{n\to\infty}\sum_{k=1}^{n}\left(\frac{1}{\dfrac{k}{n}}\times\frac{1}{n}\right)=\lim_{n\to\infty}\sum_{k=1}^{n}\frac{1}{k}=\sum_{k=1}^{\infty}\frac{1}{k}=\infty$$

가 된다.

여기서 뉴턴은 다음 그림과 같이 곡선 $y=\dfrac{1}{x}$을 x축의 방향으로 -1만큼 평행이동한 곡선 $y=\dfrac{1}{1+x}$ 아래의 넓이 $S(x)$를 구해보자는 생각을 떠올렸다.

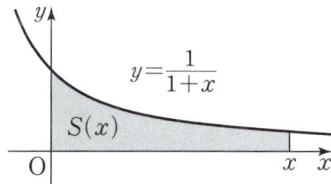

그러자 $\dfrac{1}{x}$에서는 보이지 않던 것이 $\dfrac{1}{1+x}$에서는 보였다. 그는 등식

$$1 = (1+x)(a+bx+cx^2+dx^3+\cdots)$$

가 항상 성립하도록 하는 상수 $a, b, c, d, \cdots$를 차례로 구해 항등식

$$1 = (1+x)(1-x+x^2-x^3+\cdots)$$

를 만들었다.

위 등식의 우변을 전개하면 1을 제외한 모든 항이 스르르 사라지는 것을 쉽게 확인할 수 있다.

이제 위 항등식의 양변을 $1+x$로 나누면

$$\frac{1}{1+x} = 1-x+x^2-x^3+\cdots^{\bullet}$$

가 만들어진다. 얼핏 보면 위 등식의 좌변과 우변이 서로 같다는 것이 도저히 믿기지 않을지도 모른다. 실제로 두 함수

$$y = \frac{1}{1+x},$$

$$y = 1-x+x^2-x^3+x^4-x^5+x^6-x^7+x^8-x^9+x^{10}$$

의 그래프를 그려보면 두 곡선은 전혀 달라 보인다.

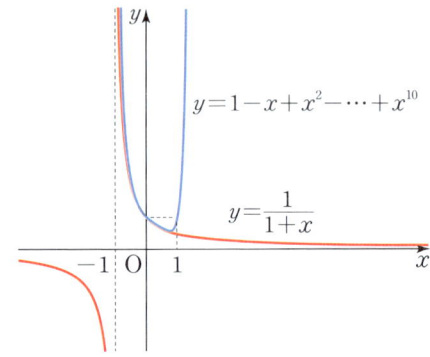

• 오늘날에는 등비급수를 이용해 $-1 < x < 1$일 때

$1-x+x^2-x^3+\cdots = \dfrac{1}{1-(-x)} = \dfrac{1}{1+x}$이 성립함을 쉽게 보일 수 있다.

하지만 $-1 < x < 1$의 일부 범위에서만큼은 두 곡선이 놀랍도록 일치하고 있는 것을 확인할 수 있다.

결국 뉴턴은 다항함수의 넓이 공식으로부터

$$\square \frac{1}{1+x} = \square(1 - x + x^2 - x^3 + \cdots)$$

$$= x - \frac{x^2}{2} + \frac{x^3}{3} - \frac{x^4}{4} + \cdots$$

를 유도했다.[•]

뉴턴의 이 발견은 수학적으로 큰 의의를 가진다.

첫째, 쌍곡선 $y = \frac{1}{x}$을 평행이동한 곡선 $y = \frac{1}{1+x}$도 쌍곡선이므로 드디어 원, 포물선, 타원에 이어 쌍곡선의 넓이까지 구할 수 있게 되었다는 점이다.

둘째, 뉴턴의 발견은 다루기 어려운 함수들을 다루기 쉬운 다항함수의 급수인 멱급수power series[▲]로 나타내어 미분과 적분을 계산하는 비법의 등장을 알리는 신호탄이 되었다는 점이다.

뉴턴의 이항급수

뉴턴은 $y = x^m$(m은 실수) 꼴이 아닌 다른 함수의 적분에도 도전장을 내밀어 커다란 성과를 거두는데, 그 대표적인 예가 바로 '이항급수'의 발

- [•] $\square$는 뉴턴이 넓이를 나타내기 위해 잠시 사용했던 적분 기호다.
- [▲] $a_0 + a_1 x + a_2 x^2 + a_3 x^3 + \cdots + a_n x^n + \cdots$의 모양으로 나타내는 급수를 말한다.

견이다.

　당시에는 뉴턴과 동시대를 살았던 프랑스의 철학자이자 수학자 파스칼이 만든 삼각형[●]

$$1$$
$$1 \quad 1$$
$$1 \quad 2 \quad 1$$
$$1 \quad 3 \quad 3 \quad 1$$
$$1 \quad 4 \quad 6 \quad 4 \quad 1$$
$$1 \quad 5 \quad 10 \quad 10 \quad 5 \quad 1$$
$$\ddots \qquad \vdots \qquad \ddots$$

과 이항정리

$$(1+x)^n = {}_n\mathrm{C}_0 + {}_n\mathrm{C}_1 x + {}_n\mathrm{C}_2 x^2 + {}_n\mathrm{C}_3 x^3 + \cdots + {}_n\mathrm{C}_n x^n = \sum_{r=0}^{n} {}_n\mathrm{C}_r x^r$$

$$\left(단, \ {}_n\mathrm{C}_r = \frac{n(n-1)(n-2)\cdots(n-r+1)}{r!}, \ n은 \ 자연수 \right)$$

이 잘 알려져 있었고, 영국의 월리스에 의해 $\sqrt{x} = x^{\frac{1}{2}}$, $\dfrac{1}{\sqrt{x}} = x^{-\frac{1}{2}}$ 이라는 것도 알려져 있었다.

　뉴턴은 이들의 성과에서 영감을 얻어 n이 자연수가 아닐 때도 이항정리가 성립할 것이라는 과감한 추측을 했고, 결국 다음과 같은 '이항급수'를 발견했다.

[●]　중국의 수학자들은 파스칼보다 700년이나 앞서서 파스칼의 삼각형을 발견하고 이항정리에 활용했다.

a가 유리수일 때,

$$(1+x)^a = 1 + {}_aC_1x + {}_aC_2x^2 + {}_aC_3x^3 + \cdots = \sum_{r=0}^{\infty} {}_aC_r x^r$$

$$\left(\text{단, } {}_aC_r = \frac{a(a-1)(a-2)\cdots(a-r+1)}{r!} \right)$$

여기서 a가 자연수이면 ${}_aC_{a+1} = {}_aC_{a+2} = \cdots = 0$이므로 기존의 이항정리와 같고, a가 자연수가 아니면 무한개의 항이 나열되는 급수가 된다.

예를 들어 $a = -1$인 경우에는

$${}_{-1}C_1 = \frac{-1}{1!} = -1,$$

$${}_{-1}C_2 = \frac{(-1)(-1-1)}{2!} = 1,$$

$${}_{-1}C_3 = \frac{(-1)(-1-1)(-1-2)}{3!} = -1,$$

$${}_{-1}C_4 = \frac{(-1)(-1-1)(-1-2)(-1-3)}{4!} = 1,$$

$$\vdots$$

이므로

$$\frac{1}{1+x} = (1+x)^{-1}$$

$$= 1 + {}_{-1}C_1x + {}_{-1}C_2x^2 + {}_{-1}C_3x^3 + \cdots$$

$$= 1 - x + x^2 - x^3 + \cdots$$

가 되는데, 놀랍게도 이는 뉴턴이 $1 = (1+x)(1-x+x^2-x^3+\cdots)$에서 얻었던 결과와 같다.

또, $a=\dfrac{1}{2}$인 경우에는

$$_{\frac{1}{2}}C_1=\dfrac{\dfrac{1}{2}}{1!}=\dfrac{1}{2},$$

$$_{\frac{1}{2}}C_2=\dfrac{\dfrac{1}{2}\left(\dfrac{1}{2}-1\right)}{2!}=-\dfrac{1}{8},$$

$$_{\frac{1}{2}}C_3=\dfrac{\dfrac{1}{2}\left(\dfrac{1}{2}-1\right)\left(\dfrac{1}{2}-2\right)}{3!}=\dfrac{1}{16},$$

$$_{\frac{1}{2}}C_4=\dfrac{\dfrac{1}{2}\left(\dfrac{1}{2}-1\right)\left(\dfrac{1}{2}-2\right)\left(\dfrac{1}{2}-3\right)}{4!}=-\dfrac{5}{128},$$

$$\vdots$$

이므로

$$\sqrt{1+x}=(1+x)^{\frac{1}{2}}=1+\dfrac{1}{2}x-\dfrac{1}{8}x^2+\dfrac{1}{16}x^3-\dfrac{5}{128}x^4+\cdots$$

$$\cdots\cdots(\ast)$$

가 된다.

사실 이항정리는 수학을 하는 사람이라면 누구나 알고 있는 공식이지만, n 대신 자연수가 아닌 수를 대입한다는 생각은 아무나 할 수 있는 것이 아니다. 그런데 뉴턴은 불과 22세의 나이에 기존의 틀에 속박되지 않고 n 대신 유리수를 대입했을 뿐만 아니라 당시까지 완벽한 수로서 인정받지 못하고 있던 음수까지 대입해봄으로써 의미 있는 발견을 이끌어 냈다. 결국 음수가 진짜 수로서 인정받는 데에도 큰 역할을 했다.•

• 뉴턴의 발상은 오늘날 $\dfrac{1}{2}$번 미분, $\dfrac{1}{2}$번 적분과 같은 분수 차수의 미적분이 탄생하는 데에도 영감을 줬다.

이항급수로 π의 급수를 찾다

뉴턴은 반원의 방정식 $y=\sqrt{1-x^2}$의 멱급수를 찾기 위해 $\sqrt{1+x}$의 이항급수의 결과인 ($*$)의 x 대신 $-x^2$을 대입함으로써

$$\sqrt{1-x^2}=(1-x^2)^{\frac{1}{2}}=1-\frac{1}{2}x^2-\frac{1}{8}x^4-\frac{1}{16}x^6-\frac{5}{128}x^8-\cdots$$

를 유도했고, 이 식에 넓이 공식을 적용해

$$\square\sqrt{1-x^2}=x-\frac{1}{6}x^3-\frac{1}{40}x^5-\frac{1}{112}x^7-\frac{5}{1152}x^9-\cdots \quad \cdots\cdots (**)$$

임을 알아냈다.

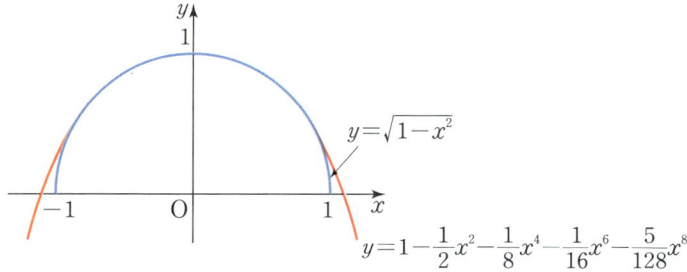

두 곡선 $y=\sqrt{1-x^2}$, $y=1-\frac{1}{2}x^2-\frac{1}{8}x^4-\frac{1}{16}x^6-\frac{5}{128}x^8$의 비교

이제 ($**$)에 $x=1$을 대입한 값은 구간 [0, 1]에서 사분원 $y=\sqrt{1-x^2}\,(0\le x\le 1)$의 넓이인 $\dfrac{\pi}{4}$와 같아야 하므로

$$\frac{\pi}{4}=1-\frac{1}{6}-\frac{1}{40}-\frac{1}{112}-\frac{5}{1152}-\cdots$$

라는 등식이 세상에 깜짝 등장했다.

이토록 자유롭고 경이로운 지성이라니!

뉴턴의 비장의 무기

이항급수의 등장으로 유리수 지수 $(\sqrt[q]{a})^p = a^{\frac{p}{q}}$ 과 음의 지수 $\frac{1}{a^p} = a^{-p}$ 이 본격적으로 쓰이기 시작했다. 뉴턴은 어떤 곡선이라도 멱급수로 나타낼 수 있다는 자신감을 보이기도 했고, 결국

$$e^x = 1 + x + \frac{x^2}{2!} + \frac{x^3}{3!} + \frac{x^4}{4!} + \cdots$$

$$\sin x = x - \frac{x^3}{3!} + \frac{x^5}{5!} - \frac{x^7}{7!} + \frac{x^9}{9!} - \cdots$$

$$\cos x = 1 - \frac{x^2}{2!} + \frac{x^4}{4!} - \frac{x^6}{6!} + \frac{x^8}{8!} - \cdots$$

등과 같은 여러 함수들의 멱급수를 발견하게 된다.

또한 그는 다양한 방법과 방대한 계산으로 얻은 결과를 정리해 자신만의 '적분표'를 만들기도 했다. 그의 노트에는 소수점 아래 백 자리가 넘는 계산 과정들도 담겨 있다고 하니, 뉴턴의 업적은 그의 천재성과 창의성만으로 이루어진 것이 아니라 끈질긴 집념과 노력의 결과라는 것도 분명하다.

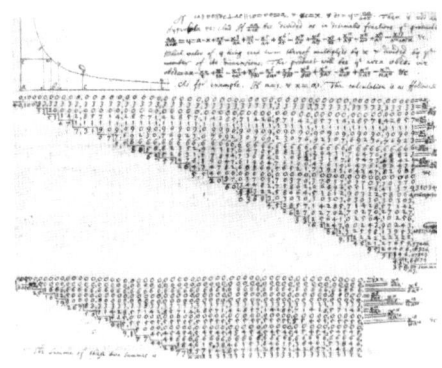

1665년 뉴턴이 소수점 이하 55자리까지 계산한 쌍곡선 아래 면적

5

라이프니츠의 심오한 적분 기호

수학기호의 의미

수학기호는 '공개된 암호'라고 할 수 있다. 수학자들은 수학의 이론뿐만 아니라 적절한 기호를 만들기 위해서도 노력한다. 수학자들이 기호를 만드는 이유는 남들이 범접하기 어렵게 해 수학을 자신들만 이해할 수 있는 전유물로 삼기 위해서가 아니다. '공개된 암호'를 해독할 수 있는 사람끼리라면 의사소통이 훨씬 간결해지고 명료해지기 때문이고, 좋은 기호는 우리에게 수학적 의미와 상황을 명확하게 보여주며, 문제를 이해하고 해결하는 데 있이 좀 더 쉽고 빠른 길로 인도하기 때문이다.

뉴턴은 미분과 적분에서 완전히 다른 기호들을 사용했다. 그 결과 오늘날에는 뉴턴의 미분 기호 $\dot{x}, \dot{y}$가 일부 역학 분야에서만 사용되고 있을 뿐이고, $\Box x$ 또는 $\dot{x}$와 같은 뉴턴의 적분 기호는 완전히 사라지고 말았다.

반면, 기호의 중요성을 확실히 인식하고 있던 라이프니츠는 미적분의 이론 탐구에만 머물지 않고 미적분 기호의 구조화와 체계화를 위해서도 노력했다. 그래서 그의 기호에는 논리적이고 심오한 의미가 담겨 있다. 예를 들어 그는 곱셈 기호로 ⌢, 나눗셈 기호로 ⌣, 등호로 ⊓를 사용하기도 했는데, ⌢과 ⌣는 서로 '역연산'임을 알 수 있게 하고, ⊓는 양쪽을 연결하는 다리로서의 의미가 있었다. 그럼에도 불구하고 이 기호들은 역사의 뒤안길로 사라져버렸다. 그만큼 끝까지 살아남을 기호를 만든다는 것은 보통 일이 아니다.

라이프니츠의 첫 적분 기호

[그림 1-1]과 같이 넓이를 구하려는 영역을 한없이 작은 구간으로 나누고, 각 구간의 영역을 직사각형으로 간주해 다시 통합integration하는 방식은 17세기의 수학자들이 생각했던 구분구적법의 보편적 발상이다.

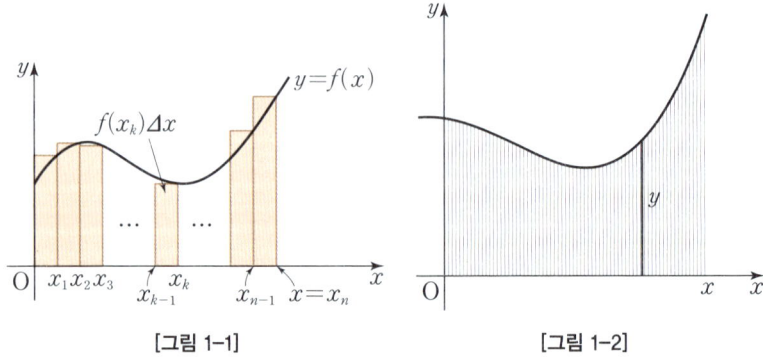

[그림 1-1]   [그림 1-2]

라이프니츠는 네덜란드 출신의 물리학자 하위헌스Christiaan Huygens 1629~1695로부터 수학을 배우던 시기인 1673년에 [그림 1-2]와 같은 영

2부　미분과 적분의 통합을 직관하다: 미적분

역의 넓이를, 높이를 나타내는 'y', 아주 가느다란 띠를 상징하는 'l', 그리고 '모든 것'을 의미하는 '옴니아omnia'를 이용해 'omn.yl'로 나타냈다. 그러나 이것은 시작에 불과했다.

라이프니츠의 띠

라이프니츠는 여기에서 한발 더 나아가 미적분의 역사를 바꾸는 기발한 발상을 떠올린다.

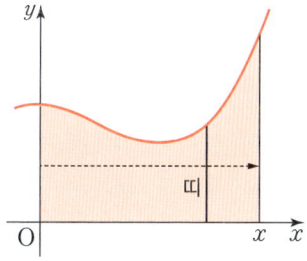

그는 위 그림과 같이 곡선 아래에 폭이 한없이 가느다란 띠들이 연속적으로 놓여 있다고 생각했다. 이 띠 하나를 확대해보면 윗부분에 비스듬한 선분 모양이 남아 있게 되는데, 라이프니츠는 이 띠를 높이가 y인 직사각형과 그 위의 자투리로 나누었다.

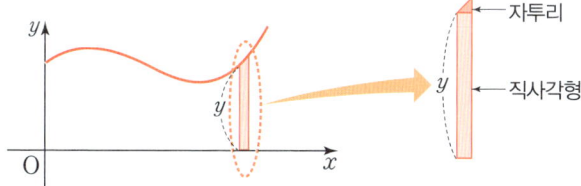

그리고 이 띠의 폭이 한없이 작아지면 자투리를 무시할 수 있다는 사실을 간파했다.

자투리를 무시해도 되는 이유

'자투리를 무시할 수 있다.'라는 라이프니츠의 생각을 처음 접하는 독자라면 다음과 같은 의문이 자연스럽게 떠올라야 할 것이다.

첫째, 원주율 π는 소수점 아래 수억 자리, 수조 자리까지도 따지면서 적분에서는 단지 자투리라는 이유만으로 무시해도 되는 것일까?

둘째, 자투리의 넓이가 0에 한없이 가까워지면 자투리 아래에 있는 직사각형의 넓이도 역시나 0에 한없이 가까워지는데, 왜 이 넓이는 무시하지 않는 것인가?

이 의문을 해소할 수 있어야만 비로소 적분에 대해 확실하게 이해하고 있다고 말할 수 있다. 결론을 먼저 밝히자면, 자투리의 넓이가 단지 한없이 작아져서 무시하는 것이 아니라, 자투리의 넓이가 그 아래 직사각형의 넓이에 비해 상대적으로 한없이 작아져서 무시해도 되는 것이다. 이제 사다리꼴 모양의 띠를 이용해 직접 확인해보자.

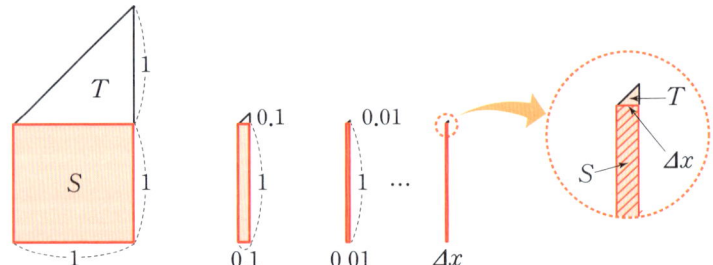

위 그림의 각 도형에서 폭을 Δx라 하고, 색칠한 직사각형의 넓이를 S, 직사각형 위에 있는 자투리인 직각이등변삼각형의 넓이를 T라 하자. 이때 폭 Δx를 한없이 줄이면 S와 T가 모두 0에 한없이 가까워지는데, 여기서 우리가 주목해야 할 것은 두 도형의 넓이의 비인 $\dfrac{T}{S}$이다.

	1	0.1	0.01	...	Δx
T	$\dfrac{1}{2}$	$\dfrac{0.1^2}{2}$	$\dfrac{0.01^2}{2}$	...	$\dfrac{(\Delta x)^2}{2}$
S	1	0.1	0.01	...	Δx
$\dfrac{T}{S}$	0.5	0.05	0.005	...	$\dfrac{\Delta x}{2}$

위 결과로부터

$$\Delta x \to 0 일\ 때\ \frac{T}{S} = \frac{\Delta x}{2} \to 0$$

임을 알 수 있다. 그래서 $\Delta x \to 0$일 때 자투리의 넓이 T를 무시하고 직사각형의 넓이 S만 고려해도 되는 것이다.

$\dfrac{\infty}{\infty}$ 꼴의 극한에서 상수항이 답에 전혀 영향을 끼치지 않는 것처럼, 이제 적분에서도 자투리를 무시해도 답이 전혀 달라지지 않는다는 사실이 확인되었다.

라이프니츠의 적분에서 dx의 의미

아르키메데스는 지레를 이용하는 그의 '방법'에서 가느다란 선분들의 폭을 '한없이 작지만 모두 일정하다.'라고 생각했다. 그래야만 선분 길이의 비가 곧 무게의 비와 같게 되어 지레의 원리를 적용할 수 있기 때문이다. 또, 카발리에리는 한없이 가느다란 선분의 폭을 '불가분량'이라고 부르며 적분에 활용했다. 하지만 아르키메데스와 카발리에리는 그 선분의 폭을 구체적인 기호로 나타내지는 못했다.

반면 라이프니츠는 이 폭을 명시적인 기호로 나타냈다. 자신의 미분에서 '한없이 작은 x의 간격'을 나타내는 의미로 사용했던 그 '미분소' dx를 적분에서도 사용하기로 한 것이다. 즉, Δx가 한없이 작아진 상태에서의 폭을 dx로 나타내기로 했다. 그리고 '폭이 dx인 띠는 자투리를 무시하고 직사각형으로 간주해도 된다.'라는 통찰에도 이르렀다. 이것이 라이프니츠 적분의 핵심이다.

쉽게 말해, 라이프니츠에게 dx란 미분에서는 '곡선을 직선으로 간주할 수 있게 하는 x의 간격'이었고, 적분에서는 '가느다란 띠를 직사각형으로 간주할 수 있게 하는 x의 간격'이었다.

'없는 것'을 0이라는 기호로 나타냄으로써 무無를 수로 인식할 수 있게 하는 발상이 수학에 혁명을 일으켰던 것처럼, '모르는 것'을 x라는 문자로 나타냄으로써 미지수未知數를 마치 숫자처럼 자유자재로 다룰 수 있게 하는 발상이 대수학의 역사에 중대한 전환점을 마련했던 것처럼, '보이지도 않을 만큼 한없이 가느다란 폭'을 dx라는 기호로 나타냄으로써 '무한소'를 시각화하는 발상은 '치환적분법'과 같은 적분법의 발달과 '미적분의 직관화'에 결정적인 역할을 했다.

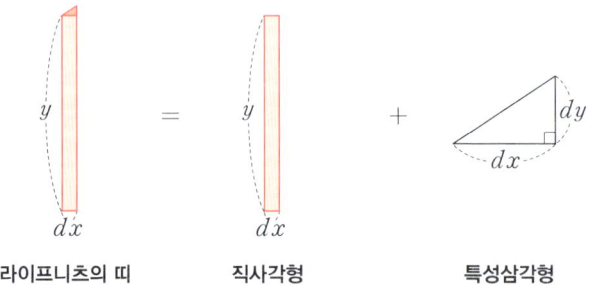

라이프니츠의 띠   직사각형   특성삼각형

한편, 라이프니츠는 가느다란 띠를 위 그림과 같이 직사각형과 특성

삼각형으로 나누고, 직사각형은 주로 적분에, 특성삼각형은 미분에 사용했다.•

적분 기호의 탄생

라이프니츠는 1675년에 드디어 '폭이 dx이고 높이가 y인 직사각형의 넓이 $y \times dx$의 총합'을, '합하는'을 의미하는 라틴어 'summatorius'의 첫 글자 s를 길게 늘여 만든 기호 $\int$ (인티그럴)을 이용해

$$\int y \, dx$$

와 같이 나타내기로 했다. 마치 y의 양쪽에 미분(dx)과 적분($\int$)의 날개를 단 격이 되었다.

라이프니츠는 이 기호를 사용해 넓이를 구하는 방법을 처음에는 '합분법合分法, calculus summatorius'이라 불렀는데, 1690년에 그의 제자인 야곱 베르누이Jacob Bernoulli, 1654~1705가 '적분법積分法, calculus integralis'이라는 이름을 제안하자 흔쾌히 동의했다. 그 후 $\int$은 'integral' 또는 'integration'▲으

• 특성삼각형은 곡선의 길이나 회전체의 겉넓이 등을 구하는 적분에도 미분의 형태로 활용된다.

▲ '완전한', '온전한'을 뜻하는 라틴어 'integer'에서 유래한 말로, integration에는 '통합'의 뜻이 있고 integral에는 '완전체'의 뜻이 있다. 참고로 'integer'는 정수(整數)를 나타내는 용어이기도 하다.

로 불리며 라이프니츠의 적분을 상징하는 기호가 되었다.

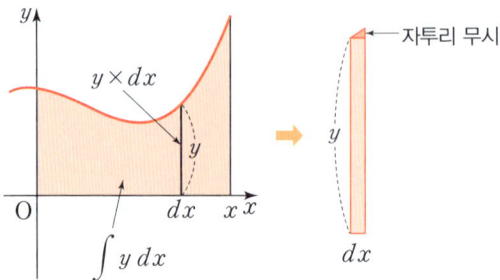

위 그림의 색칠한 영역의 넓이를 나타내는 라이프니츠의 적분 기호

$$\int y\,dx$$

를 가만히 보고 있노라면, 폭이 dx이고 높이가 y인 가느다란 띠가 마치 넓이가 $y \times dx$인 직사각형으로 보이면서 '연속적으로 놓인 무한개의 직사각형의 넓이 $y\,dx$를 통합($\int$)한다.'라는 라이프니츠의 발상이 고스란히 전해지는 것만 같다.

이렇듯 라이프니츠의 기호에서는 '직관적인 상징성'을 발견할 수 있다. 미분 기호 $\dfrac{dy}{dx}$는 무한소끼리의 나눗셈 $dy \div dx$라는 직관적 의미를 노골적으로 드러내고, 적분 기호 $\int y\,dx$는 한없이 가느다란 직사각형들의 넓이의 합이라는 구분구적법의 기하적 의미를 적나라하게 연상시킨다.

6

미적분의 기본 정리

전기력과 자기력은 별개가 아니다

18세기까지만 하더라도 사람들은 전기력과 자기력이 전혀 별개의 힘이라고 여겼다. 그러나 19세기 초 외르스테드Hans Christian Ørsted, 1777~1851가 전류가 흐르는 전선 주위에 자기장이 생긴다는 사실을 발견하면서 두 힘 사이에 연관성이 있음이 처음으로 드러났다. 이후 패러데이Michael Faraday 1791~1867는 자기장이 변하면 전류가 유도된다는 전자기 유도 법칙을 발견했고, 맥스웰James Clerk Maxwell, 1831~1879은 전기장과 자기장이 서로 영향을 주고받으며 파동처럼 전파된다는 전자기 방정식을 완성했다. 이로써 전기력과 자기력은 본질적으로 하나의 힘이라는 사실이 밝혀지며 전자기력으로 통합되었다. 이 과정에서 빛의 정체가 전기장과 자기장이 서로를 유도하며 세상에서 가장 빠른 속도로 나아가는 전자기파라는 사실도 밝혀졌다. 그리고 이 위대한 통합은 인류의 문명을 전기와 전파 없이는 단 하루도 살 수 없는 시대로 이끌었다.

미분과 적분도 별개가 아니다

미분과 적분의 관계도 전기력과 자기력의 관계와 유사하다.

애초에 미분은 할선의 극한을 이용해 접선의 기울기를 구하는 도구로서 17세기에 등장했고, 적분은 무한개의 조각을 이용해 곡선 아래의 넓이를 구하는 도구로서 기원전에 태어났다.

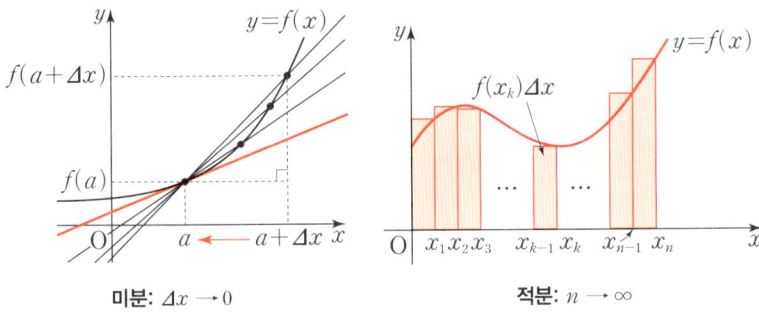

이렇듯 미분과 적분은 탄생의 시점부터 큰 시간차가 존재했을 뿐만 아니라, 구하고자 하는 대상도 전혀 달랐으며 계산 방법마저 완전히 딴판이어서 전혀 별개의 개념처럼 보였다.

그런데 앞에서 살펴본 바와 같이, 함수 $f(x)$의 넓이함수 $S(x)$를 미분하면 원래 함수 $f(x)$가 될 것 같다는 암시가 발견되었다. 이것은 미분(접선의 기울기)과 적분(곡선 아래의 넓이)이 서로 역연산 관계에 있을 것이라는 어마어마한 복선이었다.

$$f(x)=x^m \xrightarrow[\text{(기울기)}]{\text{(넓이)}} S(x)=\frac{1}{m+1}x^{m+1} \text{ (단, } m\neq-1)$$

속도와 거리의 관계에서 미분과 적분의 관계를 엿보다

대부분의 교과서에서는 적분 단원의 맨 뒤에 속도와 거리(위치)의 관계를 다루고 있다. 그러나 미적분의 역사는 수학자들이 속도와 거리의 관계로부터 미분과 적분의 관계에 관한 실마리를 얻었음을 말해주고 있다.

한 방향으로만 직선 운동을 하는 물체의 순간속도는 '위치함수의 미분'과 같다. 따라서 역으로 속도함수 $v(t)$가 주어졌을 때 위치함수 $s(t)$를 구하려면 미분의 역연산을 이용하기만 하면 되었는데, 이때 미분의 역연산은 적분과 전혀 무관한 것이었다. 예를 들어 속도함수가 $v(t) = t^3$으로 주어지면 $s'(t) = t^3$이 주어진 것과 같으므로 넓이와 전혀 상관없이 미분의 역연산만을 이용해 위치함수가

$$s(t) = \frac{1}{4}t^4 \text{ (적분상수는 무시)}$$

임을 알 수 있다.

그런데 17세기의 수학자들은 구간 $[0, x]$에서 곡선 $y = x^3$과 x축 사이의 넓이가 $\frac{1}{4}x^4$이라는 것을 이미 잘 알고 있었다. 따라서 누군가는

속도함수가 $v(t) = t^3$일 때 위치함수가 $s(t) = \frac{1}{4}t^4$이라는 것과

곡선 $y = x^3$과 x축 사이의 넓이가 $\frac{1}{4}x^4$이라는 것으로부터

미분의 역연산과 곡선 아래의 넓이 사이에 매우 밀접한 관계가 있을 것이라고 강력하게 추측했을 것이다.

그런데 이러한 간접적인 정황을 뛰어넘어 속도와 거리 사이에 '넓이'

가 직접적인 연결고리가 될 수도 있다는 결정적인 단서가 가장 간단한 운동, 즉 등속운동 속에서 발견된다.

속도와 거리의 관계에서 미분과 적분의 관계를 찾다

16세기까지만 하더라도 3+3+3과 3×3은 서로 다른 양으로 취급되었다. 3+3+3은 9만큼의 길이라고 여겼고, 3×3은 9만큼의 넓이라고 본 것이다.[•] 그리고 고대 시대부터 등속운동을 하는 물체에 대해

(움직인 거리)＝(속도)×(시간)

이 성립함이 잘 알려져 있었다. 따라서 좌표평면의 탄생 후에 움직이는 물체의 시간 t와 속도 $v(t)$의 관계를 그래프로 나타낼 때, (속도)×(시간)을 가로의 길이가 '시간'이고 세로의 길이가 '속도'인 직사각형의 넓이로 보는 것은 매우 자연스러운 일이었다.

v의 속도로 등속운동하는 물체가 시각 0에서 t까지 움직인 거리(위치)는 vt인데, 이를 좌표평면에 나타내는 방법은 다음 두 가지가 있다.

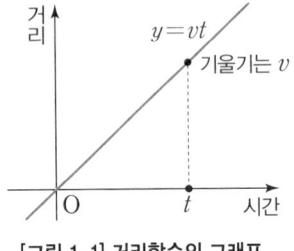
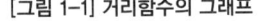

[그림 1–1] 거리함수의 그래프

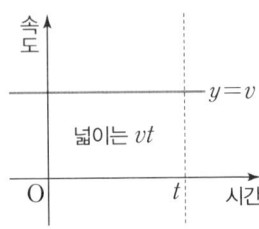

[그림 1–2] 속도함수의 그래프

• x^2과 x^3을 각각 정사각형의 넓이나 정육면체의 부피로 보지 않고 일반적인 수로 여기는 생각이 정착된 것은 17세기에 이르러서다.

2부 미분과 적분의 통합을 직관하다: 미적분

[그림 1-1]에서 거리함수 $y=vt$의 그래프의 기울기는 속도함수 $y=v$와 같고, [그림 1-2]에서는 속도함수 $y=v$의 그래프와 x축 사이의 넓이(직사각형의 넓이)는 거리함수 $y=vt$와 같다. 다시 말해,

속도함수는 거리함수의 그래프의 기울기와 같고,　　　 …… ㉠

거리함수는 속도함수의 그래프와 x축 사이의 넓이와 같다. …… ㉡

수학자들은 ㉠과 같이 속도와 거리 사이에 미분(접선의 기울기)으로 연결되어 있던 관계가 ㉡을 통해서는 거리와 속도가 적분(그래프 아래의 넓이)으로 연결되어 있다는 사실을 발견했다.•

수학의 최대 혁명

'적분이 미분의 역연산'이라는 것이 사실로 입증되기만 한다면 그것은 수학의 대혁명이 될 것이라고 수학자들은 직감했다. 매우 복잡하고 때로는 계산이 아예 불가능한 구분구적법 대신 미분의 역연산만으로 넓이함수를 쉽게 구할 수 있음을 의미하기 때문이다. 자칫하면 기존의 적분(구분구적법)이 수학에서 사라지고 '미분'과 '미분의 역연산'만 남게 될지도 모르는 상황이 닥쳤다. 마치 아르키메데스의 '방법'을 사용하는 사람이 더는 없는 것처럼 말이다.

당대의 내로라하는 수학자들이 이 엄청난 성질을 증명하는 일에 뛰어들었던 것은 너무나 당연했다. 영국의 수학자 배로, 이탈리아의 물리

•　　 이 관계는 등속운동뿐만 아니라, 등가속도운동 및 모든 운동에서 성립한다.

학자 겸 수학자 토리첼리, 스코틀랜드의 수학자 그레고리 등이 미분과 적분의 관계를 발견하고 그 증명에 도전해 성공 직전까지 갔으나, 아쉽게도 조금씩 부족했다.

그런데 다른 수학자들이 단순히 이 성질의 증명에만 매달려 있을 때 이 성질의 놀라운 수학적 의미와 엄청난 활용성을 깨닫고 마침내 증명에도 성공한 수학자 두 명이 있었으니, 바로 뉴턴과 라이프니츠였다.

이제 뉴턴과 라이프니츠가 미분과 적분을 통합해 '미적분'으로 재탄생시키는 순간을 직접 관람해볼 시간이다. 이 순간은 수학 역사상 가장 황홀한 '유레카'의 순간 중 하나다. 17세기 여러 수학자에 의해 서서히 비밀이 밝혀지다가 뉴턴과 라이프니츠에 의해 마침내 위대한 위용을 드러낸 성질은 오늘날 미적분의 기본 정리The Fundamental Theorem of Calculus라 불리는 바로 그것이다.

구분구적법에 관한 뉴턴의 발상

뉴턴은 《프린키피아》에서 자신의 구분구적법을 설명하기 위해 다음과 같은 〈보조정리〉를 제시했다. 점과 도형을 나타내고 설명하는 뉴턴의 방식이 다소 생경하겠지만, 뉴턴의 생각을 직접 만나본다는 설렘만 있다면 눈치껏 이해하는 데는 큰 어려움이 없을 것이다.

서로 수직인 두 직선 Aa, AE와 곡선 acE
로 둘러싸인 도형 AacE에 길이가 모두 같
은 선분 AB, BC, CD, …을 밑변으로 하고
높이를 lB, mC, nD, …로 하는 직사각형을
각각 그리면 작은 직사각형 aKbl, bLcm,
cMdn, …이 생긴다.

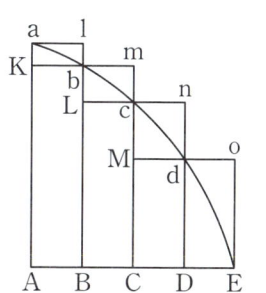

이들의 밑변의 길이를 점점 감소시키고 직
사각형의 개수를 한없이 증가시키면 내접하는 도형 AKbLcMdD, 외
접하는 도형 AalbmcndoE, 원래 도형 AabcdE의 넓이는 모두 같아
진다.

이 〈보조정리〉는 뉴턴이 직관을 이용해 곡선이 포함된 도형의 넓이
를 구하는 발상을 생생하게 보여주지만, 사실 이 발상은 앞에서 살펴본
바와 같이 뉴턴 이전의 수학자들이 넓이를 구할 때 이미 깨닫고 활용했
던 성질이다. 그런데 뉴턴은 여기서 머물지 않고, 이 발상을 확장시켜
'미적분의 기본 정리'의 증명에도 성공하고야 만다.

'미적분의 기본 정리'에 대한 뉴턴의 증명

뉴턴은 구간 [0, x]에서 곡선 $y = f(x)$와
x축 사이의 넓이 $S(x)$를 시간 x가 흐름에
따라 x축에 수직인 선분이 x축의 양의 방향
으로 움직이면서 남기는 자취로 생각했다.

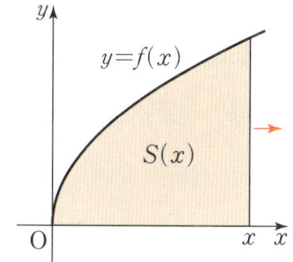

그리고 자신의 미분법(유율법)을 이용해 넓이를 나타내는 함수 $S(x)$
의 도함수가 원래 함수 $f(x)$와 같음을 증명했다. 그 증명 과정을 오늘날
의 기호를 사용해 살펴보자.

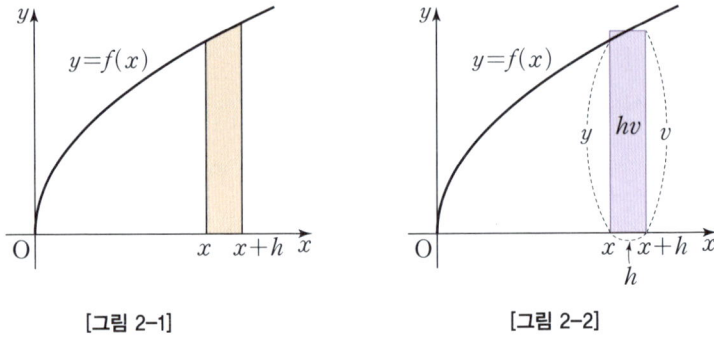

[그림 2-1]　　　　　　　　[그림 2-2]

시간이 x에서 아주 작은 양수인 h●만큼 흐른 후의 넓이는 [그림 2-1]
에 색칠된 부분의 넓이인 $S(x+h)-S(x)$이다.

이때 뉴턴은 [그림 2-2]와 같이 밑변의 길이가 h이고 넓이가
$S(x+h)-S(x)$와 같은 직사각형이 반드시 존재한다고 생각했다.▲

이 직사각형의 높이를 v라 하면

$$S(x+h)-S(x)=hv$$

이고 $h \neq 0$이므로

$$\frac{S(x+h)-S(x)}{h}=v \qquad \cdots\cdots (\ast)$$

이다.

- 뉴턴은 실제로는 자신이 미분에서 사용했던 무한소 기호인 omicron(오미크론)을 이
  용했다.
- ▲ 오늘날에는 이 직사각형의 존재성을 함수의 연속과 사잇값의 정리를 이용해 증명하
  고 있으나, 당시에는 직관적으로 자명하다고 여기고 따로 증명하지는 않았다.

이제 다음 그림과 같이 h의 값을 점점 한없이 줄여나가면 v는 y의 값에 한없이 가까워질 것이다.

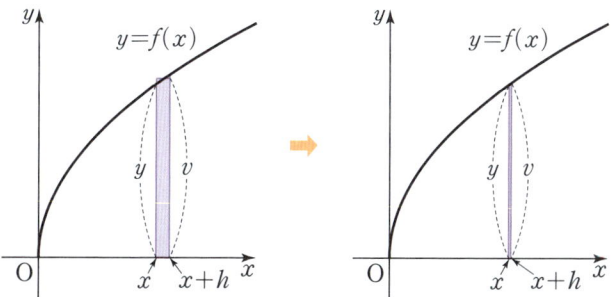

즉, ($*$)에서 $h \to 0$이면

$$\lim_{h \to 0} \frac{S(x+h)-S(x)}{h}=S'(x)$$

이고

$$\lim_{h \to 0} v=y=f(x)$$

이므로

$$S'(x)=f(x)$$

가 된다.

이로써 넓이함수를 미분하면 원래 함수가 된다는 사실이 증명되었다.

'미적분의 기본 정리'에 대한 라이프니츠의 증명

라이프니츠는 자신의 전매특허인 '띠' 하나만을 이용해 다음과 같이 '미적분의 기본 정리'를 증명했다.

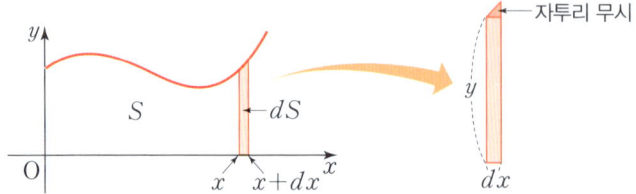

위 그림과 같이 구간 $[0, x]$에서의 곡선과 x축 사이의 넓이를 S라 하자. 이때 x의 값이 dx만큼 증가하면 가느다란 띠가 생기는데, 이 띠의 넓이가 곧 넓이의 변화량 dS이다. 그런데 이 띠는 자투리를 무시하고 폭이 dx, 높이가 y인 직사각형으로 볼 수 있으므로[•]

$$dS = y \times dx, \ \text{즉} \ \frac{dS}{dx} = y$$

가 된다.

그런데 라이프니츠는 넓이 S를 적분 기호로 $\int y \, dx$로 나타내고 있었으므로 $\dfrac{dS}{dx} = y$는

$$\frac{d}{dx} \int y \, dx = y$$

와 같다. 이것이 라이프니츠의 '미적분의 기본 정리'다.

• 그림은 이해를 돕기 위해 dx를 엄청 과장해서 크게 그린 것이다.

미적분의 탄생

미적분의 기본 정리의 발견과 증명을 기점으로 '미분'과 '적분'은 혁명적인 전환점을 맞이하게 된다. 이 정리를 통해 '변화'와 '넓이' 사이의 밀접한 관계가 규명되었고, 다시 이를 계기로 넓이를 구하는 방식이 완전히 바뀌었다. 이제까지는 곡선 $y=f(x)$와 x축 사이의 넓이를

$$f(x_k)\Delta x \Rightarrow \sum_{k=1}^{n} f(x_k)\Delta x \Rightarrow \lim_{n \to \infty} \sum_{k=1}^{n} f(x_k)\Delta x$$

와 같은 복잡한 구분구적법의 과정을 거쳐 구해야 했지만, 이제부터는 $F'(x)=f(x)$인 함수 $F(x)$를 찾기만 하면 되었다. 말 그대로, 넓이 문제가 어느 날 갑자기 쉬워졌다.

혁명은 여기서 끝나지 않았다. 뉴턴과 라이프니츠는 '미분'과 '적분'을 하나의 통합된 체계로 정립했다. 그 통합은 자연과 우주 속의 복잡한 문제들을 설명하고 해결할 수 있는 매우 강력한 사고 체계이자 완전히 새로운 학문인 '미적분'의 탄생으로 이어졌다.

수학 역사상 가장 놀라운 비밀

미분과 적분을 배우는 학생들에게, 심지어 아직 배우지 않은 학생들에게 "적분이란 무엇인가?"라고 물으면 "미분의 반대", "미분을 거꾸로 계산한 것"이라는 대답을 너무나 당연하다는 듯 내놓는다. 적분은 미분

의 역연산이라는 비밀이 이미 수학에서 가장 유명한 스포일러●가 되어 버렸기 때문이다. 이 비밀을 미리 알고 적분을 배우면 미적분이 품고 있는 매력과 감동이 반감될 수밖에 없지만, '미분'과 '적분'이라는 이름 자체가 마치 형제의 이름 같아서 둘 사이의 관계를 숨기려야 숨길 수도 없다. 게다가 교과서에서는 적분 단원을 "미분의 역연산을 '부정적분'이라고 한다."라고 정의하며 시작하기 때문에 학생들은 미분과 적분이 원래부터 역관계로 태어난 것으로 여길 수밖에 없다.

그러다 보니 '처음엔 별개인 줄로만 알았던 미분과 적분이 알고 보니 서로 역연산 관계로 밀접하게 연결되어 있었다.'라는 놀라운 사실에 학생들은 전혀 놀라지 않는다. 오히려 $\int$ 이라는 기호가 라틴어 summatorius 의 첫 글자에서 유래했다고 알려주면, 학생들은 적분에 왜 '합'의 의미가 담겨 있는지 의아해한다. 이런 학생들에게는 미적분의 기본 정리가 발견되기 전 수학자들이 곡선 $y=2^x$, $y=\sin x$와 x축 사이의 넓이를 구하기 위해 사용했던 구분구적법의 길고 복잡했던 계산 과정(부록 '더 깊이 들어가기' 참조)을 잠깐 구경시켜주는 것이 특효약이다. 역시나 어떤 것이 얼마나 소중한지를 깨닫는 데에는 그것이 없는 상황을 직접 경험해보는 것만큼 확실한 방법도 없다.

그리고 나서 오늘날에는 이 넓이를

$$\left(\frac{2^x}{\ln 2}\right)' = 2^x, \ (-\cos x)' = \sin x$$

와 같은 미분의 역연산으로 금방 구할 수 있다는 사실을 알려주면, 학생들은 '미분과 적분이 한 몸이라는 미적분의 기본 정리'가 왜 '전기력과

───────────

● 영화의 비밀, 반전, 결말을 미리 누설하는 것을 스포일러(spoiler)라고 한다.

자기력은 본질적으로 같은 힘이다', '질량과 에너지가 본질적으로 같은 것이다●'와 같은 과학사의 대발견에 견줄 수 있는 수학사의 대발견으로 평가받는지 금방 인정하게 된다.

● 아인슈타인은 질량-에너지 등가 법칙 $E = mc^2$ (E: 에너지, m: 질량, c: 빛의 속도)을 통해 질량이 곧 에너지의 한 형태라는 사실을 밝혔다.

7

적분이 진화하다

부정적분의 탄생

적분을 배운다는 것은 곧 적분 기호의 의미와 역사를 배우는 것이라 할 수 있을 정도로 적분에서 적분 기호가 차지하는 위상은 높다. 이제부터 미적분의 역사에서 신의 한 수로 평가받는 라이프니츠의 적분 기호 $\int y\,dx$의 발전 과정을 알아보자.

라이프니츠는 '함수 functio•'라는 용어도 처음 만들었는데, 18세기에 오일러가 함수를 나타내는 기호로 $f(x)$를 사용하면서 $\int y\,dx$ 대신 $\int f(x)dx$가 자주 사용되기 시작했다.

그런데 '미적분의 기본 정리'가 등장하자 $\int f(x)dx$의 의미와 계산 방법에 대변혁이 일어났다.

• 함수를 나타내는 영어 'function'의 라틴어

무한개의 가느다란 직사각형을 이용하는 기존의 복잡한 방법 대신, $F'(x)=f(x)$이고 $F(0)=0$인 함수 $F(x)$만 구하면 구간 $[0, x]$에서 곡선 $y=f(x)$와 x축 사이의 넓이 $\int f(x)dx$가 간단하게 구해진다는 사실을 알게 된 것이다.

그러다 보니 적분법에서 함수 $f(x)$의 '미분의 역연산'인 함수 $F(x)$를 찾는 방법이 무엇보다 중요하고 절실해졌다. 이런 과정을 거치면서 라이프니츠의 적분 기호 $\int f(x)dx$는 '구간 $[0, x]$에서 곡선 $y=f(x)$와 x축 사이의 넓이' 뿐만 아니라 '$F'(x)=f(x)$인 함수 $F(x)$'를 나타내는 의미도 함께 갖게 되었다. 그런데 $F'(x)=f(x)$인 함수 $F(x)$가 무수히 많이 존재하다 보니 오늘날 $\int f(x)dx$는 함수 $f(x)$의 '부정적분不定積分, indefinite integral'으로 불린다. 다행히도 $f(x)$의 모든 부정적분은 상수 차이밖에 나지 않아서 $F'(x)=f(x)$인 $F(x)$를 하나만 찾기만 하면 모든 부정적분은

$$\int f(x)dx=F(x)+C \text{ (단, } C\text{는 적분상수)}$$

로 나타낼 수 있다.

부정적분을 찾아라

아쉽게도 부정적분 $F(x)$를 구하는 것이 항상 쉽지만은 않았다. 예를 들어 분모에 상수의 차만 있을 뿐인 세 함수

$$\frac{1}{x^2}, \frac{1}{x^2+1}, \frac{1}{x^2-1}$$

의 미분은 몫의 미분법이라는 동일한 알고리즘을 이용해 쉽게 계산할 수 있고, 그 결과도

$$\left(\frac{1}{x^2}\right)'=-\frac{2x}{(x^2)^2}, \left(\frac{1}{x^2+1}\right)'=-\frac{2x}{(x^2+1)^2}, \left(\frac{1}{x^2-1}\right)'=-\frac{2x}{(x^2-1)^2}$$

와 같이 서로 유사하지만, 위의 세 함수의 부정적분은 구하는 방법부터 제각각이고, 그 결과마저도

$$\int \frac{1}{x^2}\,dx=-\frac{1}{x}+C,$$

$$\int \frac{1}{x^2+1}\,dx=\tan^{-1}x+C^{\bullet},$$

$$\int \frac{1}{x^2-1}\,dx=\log_e\sqrt{\left|\frac{x-1}{x+1}\right|}+C \text{ (단, } C\text{는 적분상수)}$$

와 같이 유사성을 전혀 찾을 수 없을 만큼 완전히 다른 함수가 되어버린다. 이처럼 미분에서와는 달리 적분에서는 함수에 들어 있는 부호나 상수와 같은 사소한 차이가 엄청난 나비효과를 불러오기도 한다.

따라서 부정적분을 잘 찾기 위해서는 미분의 결과에 대한 방대한 자료가 축적되어 있거나 풍부한 경험과 기발하고 절묘한 아이디어가 필수적이었다. 만일 자신의 자료나 경험에 존재하지 않는 새로운 함수를 만나면 그 부정적분을 구하기 위해 이리저리 생각해보거나 복잡한 수작업으로 근삿값이라도 구하는 것에 만족할 수밖에 없었다. 이런 이유로 뉴턴과 라이프니츠를 비롯한 많은 수학자가 치환적분법, 부분적분법과 같이 부정적분을 구하는 여러 알고리즘은 물론, 복잡한 함수를 무한개의

$\bullet$　$y=\tan^{-1}x$는 삼각함수 $y=\tan x$의 역함수다.

다항식의 합인 멱급수로 나타내는 방법을 찾는 연구에도 몰두할 수밖에 없었던 것이다.

정적분의 탄생

18세기까지만 하더라도 적분 기호 $\int f(x)dx$는 당연히 구간 $[0,\,x]$에서의 넓이를 나타내는 것으로 인식되어 따로 적분 구간을 표시하지 않았는데, 19세기 초 프랑스의 수학자 푸리에Jean-Baptiste Joseph Fourier, 1768~1830가 구간 $[a,\,b]$에서의 넓이를 나타내는 적분 기호로

$$\int_a^b f(x)dx$$

를 사용하기 시작했다. 이때 적분 범위 $[a,\,b]$는 dx에 있는 변수 x의 범위라는 것도 중요하다.

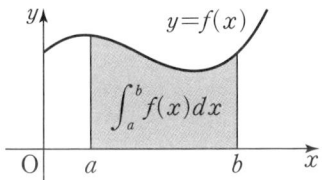

$\int_a^b f(x)dx$는 '구간 $[a,\,b]$에서 곡선 $y=f(x)$와 x축 사이의 넓이'로 값이 유일하게 정해진다는 의미에서 '정적분定積分, definite integral'으로 불린다. 이제 넓이함수 $S(x)$를 정적분 기호 $\int_a^x f(t)dt$로 나타내면 마침내 미적분의 기본 정리가

$$\frac{d}{dx}\int_a^x f(t)dt = f(x)$$

와 같이 오늘날의 위용을 드러낸다.

정적분의 정의

다음은 17세기 뉴턴과 라이프니츠 시대에 구분구적법으로 정의했던 적분을 오늘날의 기호로 나타낸 것이다.

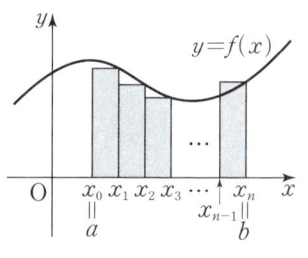

정적분의 정의

연속함수 $f(x)$에 대해 구간 $[a, b]$를 n등분한 x좌표를

$$x_0(=a),\, x_1,\, x^{\mathrm{a}},\, \cdots,\, x_{n-1},\, x_n(=b)$$

이라 하고 각 구간의 폭을 Δx라 하면 이 구간에서 함수 $f(x)$의 정적분은 다음과 같다.

$$\int_a^b f(x)dx = \lim_{n \to \infty} \sum_{k=1}^{n} f(x_k)\Delta x \left(\text{단, } \Delta x = \frac{b-a}{n},\, x_k = a + k\Delta x\right)$$

사실 이것이 고등학생들이 꼭 알아두어야 할 정적분의 진짜 정의다.

얼핏 보면 무척 복잡해 보이지만, 적분의 역사를 생각하며 위 기호들을 유심히 바라보다 보면 $n \to \infty$일 때,

$$\sum_{k=1}^{n} \to \int,$$

$$f(x_k) \to f(x),$$

2부 미분과 적분의 통합을 직관하다: 미적분

$$\Delta x \to dx,$$

$$\left(x_1 = a + \Delta x = a + \frac{b-a}{n}\right) \to a,$$

$$\left(x_n = a + n \times \Delta x = a + n \times \frac{b-a}{n}\right) \to b$$

로 변하며, 폭이 Δx이고 높이가 $f(x_k)$인 직사각형의 넓이 $f(x_k) \times \Delta x$의 총합 $\sum\limits_{k=1}^{n} f(x_k)\Delta x$가, 폭이 dx이고 높이가 $f(x)$인 무한개의 가느다란 직사각형의 넓이 $f(x)dx$의 총합 $\int_{a}^{b} f(x)dx$로 변신하는 모습이 생생하게 보일 것이다.

$$\sum_{k=1}^{n} f(x_k)\Delta x \quad \xrightarrow{n \to \infty} \quad \int_{a}^{b} f(x)dx$$

매우 가느다란 직사각형의 넓이   무한히 가느다란 띠(직사각형)의 넓이

이 장면을 목격하고 나면 $\int_{a}^{b} f(x)dx$ 야말로 참으로 직관적인 동시에 과학적인 기호라는 생각이 들지 않을 수가 없다.

dx는 장식용이 아니다

가끔 학생들이 고의 또는 실수로 $\int_{a}^{b} f(x)$와 같이 dx를 빠뜨리고 사용하는 경우를 볼 수 있다. 하지만 이렇게 하면 '넓이 $f(x)dx$' 대신 '길이 $f(x)$' 또는 '밑변의 길이가 1이고 높이가 $f(x)$인 직사각형의 넓이

$f(x)$'를 연속적으로 무한히 더하는 것이 되므로 구하고자 하는 넓이가 될 수 없다. dx가 있어야만 비로소 유한한 넓이가 될 수 있다.

여기, dx의 위력을 쉽게 체감할 수 있게 하는 퀴즈가 있다.

퀴즈

연속함수 $f(x)$에 대해 다음 세 수의 대소 관계를 말하시오.

① $\lim\limits_{n\to\infty}\sum\limits_{k=1}^{n}f\left(\dfrac{k}{n}\right)\dfrac{1}{n}$ ② $\lim\limits_{n\to\infty}\sum\limits_{k=1}^{n-1}f\left(\dfrac{k}{n}\right)\dfrac{1}{n}$ ③ $\lim\limits_{n\to\infty}\sum\limits_{k=0}^{n+100}f\left(\dfrac{k}{n}\right)\dfrac{1}{n}$

세 식 $\sum\limits_{k=1}^{n}f\left(\dfrac{k}{n}\right)\dfrac{1}{n}$, $\sum\limits_{k=1}^{n-1}f\left(\dfrac{k}{n}\right)\dfrac{1}{n}$, $\sum\limits_{k=0}^{n+100}f\left(\dfrac{k}{n}\right)\dfrac{1}{n}$ 사이에는 유한개의 넓이 $f\left(\dfrac{k}{n}\right)\dfrac{1}{n}$의 합만큼의 차가 존재한다. 그런데, $n\to\infty$일 때 $\dfrac{1}{n}\to 0$이므로 이 차는 결국 0으로 수렴하게 된다. 따라서 퀴즈에 주어진 세 식은 모두 $\int_{0}^{1}f(x)dx$와 같다.

정적분의 성질

뉴턴과 라이프니츠의 시대까지 유럽에서는 음수가 수로서 제대로 인정받지 못했다. 함수 $y=f(x)$의 그래프는 $f(x)\geq 0$인 것만 다루었고, $\int_{a}^{b}f(x)dx$는 당연히 $a<b$인 경우만 생각했다. 그 결과 정적분 $\int_{a}^{b}f(x)dx$의 값은 항상 양수였기에 정적분의 값은 곧 '넓이'를 의미했다. 그런데 수학이 발전하면서 $f(x)<0$인 경우는 물론 $a\geq b$인 경우까지 생각하게 되었다.

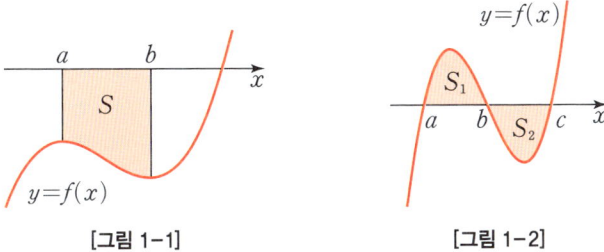

[그림 1-1]　　　　　　　[그림 1-2]

먼저 [그림 1-1]처럼 구간 $[a, b]$에서 $f(x) < 0$이면 가느다란 직사각형의 넓이는 $-f(x_k)\Delta x$가 될 것이므로 함수 $y = f(x)$의 그래프와 x축 사이의 넓이를 S라 하면

$$S = \lim_{n \to \infty} \sum_{k=1}^{n} \{-f(x_k)\} \Delta x$$

$$= -\lim_{n \to \infty} \sum_{k=1}^{n} f(x_k) \Delta x$$

$$= -\int_a^b f(x) dx$$

가 성립한다.

그리고 [그림 1-2]처럼 구간 $[a, b]$에서 $f(x) > 0$, 구간 $[b, c]$에서 $f(x) < 0$이고 각 구간에서의 넓이가 S_1, S_2인 경우에는

$$\int_a^c f(x)dx = \int_a^b f(x)dx + \int_b^c f(x)dx$$

$$= \int_a^b f(x)dx - \int_b^c \{-f(x)\}dx$$

$$= S_1 - S_2$$

이다.

한편, $a < b$일 때 $\int_b^a f(x)dx$와 같이 적분 구간이 역전된 경우에는 x의 값이 b에서 a까지 x축의 음의 방향으로 dx의 간격으로 변하므로 $dx < 0$이 된다. 이처럼 무한소 dx에도 부호가 있다.

따라서 $\int_b^a f(x)dx$와 $\int_a^b f(x)dx$의 값은 서로 부호만 다르게 되므로

$$\int_b^a f(x)dx = -\int_a^b f(x)dx$$

로 정의한다.

현대적 정적분의 완성

18세기까지만 하더라도 수학자들이 연속인 함수만 다뤘으므로 정적분도 연속함수에 국한되어 정의되었다. 일반적으로 닫힌구간 $[a, b]$에서 연속인 함수 $f(x)$에 대한 정적분은 다음과 같은 독일의 수학자 리만 Bernhard Riemann, 1826~1866의 정의를 따른다.

리만의 정적분 정의

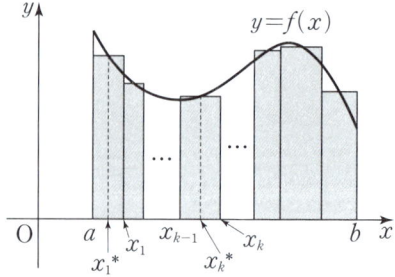

연속함수 $f(x)$에 대해 닫힌구간 $[a, b]$를

$$a = x_0 < x_1 < x_2 < \cdots < x_{n-1} < x_n = b \ (\text{단}, \lim_{n \to \infty}(x_k - x_{k-1}) = 0)$$

가 성립하도록 나누고, 각 구간 $[x_{k-1}, x_k]$에 속하는 임의의 한 점 $x_k{}^*$를 택할 때

$$\int_a^b f(x)dx = \lim_{n \to \infty} \sum_{k=1}^{n} f(x_k{}^*)(x_k - x_{k-1})$$

위와 같은 방법으로 정의된 정적분을 '리만 적분'이라고 하는데, 리만 적분에서는 모든 직사각형의 폭(구간의 폭)이 한없이 작아진다는 조건만 성립한다면 각 직사각형의 폭이 동일할 필요는 없다.[•]

한편, 고교과정에서는 각 구간에서 직사각형의 높이를 정할 때 왼쪽 끝점이나 오른쪽 끝점의 함숫값을 이용하지만, 리만 적분에서는 꼭 그럴 필요도 없다. 연속함수에서는 각 구간에서 최댓값을 택하든, 최솟값을 택하든, 구간의 정중앙의 함숫값을 택하든, 심지어 각 구간에서 임의의 $x_k{}^*$를 택해 $f(x_k{}^*)$를 높이로 사용하든, 구간의 폭이 한없이 작아지는 과정에서 모든 함숫값은 결국 $f(x_k)$로 수렴하기 때문이다.

이러한 연속함수에 대한 리만 적분은 항상 라이프니츠의 정적분과 같은 결과를 제공할 뿐만 아니라, 이후 프랑스의 수학자 르벡Henri Leon Lebesgue, 1875~1941이 불연속함수에 대한 정적분을 정의할 수 있게 하는 발상을 제공하게 된다.

적분의 의미의 변화

"적분한다."라는 말은 처음에는 '넓이 또는 부피를 구한다'는 의미로 쓰였지만, 이제는 '부정적분을 구한다'는 뜻도 함께 지니게 되었다. 그 결과 정적분 $\int_a^b f(x)dx$의 dx에는 여전히 무한소의 폭 dx의 의미가 살아 있는데 반해, 부정적분 $\int f(x)dx$의 dx에는 단순히 'x에 대해 적분하

[•]   이러한 사실은 뉴턴도 알고 있었다.

라(미분의 역연산을 구하라)'는 의미만 남았다.

이와 같은 과정을 거쳐 오늘날의 정적분 기호 $\int_a^b f(x)dx$에는

$\int_a^b f(x)dx = \lim_{n\to\infty}\sum_{k=1}^{n}f(x_k)\varDelta x$라는 정적분의 정의와,

$\int_a^b f(x)dx = \left[F(x)\right]_a^b = F(b)-F(a)$와 같이 부정적분으로 계산하는

방법으로서의 의미가 동시에 들어 있다.

$$\lim_{n\to\infty}\sum_{k=1}^{n}f(x_k)\varDelta x \xleftarrow{\text{(원래의 길)}} \int_a^b f(x)dx \xrightarrow{\text{(새로운 길)}} F(b)-F(a)$$

$$\left(\text{단, } \varDelta x = \frac{b-a}{n},\ x_k = a + k\varDelta x\right) \qquad\qquad (\text{단, } F'(x)=f(x))$$

교과서 속 정적분 정의의 변천 과정

고교과정의 수학 개념 중 정의가 가장 복잡한 것을 꼽으라면 아마 정적분이지 않을까? 어려운 만큼 그 정의의 변천도 심했다.

'2009 개정 교육과정'까지만 하더라도 고교과정에서의 정적분은 본래의 수학적 원리에 근거해

$$\int_a^b f(x)dx = \lim_{n\to\infty}\sum_{k=1}^{n}f(x_k)\varDelta x$$

와 같이 구분구적법으로 정의했다. 비록 라이프니츠의 시대에는

$$\lim, \sum, f(x), \varDelta x$$

와 같은 기호가 없었지만, 그의 머릿속에 있던 적분은 이 정의와 별반 다르지 않았다.

그러나 학생들이 구분구적법을 너무 어려워한다는 이유로 '2015 개정 교육과정'에서는

$$\int_a^b f(x)dx = F(b) - F(a) \text{ (단, } F'(x) = f(x))$$

와 같이 부정적분을 이용해 정의해버렸다. 그런데 이 정의는 적분의 역사와 원리가 전혀 보이지 않아 아쉬움과 불만이 컸다.

그 후 '2022 개정 교육과정'에서는 연속함수 $y = f(x)$ $(f(x) \geq 0)$에 대해 $\int_a^b f(x)dx$를

'구간 $[a, b]$에서 곡선 $y = f(x)$와 x축 사이의 넓이'

로 정의한다. 이는 얼핏 라이프니츠가 $\int y\, dx$를 넓이로 정의했던 방식과 비슷해 보인다. 그러나 이 정의를 배우는 학생들에게 '정적분은 곧 넓이구나.'라는 인상은 남겠지만, 넓이를 구하는 진짜 원리는 여전히 알려줄 수 없는 상태에 머물게 될 것이다.

이처럼 교과서에서 구분구적법의 비중이 줄어들다 보니 '오늘날엔 구분구적법이 수학 문제용으로만 사용되는, 사실상 무용지물의 개념이 아닐까?'라고 생각하는 학생들도 적지 않다. 과연 그럴까?

부정적분의 한계와 구분구적분의 영원한 위력

함수 중에는 미분은 아주 간단하게 할 수 있지만, 부정적분은 아예 구

할 수 없는 경우도 많다. 정확하게 말하자면, 학생들이 잘 알고 있는 함수들을 임의로 곱하거나 합성해 아무리 복잡한 함수를 만들더라도 미분은 항상 가능하지만, 조금만 복잡해져도 적분은 거의 항상 불가능하다. 예를 들어,

$$y = \sqrt{x^3 + 1},\ y = \sin x^2,\ y = e^{x^2},\ y = \frac{1}{\ln x}$$

과 같은 함수들의 미분은 아주 간단하게 구할 수 있지만, 부정적분은 구할 수 없다. 학생들이 공부할 때 만나는 적분 문제에서 거의 대부분 부정적분을 찾을 수 있는 이유는, 부정적분을 미리 알고 출제한 문제들이기 때문이다.

이러다 보니 수학자들은 아예

$$\mathrm{Li}(x) = \int_0^x \frac{1}{\ln t}\, dt^{\bullet},\ \mathrm{erf}(x) = \frac{2}{\sqrt{\pi}} \int_0^x e^{-t^2}\, dt^{\blacktriangle}$$

와 같이 정적분 형태의 함수를 새롭게 정의하기도 한다.

이처럼 부정적분을 구할 수 없는 함수의 정적분을 구할 때는 여전히 구분구적법에 의존할 수밖에 없다. 무엇보다 구하고자 하는 대상을 정적분 식으로 나타내는 과정에서는 적분의 원리와 구분구적법의 역할이 여전히 막대하다. '진짜 수학'에서는 오늘도 내일도 정적분을 구분구적법으로 정의할 것이다.

- $\mathrm{Li}(x)$는 로그적분함수(logarithmic integral function)라고 부른다.
- $\mathrm{erf}(x)$는 오차함수(error function)라고 부른다.

8

미적분의 창시자들

발명은 뉴턴이 빨랐고, 출판은 라이프니츠가 빨랐다

인류 역사상 최고의 발명품이라고도 할 수 있는 미적분은 과연 누구의 작품이라고 해야 할까? 뉴턴과 라이프니츠가 미적분의 공동 창시자라는 사실이 잘 알려져 있다 보니, 미분과 적분이 두 사람에 의해 처음부터 지금의 모습으로 생겨나고 완성된 것으로 오해하고 있는 학생들이 많다. 하지만 두 사람이 등장하기 전까지의 미분과 적분의 역사를 모두합치면 2,000년이 넘고, 두 사람이 수학을 처음 공부하던 시기는 이미미적분의 기틀이 상당 부분 잡혀가던 때였다. 따라서 어쩌면 두 사람에게는 미적분의 '창시자'보다는, 미적분을 '집대성하고 꽃을 피운 자'라는평가가 더 적절할지도 모른다.

뉴턴이 미적분학을 집중적으로 연구했던 시기는 1664~1666년이었는데, 그는 비밀주의 성향이 있어서 자신의 발견을 곧바로 발표하지 않고 편지나 복사본을 통해서 영국의 몇몇 수학자에게만 알렸다.

반면, 라이프니츠가 미적분을 연구했던 시기는 1672~1676년이었다. 그는 1673년에는 뉴턴이 살던 영국을 방문해 급수를 배우기도 했고, 뉴턴의 연구 결과의 일부를 편지로 접하기도 했다.

이런 정황으로 볼 때, 뉴턴이 라이프니츠보다 미적분을 먼저 발명한 것은 틀림없어 보인다. 그러나 미적분에 관한 최초의 출판은 1684년에 라이프니츠에 의해 이루어졌으며● 뉴턴은 이보다 3년 늦은 1687년에 《프린키피아 Principia(자연철학의 수학적 원리 Philosophiae Naturalis Principia Mathematica)》를 출판했다.

누가 진정한 창시자인지를 밝히려 했던 문제

라이프니츠는 미적분을 연구하던 시기에 영국을 방문했던 점과 뉴턴과 편지를 주고받았던 일 때문에 뉴턴의 아이디어를 훔쳤다는 의심과 비난을 받기도 했다.

그 후 미적분을 누가 먼저 발명했느냐에 대한 논쟁이 뉴턴과 라이프니츠는 물론, 섬나라 영국과 유럽 대륙의 수학자들 사이에 약 30년간이나 치열하게 이어졌다.

미적분의 창시자 논쟁 과정에서 등장했던 재미있는 문제가 있다.

● 이때 발표한 논문의 제목은 "분수와 무리수 양에도 적용할 수 있는 극대와 극소 및 접선에 관한 새로운 방법, 그리고 그것을 위한 특이한 계산법"이다.

최단강하곡선 문제

그림과 같이 높이가 다른 두 지점 A, B 사이에 곡선이 있다고 하자. A 지점에서 공을 놓아 곡선을 따라 B 지점까지 굴러가게 할 때, 가장 빨리 B 지점에 도달하게 하는 곡선은 무엇인가?

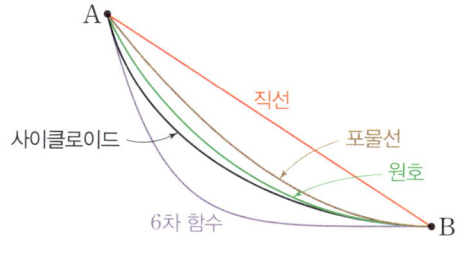

여기서 가장 짧은 길과 가장 빠른 길을 혼동하면 안 된다. A에서 B로 가는 가장 짧은 경로는 당연히 직선 경사로인데, 직선 경사로를 이용해 자유낙하 법칙을 알아냈던 갈릴레오는 직선 경사로보다 곡선 경사로를 구르는 공이 더 빨리 하강함을 실험을 통해 발견했다. 그 후 다양한 경사로를 직접 만들어 실험을 한 끝에 '원호'가 가장 빠른 경로라는 답을 내놓았다. 그러나 진짜 최단강하곡선은 '사이클로이드cycloid' 곡선이었다.

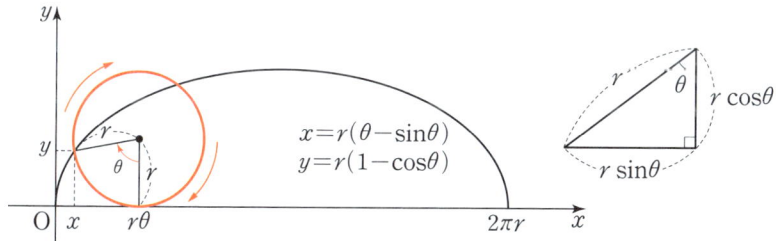

$$x = r(\theta - \sin\theta)$$
$$y = r(1 - \cos\theta)$$

'사이클로이드'는 바퀴가 굴러갈 때, 바퀴 끝의 한 점이 그리는 곡선이다. 이 곡선에 '사이클로이드'라는 이름을 붙인 이가 바로 갈릴레오인데, 안타깝게도 그는 이 곡선이 최단강하곡선임을 알지 못했고 알 수도 없었다. 왜냐하면 이 문제를 해결하려면 미적분이 필요했기 때문이다. 적합한 수학적 도구가 없으면 제아무리 당대의 천재라 하더라도 결코 해결할 수 없는 문제가 있음을 깨닫게 해준다.

라이프니츠의 제자 중 한 명인 요한 베르누이는 미적분을 이용해 최단강하곡선 문제를 직접 해결한 다음, 누가 미적분을 제대로 알고 있는지를 판정할 목적으로 "세상에서 가장 훌륭한 수학 문제"라고 자부하며 1696년에 유럽의 여러 수학자에게 편지의 형식으로 이 문제를 공개했다. 당시 이 문제에 대한 올바른 답을 낸 수학자는 요한 베르누이 자신과 그의 형 야콥 베르누이, 라이프니츠, 프랑스 수학자 로피탈, 그리고 익명으로 기고한 한 사람, 이렇게 모두 5명이었다고 한다.

요한 베르누이는 익명으로 보내온 사람의 답안 수준•을 보고 나서

"사자는 그 발톱만 봐도 알 수 있다."

라고 말했다고 한다. 그 사자는 바로 뉴턴이었다.

뉴턴은 이 문제를 처음 받았을 때 베르누이가 자신을 시험하고자 하는 의도로 보냈음을 단번에 알아차리고 무시하다가, 6개월이었던 제출 마감 시한이 연장된 후에야 주변의 권유에 못 이겨 문제를 펼쳐봤다. 뉴턴이 이 문제를 해결하는 데 걸린 시간은 하룻밤이었는데, 지금까지도 '불과 하룻밤 사이에'라는 의견과 '하룻밤이나 걸릴 만큼'이라는 의견이 공존하고 있다. 모두 뉴턴이기에 가능한 평가이리라.

• 대수적 증명이 아닌 기하적 증명이었다.

2부 미분과 적분의 통합을 직관하다: 미적분

결국 공동 창시자로

이러한 제자들의 노력에도 불구하고 미적분의 창시자가 누구인지를 놓고 벌인 싸움에서 라이프니츠는 뉴턴이 속해 있던 영국 왕립협회가 1713년에 내린 편파적인 판정에 따라 결국 패배했고, 3년 후 쓸쓸히 죽음을 맞이했다. 하지만 베르누이 형제, 로피탈, 오일러 등과 같은 라이프니츠의 뛰어난 후계자들이 초창기의 미적분을 오늘날의 미적분으로 발전시키는 주역이 되면서 100년 넘게 라이프니츠의 명예 회복을 위한 노력을 이어갔다. 결국 1820년 뉴턴과 라이프니츠는 미적분의 공동 창시자로 공인되기에 이른다.

반면, 영국의 수학자들은 뉴턴의 승리 이후 국가적인 자존심 때문에 라이프니츠의 미적분 기호의 사용을 거부하고 뉴턴의 용어와 기호 및 뉴턴의 미적분 방식을 고수했는데, 아이러니하게도 이것이 뉴턴 이후 영국 수학이 유럽 대륙에 비해 크게 뒤처지게 된 주요한 원인이 되고 말았다.

뉴턴과 라이프니츠가 살아 있을 때의 승부에서는 뉴턴의 일방적인 승리로 끝났지만, 오늘날까지 남아 있는 미적분은 거의 라이프니츠와 그 후계자들이 만든 것들이다.* 정말이지 삶이란 끝까지 알 수 없다.

---

* 물론 이항급수와 같은 뉴턴이 남긴 수학적 기법들은 미적분의 발달에 커다란 영향을 미쳤다.

거인들의 어깨 위에서

　미분과 적분을 영어로는 각각 'differentiation', 'integration'으로 부르고, 미적분은 'calculus'라고 부른다. 라이프니츠가 처음 이 용어를 사용할 때는 'a calculus'로 불렀는데 한때 'the calculus'로 불리기도 했다가 무슨 연유에선지 그냥 calculus만 남게 되었다.

　calculus는 몸속의 결석結石을 뜻하기도 하는데, 무슨 운명이었을까? 미적분의 창시자인 뉴턴과 라이프니츠 모두 결석으로 고통받다 죽었다고 한다.

　만일 뉴턴과 라이프니츠가 이 땅에 태어나지 않았더라도 미적분은 기어이 탄생했을 것이다. 17세기는 수천 년 전부터 인류가 차곡차곡 쌓아온 지식을 디딤돌 삼아 많은 천재들이 서로의 생각과 업적을 주고받거나 물려받으며 활발한 연구와 탐구를 진행하던 때라서 미적분이 언제든지, 어디에서든지, 누군가로부터든지 탄생할 수밖에 없었을 정도로 수학과 과학의 수준이 무르익었던 시기였기 때문이다. 어쩌면 두 천재는 운이 좋게도 아주 적절한 시기에 태어나 영웅이 될 기회를 놓치지 않은 것인지도 모른다.

　사실 수학뿐 아니라 거의 모든 분야의 이론이나 개념이 어느 한 사람에 의해 갑자기 완성되는 경우는 찾아보기 어렵다. 뉴턴도 자신의 모든 성과를 자신의 힘만으로 이룬 것이 아니라는 것을 잘 알고 있었다. 뉴턴은 갈릴레오와 케플러의 업적 위에 스스로 발견한 운동 법칙을 적용해 만유인력의 법칙을 유도해냈으며, 유클리드, 데카르트, 페르마, 배로, 월리스 등 당대 내로라하는 자연철학자들의 연구 결과를 학습하거나 함께 연구한 뒤 자신의 창의력과 통찰력 그리고 집요함과 끈기를 발휘해 미적분을 창조할 수 있었던 것이다.

라이프니츠도 마찬가지였다. 라이프니츠는 서른 살이 다 되어서야 하위헌스로부터 수학을 배웠고, 파스칼의 무한소에 대한 논문으로부터 커다란 영감을 얻었다고 스스로 밝히기도 했다. 또한 그는 야곱 베르누이와 요한 베르누이 형제의 도움으로 자신의 미적분을 세련되게 완성시킬 수 있었다.

이처럼 미적분이야말로 여러 천재들의 집단지성이 탄생시킨 인류 최고의 발명품이기에, 앞에서 거론된 수학자 모두가 미적분의 창시자라고 해도 크게 틀린 말은 아닐 것이다. 그래서 뉴턴이 다음과 같은 말을 남겼을 것이다.

"내가 더 멀리 볼 수 있었다면, 그것은 내가 거인들의 어깨 위에 올라서 있었기 때문이다 If I have seen further, it is by standing on the shoulders of giants."

오늘날 뉴턴과 라이프니츠는 스스로 더욱 위대한 거인으로 우뚝 서서 지금 이 순간에도 높고 넓은 어깨를 우리에게 선뜻 내어주고 있다.

직관이 논리를 이끈다

지금까지 미적분의 탄생과 성장 과정을 살펴봤는데, 무한소를 이용한 직관과 통찰이 큰 역할을 했음을 알 수 있다. 오늘날의 관점에서 보면 뉴턴과 라이프니츠의 미적분에도 불가피한 빈틈이 있다. 그러나 그들은 당시의 수학적 한계에도 불구하고 직관을 이용해 단기필마로 수학의 새

시대를 연 위대한 개척자들이다. 사실상 그들의 시대에 미적분이라는 궁전은 튼튼하고 아름답게 세워졌다. 그 후의 미적분 역사는 그들이 직관의 한계 때문에 미처 보지 못했거나 완전히 마무리하지 못했던 논리적 빈틈들을 이론적으로 엄밀하게 메우고 완성해 나가는 과정이라고도 할 수 있다.

만약 뉴턴과 라이프니츠를 비롯한 미적분의 초기 개척자들이 무한소의 논리적 허점을 완벽히 해결하면서 앞으로 나아가고자 했다면 직관과 통찰의 힘으로 탄생했던 미적분의 발전은 훨씬 더뎠을 것이다. 미적분이 약간의 허점과 엄청난 유용함을 동시에 지닌 채 태어날 수밖에 없었던 불가피한 한계는 오히려 미적분의 매력이 되었으며, 이 매력이 수학자들의 폭발적인 관심을 유도했고 결국엔 스스로의 허점을 해결할 수 있는 데까지 이르게 했다.

이처럼 직관이 논리에 앞서 나타나서, 직관이 논리를 이끄는 방식으로 인류의 역사가 나아간다는 것이 미적분에서도 그대로 확인된다.

9

미적분의 기본 정리 직관하기

오늘날의 미적분의 기본 정리

오늘날에는

$$\frac{d}{dx}\int_a^x f(t)dt = f(x)$$를 '미적분의 제1 기본 정리'로,

$$\int_a^x F'(t)dt = F(x) - F(a)$$를 '미적분의 제2 기본 정리'로

부르기도 한다. 미적분의 제1 기본 정리는

'함수 $f(x)$를 적분한 함수(넓이함수)를 미분하면 원래 함수 $f(x)$가 된다.'

라는 것을 말해주고, 미적분의 제2 기본 정리는

'함수 $F(x)$를 미분한 함수를 적분한 함수(넓이함수)는 원래 함수 $F(x)$와 상수($F(a)$)만큼의 차이만 난다.'

라는 것을 말해준다.

두 정리 모두 '미분과 적분은 서로 역연산의 관계에 있다.'라는 사실을 의미하고 있다. 적분을 미분의 역연산으로만 알고 있는 사람에게는 함

수를 적분했다가 다시 미분하면 원래 함수로 되돌아오는 것이 지극히 당연하게만 보일 것이므로 미적분의 기본 정리가 뭐 그리 대단한 발견 이냐고 물을지도 모른다. 하지만 $\int_a^x f(t)dt$는 미분을 거꾸로 한 함수가 아니라 구간 $[a, x]$에서 곡선 $y=f(x)$와 x축 사이의 넓이를 나타내는 함 수였음을 잊지 말아야 한다.

미적분의 기본 정리의 기하적 의미

미적분의 기본 정리 $\dfrac{d}{dx}\int_a^x f(t)dt=f(x)$를 단순히 '적분했다가 미 분하면 원래 함수가 된다' 정도의 의미로만 이해하고 있는 학생이 많다. 이제 이 정리를

$$d\left(\int_a^x f(t)dt\right)=f(x)dx$$

로 고쳐서 생각해보면 또 다른 기하적 의미가 떠오를 것이다.

여기서 $d\left(\int_a^x f(t)dt\right)$는 구간 $[a, x]$에서 x의 값이 dx만큼 증가하는 동안 곡선 $y=f(x)$와 x축 사이의 넓이의 변화량을 나타낸다.

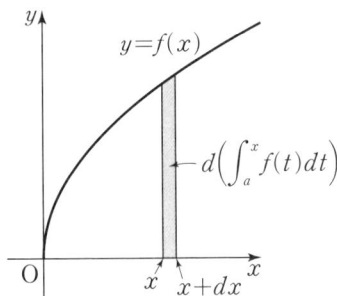

2부 미분과 적분의 통합을 직관하다: 미적분

이때 등식 $d\left(\displaystyle\int_a^x f(t)dt\right)=f(x)dx$는 앞 그림의 색칠한 영역을 가로의 길이가 dx, 세로의 길이가 $f(x)$인 직사각형으로 간주해도 된다는 것을 의미한다. 그래서 넓이의 순간변화율 $\dfrac{d}{dx}\displaystyle\int_a^x f(t)dt$는 이 직사각형의 세로 길이인 $f(x)$와 같게 되는 것이다.

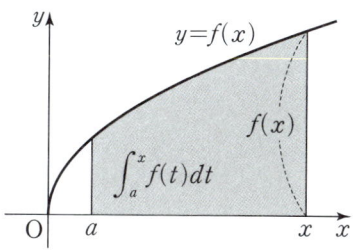

이 의미를 정확히 알고 있는지를 확인하기 위한 퀴즈가 있다.

퀴즈

그림과 같이 곡선 $y=x^2$ $(x\geq0)$과 두 직선 $y=0$, $y=1$ 및 직선 $x=t$ $(0<t<1)$로 둘러싸인 부분(색칠한 부분)의 넓이가 최소가 되도록 하는 실수 t의 값을 구하시오.

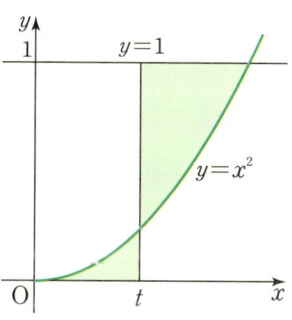

위 퀴즈는 넓이가 최소일 때를 구하는 것이므로 결국 넓이의 변화율에 관한 문제다. 따라서 미적분의 기본 정리를 이용하면 다음과 같이 직관적으로 해결할 수 있다.

t의 값이 dt만큼 증가하면 색칠한 부분의 넓이는 [그림 1-1]에서 위쪽에 빗금 친 부분의 넓이인 S만큼 줄어들고 아래쪽에 빗금 친 부분의 넓이인 T만큼 늘어난다.

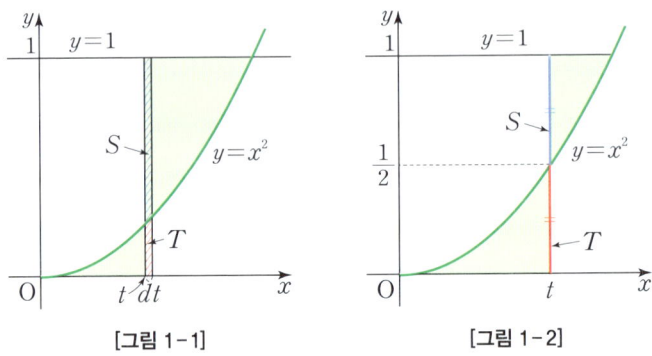

[그림 1-1]   [그림 1-2]

따라서 색칠한 부분의 넓이는 $S>T$이면 감소하고 $S<T$이면 증가할 것이다. 따라서 색칠한 부분의 넓이가 최소인 순간은 넓이가 감소하다 증가하기 시작하는 순간인 $S=T$일 때다.

그런데 dt는 무한소이므로 빗금 친 두 부분은 각각 직사각형으로 간주할 수 있고, 빗금 친 두 부분을 합한 도형은 높이가 1인 직사각형이다. 따라서 $S=T$일 때는 [그림 1-2]와 같이 $x=t$에서의 파란색 선분과 빨간색 두 선분의 길이가 서로 $\frac{1}{2}$로 같을 때다.

그러므로 색칠한 부분의 넓이가 최소가 되도록 하는 실수 t의 값은 $t^2=\frac{1}{2}$에서 $t=\frac{\sqrt{2}}{2}$이다.

2부 미분과 적분의 통합을 직관하다: 미적분

미적분의 기본 정리 직관하기

이제 미적분의 기본 정리의 기하적 의미를 활용해 아름답게 해결할 수 있는 기출문제를 만나볼 차례다.

구간 $[0, 8]$에서 정의된 함수 $f(x)$는

$$f(x)=\begin{cases} -x(x-4) & (0\le x<4) \\ x-4 & (4\le x\le 8) \end{cases}$$

이다. 실수 $a\ (0\le a\le 4)$에 대하

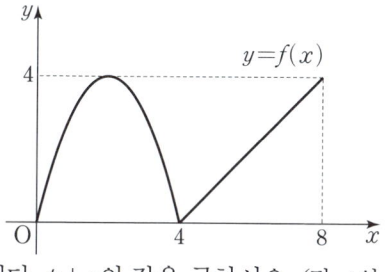

여 $\int_a^{a+4} f(x)dx$의 최솟값은 $\dfrac{q}{p}$이다. $p+q$의 값을 구하시오. (단, p와 q는 서로소인 자연수이다.) [4점]

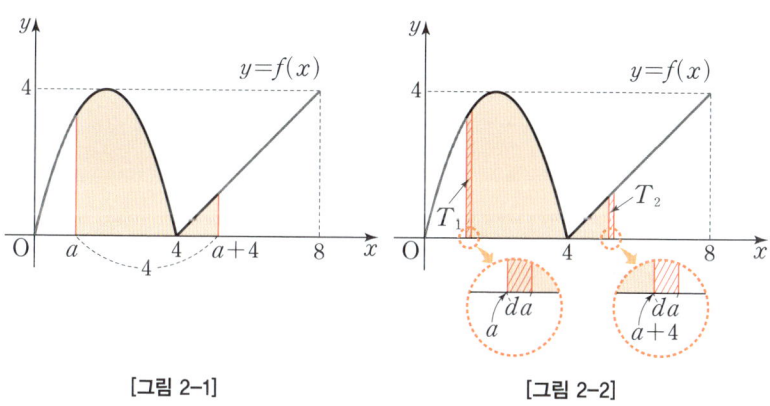

| [그림 2-1] | [그림 2-2] |

$\int_a^{a+4} f(x)dx$는 [그림 2-1]에 색칠된 부분의 넓이와 같다. 넓이

$\int_a^{a+4} f(x)dx$의 변화를 파악하기 위해 a에 da만큼의 미세한 변화를 주기로 하자. a의 값이 da만큼 증가하면 $a+4$의 값도 da만큼 증가하므로 이 넓이는 [그림 2-2]의 왼쪽에 빗금 친 부분의 넓이 T_1만큼 줄어들고, 오른쪽에 빗금 친 부분의 넓이 T_2만큼 늘어난다.

이때 da는 무한소이므로 [그림 2-2]의 빗금 친 부분은 높이가 각각 $f(a), f(a+4)$인 직사각형으로 간주할 수 있다.

[그림 2-1]에서는 $f(a)>f(a+4)$이므로 [그림 2-2]에서 줄어드는 넓이 T_1이 늘어나는 넓이 T_2보다 크다. 따라서 $\int_a^{a+4} f(x)dx$는 감소한다.

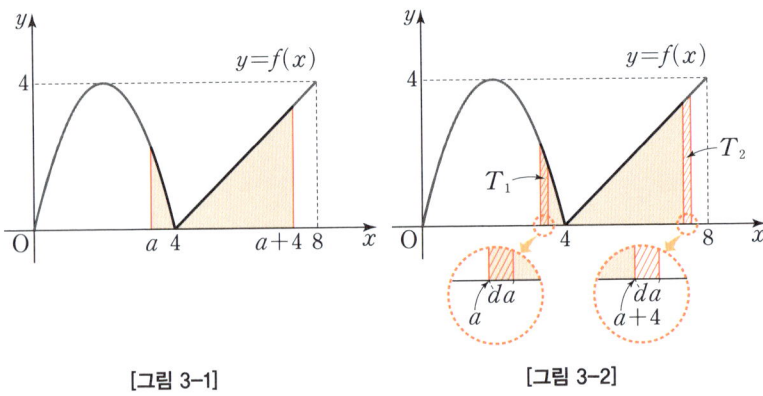

[그림 3-1]   [그림 3-2]

반면 [그림 3-1]처럼 $f(a)<f(a+4)$인 경우에는 [그림 3-2]에서 $T_1<T_2$이므로 $\int_a^{a+4} f(x)dx$는 증가한다.

이제 넓이 $\int_a^{a+4} f(x)dx$가 감소상태에서 증가상태로 바뀌는 순간, 즉 극소이자 최소일 때의 a의 위치를 찾을 수 있을 것이다.

'$f(a)=f(a+4)$가 되는 순간'

이 바로 그 위치다.

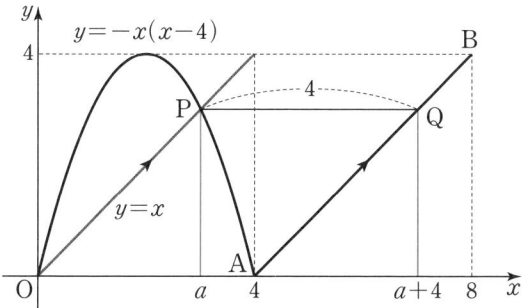

이 순간의 a의 값은 위 그림과 같이 곡선 $y=-x(x-4)$와 직선 $y=x$의 교점의 x좌표와 같다.● 따라서

$$-x(x-4)=x^{\blacktriangle}$$

$$x^2-3x=0$$

$$x(x-3)=0$$이므로

$x=0$ 또는 $x=3$이다. $x=3$일 때 넓이가 최소이므로 $a=3$이고, 구하는 최솟값은 $\displaystyle\int_3^7 f(x)\,dx$이다.■

미적분의 기본 정리는 미적분뿐 아니라 수학에서 가장 중요한 정리 중의 하나라서 이에 관한 문제가 자주 출제될 수밖에 없다. 위 문제와 본질적으로 아주 유사한 또 하나의 문제를 만나보자.

- 사각형 OAQP은 평행사변형이다.
▲ 두 점 A(4, 0), B(8, 4)를 지나는 직선의 방정식 $y=x-4$에 $x=a+4$를 대입해도 같은 결과가 나온다.
■ a의 값을 구하는 것이 문제해결의 핵심이므로 이후의 과정은 생략한다.

최고차항의 계수가 2인 이차함수 $f(x)$에 대하여 함수

$$g(x) = \int_x^{x+1} |f(t)| \, dt$$ 는 $x=1$과 $x=4$에서 극소이다. $f(0)$의 값을

구하시오. [4점]

미적분의 기본 정리의 기하적 의미에 따라 조건을 만족시키는 이차
함수 $y=|f(x)|$의 그래프가 그림과 같음을 발견할 수 있을 것이다.

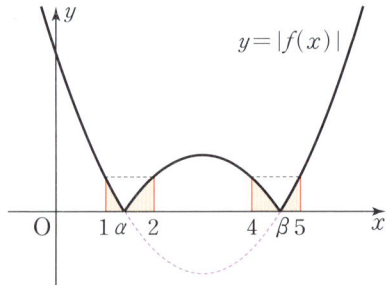

여기서는 위 그래프를 찾는 것이 핵심이므로 이후의 계산 과정은 부
록 '더 깊이 들어가기'로 넘긴다.

10

넓이의 변화율 직관하기

"이건 눈으로 푸는 문제잖아!"

드디어 나에게 큰 의미가 있는 수능 문제를 소개할 시간이다. 어쩌면 이 책을 쓰게 된 첫 계기를 만들어주었다고도 할 수 있다. 어느 날 모임에서 만난 한 교수님이 무심하게 한마디를 던졌다.

"이건 눈으로 푸는 문제잖아!"

그 말은 익숙한 방식대로만 문제를 풀고 있던 나를 깨웠고, 그 의미를 스스로 깨우치려 탐구하는 과정에서 미적분을 직관적으로도 바라보게 하는 눈을 뜨게 했다.

그 수능 문제를 소개하기에 앞서, 먼저 간단한 상황으로 변형한 퀴즈부터 만나보자. 이 퀴즈와의 차이점을 구별하는 것이야말로 그 수능 문제의 출제 의도이기 때문이다. 독자들을 위해 퀴즈에 대해 가장 큰 힌트 하나를 제시한다.

"다음 퀴즈는 눈으로 푸는 문제입니다!"

퀴즈

그림과 같이 좌표평면에 원
$x^2+y^2=1$과, 원점에서 출발해 y축
의 양의 방향으로 매초 1의 일정한
속력으로 움직이는 점 P가 있다. 점
P를 지나고 x축에 평행한 직선과
원으로 둘러싸인 어두운 부분의 넓
이를 S라 하자. 점 P가 점 $\left(0, \dfrac{1}{2}\right)$

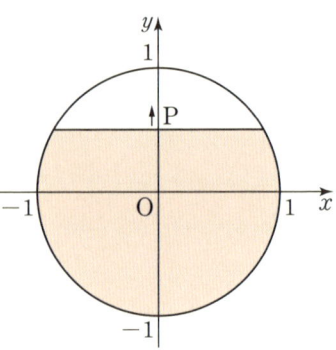

을 지나는 순간, 넓이 S의 시간(초)에 대한 변화율을 구하시오.

위 퀴즈에서는 넓이가 y축의 방향으로 증가하고 있으므로 넓이 S의 y
에 대한 순간변화율은 y축에 수직인 선분의 길이와 같다는 미적분의 기
본 정리를 이용하면 순식간에 답을 구할 수 있다.

즉, 그림과 같이 점 P를 지나고 y축
에 수직인 직선과 원의 교점을 A, B
라 하면 점 P가 점 $\left(0, \dfrac{1}{2}\right)$을 지나는
순간 두 점 A, B의 x좌표는 각각
$-\dfrac{\sqrt{3}}{2}$과 $\dfrac{\sqrt{3}}{2}$이므로

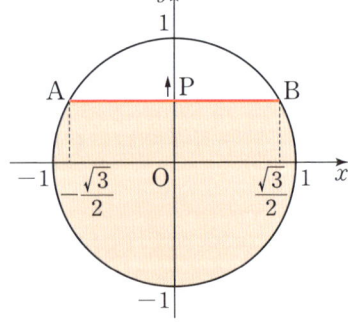

$$\overline{AB}=\dfrac{\sqrt{3}}{2}-\left(-\dfrac{\sqrt{3}}{2}\right)=\sqrt{3}$$

이고, 이것이 위 퀴즈의 답이다.

하지만 위 풀이처럼 무작정 선분의 길이만 생각하다가는 문제 상황

이 조금만 달라져도 틀리기 쉽다. 따라서 정확한 직관적 풀이를 알아보자.

dt의 시간 동안 점 P가 점 P'으로 이동했다고 하고, 점 P'을 지나고 y축에 수직인 직선이 원과 만나는 두 점을 A', B'이라 하자.

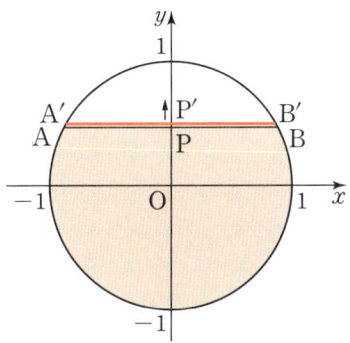

이때 두 선분 AB, A'B' 및 두 호 AA', BB'으로 둘러싸인 도형은 양옆의 자투리를 무시하고 밑변이 $\overline{AB}$이고 높이가 $\overline{PP'}=dt$인 직사각형으로 볼 수 있다. 따라서 dt의 시간 동안 증가한 넓이의 변화량 dS는 이 가느다란 직사각형의 넓이와 같다. 즉,

$$dS=\overline{AB}\times\overline{PP'}=\overline{AB}\times dt$$

이므로 넓이의 순간변화율은 다음과 같다.

$$\frac{dS}{dt}=\overline{AB}=\sqrt{3}$$

만일 위 퀴즈에서 y축 위를 움직이는 점 P의 속도가 2로 주어지면 $\overline{PP'}=2dt$가 되므로 $dS=\overline{AB}\times\overline{PP'}=\overline{AB}\times 2dt$

$$\frac{dS}{dt}=\overline{AB}\times 2=2\sqrt{3}$$

이 된다.$^{\bullet}$

• 　합성함수의 미분법 $\frac{dS}{dt}=\frac{dS}{dy}\times\frac{dy}{dt}=\overline{AB}\times(y$의 증가 속도$)$를 활용한 것과 같다.

넓이의 변화율 직관하기

이제 나에게 참 소중한 그 수능 문제를 소개한다. 원래 이 문제는 삼각함수의 미적분을 이용해 해결하는 문제이지만, 미적분의 기본 정리를 활용하면 쉽게 해결할 수 있다.

문제 1   2007학년도 수능

그림과 같이 좌표평면에서 원 $x^2+y^2=1$ 위의 점 P가 점 $(1, 0)$에서 출발하여 원점을 중심으로 매초 $\dfrac{1}{40}$의 일정한 속력으로 원 위를 시계 반대 방향으로 움직이고 있다. 점 P에서 x축에 평행한 직선을 그

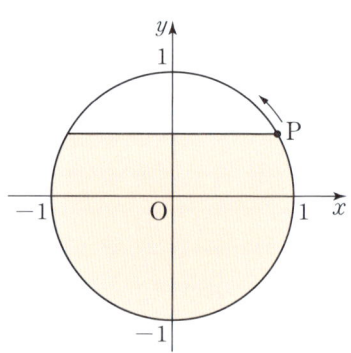

을 때, 원과 직선으로 둘러싸인 어두운 부분의 넓이를 S라 하자. 점 P가 점 $\left(\dfrac{\sqrt{3}}{2}, \dfrac{1}{2}\right)$을 지나는 순간, 넓이 S의 시간(초)에 대한 변화율은 $\dfrac{b}{a}$이다. $a+b$의 값을 구하시오. (단, a와 b는 서로소인 자연수이다.)

[4점]

다음 그림과 같이 dt의 시간 동안 점 P가 점 P′으로 이동했다고 하고, 두 점 P, P′을 지나고 x축에 평행한 직선이 원과 제2사분면에서 만나는 점을 각각 A, A′이라 하자.

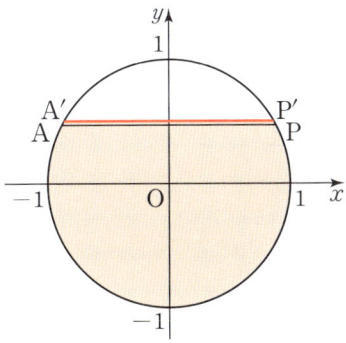

위 그림을 보면서

　　'이번에도 넓이의 순간변화율은 선분 PA의 길이인 $\sqrt{3}$이다.'

라고 예상했다면 아쉽게도 살짝 놓친 조건이 있다. 그것은 '점 P가 매초 1의 속력으로 움직이는 것이 아니라는 조건'과 '점 P가 선분 PA와 수직인 방향으로 움직이는 것이 아니라는 조건'이다. 따라서 점 P가 점 $\left(\dfrac{\sqrt{3}}{2}, \dfrac{1}{2}\right)$을 지나는 순간, 선분 PA가 y축의 방향으로 움직이는 속도를 알아내는 것이 직관적 풀이의 핵심이다.

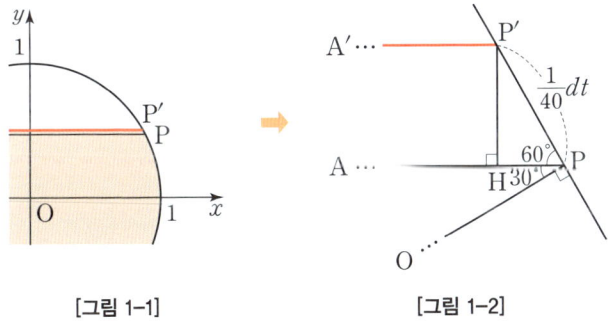

[그림 1-1]　　　　　　　　[그림 1-2]

　[그림 1-2]는 [그림 1-1]의 점 $P\left(\dfrac{\sqrt{3}}{2}, \dfrac{1}{2}\right)$ 부근을 확대한 것이다. 이 그림에서 dt는 무한히 짧은 시간이므로 호 PP'은 점 P에서 이 원에 접

하는 직선의 일부로 볼 수 있다.

이때 점 P$'$에서 선분 PA에 내린 수선의 발을 H라 하면

$$\angle OPH = 30°, \ \angle HPP' = 90° - 30° = 60°$$

이다.

또, 점 P는 원 위를 시계 반대 방향으로 매초 $\dfrac{1}{40}$의 속력으로 움직이므로 dt의 시간 동안 점 P가 점 P$'$까지 움직인 거리는

$$\overline{PP'} = \frac{1}{40}dt$$

이고, dt의 시간 동안 선분 PA가 y축의 방향으로 움직인 거리는

$$\overline{P'H} = \overline{PP'}\sin 60° = \frac{1}{40}dt \times \frac{\sqrt{3}}{2} = \frac{\sqrt{3}}{80}dt$$

이다. 이제 dt의 시간 동안의 넓이의 변화량 dS는 가로의 길이가 $\overline{PA}$이고 세로의 길이가 $\overline{P'H}$인 직사각형의 넓이와 같으므로

$$dS = \overline{PA} \times \overline{P'H} = \sqrt{3} \times \frac{\sqrt{3}}{80}dt = \frac{3}{80}dt$$

이다.

따라서 넓이 S의 시간(초)에 대한 변화율은 $\dfrac{dS}{dt} = \dfrac{3}{80}$이다.

이 방식은 결코 편법이 아니다. 뉴턴이 자주 사용했던 방법이고, 그의 책에서도 흔히 볼 수 있는 설명이다.

미적분에 대한 큰 깨달음을 얻었던 문제

다음으로 소개할 문제는 바로 앞에 소개한 수능문제를 그 이듬해에

도 의도적으로 변형해 출제한 것으로 강력하게 추정되는 문제다. 이 문제를 직관적으로 풀기는 그리 쉽지 않을 수 있으나, 이 방법을 이해하고 나면 미적분에 대한 큰 깨달음을 얻을 수 있을 것이라 믿는다.

문제 2 2008학년도 수능

그림과 같이 좌표평면에서 원 $x^2+y^2=1$ 위의 점 P는 점 A$(1, 0)$에서 출발하여 원 둘레를 따라 시계 반대 방향으로 매초 $\frac{\pi}{2}$의 일정한 속력으로 움직이고 있다. 점 Q는 점 A에서 출발하여 점 B$(-1, 0)$을 향해 매초 1의 일정한 속력으로 x축 위를 움직이고 있다. 점 P와 점 Q가 동시에 점 A에서 출발해 t초가 되는 순간, 선분 PQ, 선분 QA, 호 AP로 둘러싸인 어두운 부분의 넓이를 S라 하자. 출발한 지 1초가 되는 순간, 넓이 S의 시간 (초)에 대한 변화율은? [4점]

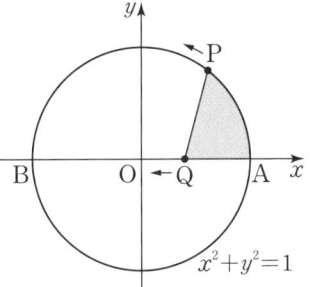

① $\frac{\pi}{4}-1$ ② $\frac{\pi}{4}$ ③ $\frac{\pi}{4}+\frac{1}{3}$ ④ $\frac{\pi}{4}+\frac{1}{2}$ ⑤ $\frac{\pi}{4}+1$

이 문제에서는 원 위를 움직이는 점 P와 x축 위를 움직이는 점 Q의 속력이 각각 $\frac{\pi}{2}$, 1로 서로 다르다는 것에 주목해야 한다. 그런데 반원의 호 AB의 길이는 $\frac{1}{2} \times 2\pi = \pi$이고 원의 지름인 선분 AB의 길이는 $2 \times 1 = 2$이므로 두 점 P, Q는 점 A$(1, 0)$을 출발해 2초 만에 점 B$(-1, 0)$에 동시에 도착한다. 따라서 출발한 지 1초가 되는 순간, [그림 2-1]과

같이 두 점 P, Q는 각각 두 점 $(0, 1)$, $(0, 0)$에 동시에 도착한다.

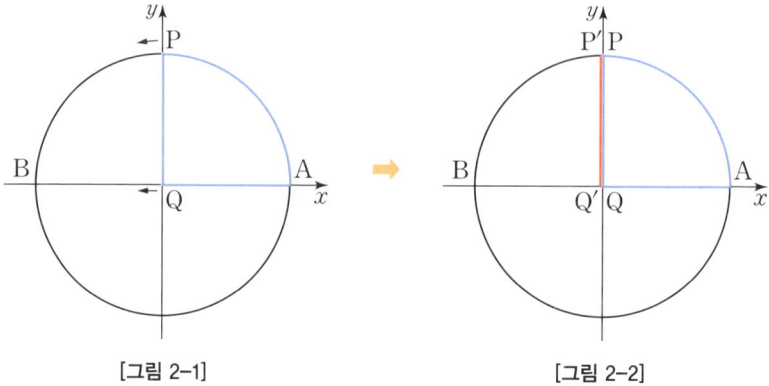

[그림 2-1]   [그림 2-2]

이때 $t=1$인 순간으로부터 dt만큼의 시간이 흐르는 동안 [그림 2-2]와 같이 두 점 P, Q가 각각 두 점 P′, Q′으로 이동했다고 상상하고, 넓이의 변화량 dS를 생각해보자.

dt는 매우 짧은 시간이므로 직선 PP′은 점 $(0, 1)$에서 원에 접하는 직선, 즉 x축과 평행한 직선으로 볼 수 있고, 넓이 S의 변화량 dS는

$dS =$ (사각형 PP′Q′Q의 넓이)

와 같다. 바로 이 사각형의 넓이에 답이 있다.

그런데 이번에도 사각형 PP′Q′Q가 직사각형일까? 수학적 돋보기를 이용해 직접 상상해보라.

두 점 P, Q의 속력이 서로 다르다는 걸 간파했다면 두 무한소의 폭 $\overline{\text{PP}'}$과 $\overline{\text{QQ}'}$이 서로 다르다는 사실을 발견했을 것이다. 이렇듯 무한소끼리도 그 크기가 다를 수 있다는 언급만 해줘도 많은 학생이 스스로 문제를 해결했다. 그런 다음 수학의 직관성에 크게 놀라는 장면도 자주 봤다. 여기서도 독자들이 그 행복을 느낄 수 있도록 이후 과정은 부록 '더

깊이 들어가기'로 넘긴다.

선분의 길이로 파악하는 넓이함수의 미분가능성

이쯤 되면 넓이의 순간변화율에 대해 무언가 깨닫는 바가 있으리라 믿는다. 그 깨달음을 바탕으로 다음 문제도 '눈으로' 푸는 것에 도전해 보자.

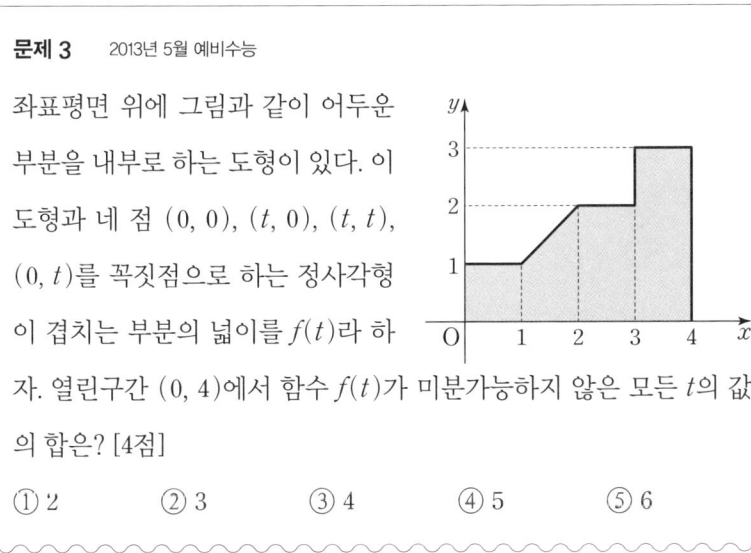

문제 3 2013년 5월 예비수능

좌표평면 위에 그림과 같이 어두운 부분을 내부로 하는 도형이 있다. 이 도형과 네 점 $(0, 0)$, $(t, 0)$, (t, t), $(0, t)$를 꼭짓점으로 하는 정사각형이 겹치는 부분의 넓이를 $f(t)$라 하자. 열린구간 $(0, 4)$에서 함수 $f(t)$가 미분가능하지 않은 모든 t의 값의 합은? [4점]

① 2   ② 3   ③ 4   ④ 5   ⑤ 6

다음과 같이 주어진 도형을 A, 네 점 $(0, 0)$, $(t, 0)$, (t, t), $(0, t)$를 꼭 짓점으로 하는 정사각형을 B라 하고, 양의 실수 t의 값을 점점 증가시키면서 두 도형 A, B가 겹치는 부분의 넓이 $f(t)$를 관찰해보자.

(ⅰ) $0 < t < 1$일 때

　　도형 B는 도형 A에 포함되므로

　　　$f(t) =$ (정사각형 B의 넓이)

이다. 정사각형의 각 변의 길이 t가 dt
만큼 증가할 때 정사각형 B의 넓이의
순간변화율은 오른쪽 그림의 정사각

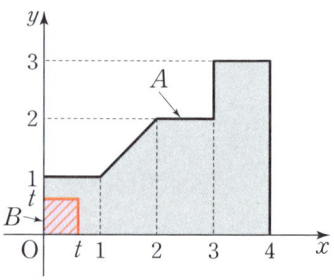

형의 두 변(빨간색 굵은 선분)의 길이의 합과 같다.

　　따라서 $\dfrac{df(t)}{dt} = t + t$, 즉 $f'(t) = 2t$이다.

(ⅱ) $1 < t < 2$일 때

　　두 도형 A, B가 겹치는 부분(빗금
친 부분)의 넓이의 순간변화율은 오른
쪽 그림의 빨간색 굵은 선분의 길이와
같다. 두 점 $(1, 1)$, $(2, 2)$를 지나는 직
선의 방정식은 $y = x$이므로 이 선분의
길이는 t이다.

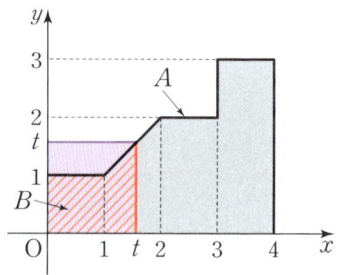

　　따라서 $f'(t) = t$이다.

(ⅲ) $2 < t < 3$일 때

　　두 도형 A, B가 겹치는 부분의 넓
이의 순간변화율은 오른쪽 그림의 빨
간색 굵은 선분의 길이와 같다. 두 점
$(2, 2)$, $(3, 2)$를 지나는 직선의 방정식
은 $y = 2$이므로 이 선분의 길이는 2이다.

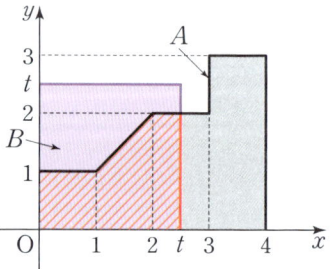

따라서 $f'(t)=2$이다.

(iv) $3<t<4$일 때

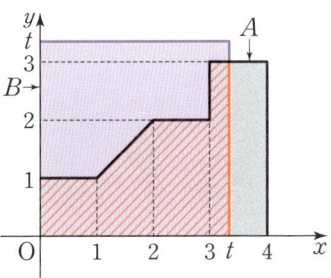

두 도형 A, B가 겹치는 부분의 넓이의 순간변화율은 오른쪽 그림의 빨간색 굵은 선분의 길이와 같다. 두 점 $(3, 3)$, $(4, 3)$을 지나는 직선의 방정식은 $y=3$이므로 이 선분의 길이는 3이다.

따라서 $f'(t)=3$이다.

(i)~(iv)에서

$$f'(t)=\begin{cases} 2t & (0<t<1) \\ t & (1<t<2) \\ 2 & (2<t<3) \\ 3 & (3<t<4) \end{cases}$$

이다.

한편, 위 문제에서 겹치는 부분의 넓이는 연속적으로 증가하므로 넓이 함수 $f(t)$는 연속함수다. 이때 함수 $f(t)$는

$\lim\limits_{t \to 1-} f'(t)=2$, $\lim\limits_{t \to 1+} f'(t)=1$이므로 $t=1$에서 미분가능하지 않고,

$\lim\limits_{t \to 2-} f'(t)=2$, $\lim\limits_{t \to 2+} f'(t)=2$이므로 $t=2$에서 미분가능하며,

$\lim\limits_{t \to 3-} f'(t)=2$, $\lim\limits_{t \to 3+} f'(t)=3$이므로 $t=3$에서 미분가능하지 않다.

그러므로 최종적으로는 $f'(2)=2$이고, 열린구간 $(0, 4)$에서 함수 $f(t)$가 미분가능하지 않은 모든 t의 값의 합은 $1+3=4$이다.

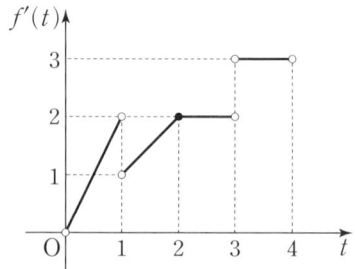

이처럼 '넓이의 변화율은 곧 길이'라는 미적분의 기본정리의 기하적 의미를 활용하면 넓이 함수의 변화율에 관한 문제를 쉽고 재미있게 해결할 수 있다.

문제 해결의 혁명을 직관하다: 미적분의 활용

1

정적분 기호 가지고 놀기

정적분의 의미를 파악하는 방법

라이프니츠의 적분 기호의 가장 큰 장점은 기호를 구성하고 있는 요소들의 의미와 역할을 이해하고 나면 무엇을 구하고자 하는 적분식인지를 쉽게 파악할 수 있다는 점이다.

정적분 $\int_a^b f(x)dx$가 나타내고 있는 것이 무엇인지를 알려면 우선 $f(x) \times dx$의 의미를 알아야 한다.

쉬운 예로, 수직선 위를 움직이는 점 P의 시각 t에서의 속도를 $v(t)$라 할 때, $\int_a^b v(t)dt$가 나타내는 바의 핵심은 $v(t)dt$에 들어 있다. 일반적으로 dt만큼의 아주 짧은 시간 동안의 모든 운동은 등속운동으로 간주할 수 있는데, 이때

$v(t) \times dt = v(t)dt$
(속도) × (시간) = (위치의 변화량)

이므로 $\int_a^b v(t)dt$는 시각 $t=a$에서 $t=b$까지의 점 P 위치의 변화량을 나타낸다.

이번에는 어떤 물체의 위치가 x일 때 이 물체에 가하는 힘 $F(x)$에 대해 $\int_a^b F(x)dx$의 의미를 알아보자.

물리학에서 일work은 물체에 작용하는 일정한 힘 F와 힘의 방향으로 움직인 거리 s의 곱인 $W=F\times s$이다. 따라서 $F(x)dx$는 x의 위치에서 $F(x)$만큼의 힘으로 물체를 dx만큼 움직이는 동안 한 일을 나타낸다.

$$F(x)\times dx=F(x)dx$$
(힘) × (거리) = (일)

그러므로 $\int_a^b F(x)dx$는 이 물체를 $F(x)$만큼의 힘으로 $x=a$부터 $x=b$까지 움직이는 동안 한 일을 나타낸다.

무엇을 나타내는 식일까?

그렇다면 $\int_c^d x\,dy$는 무엇을 나타내는 식일까? 이를 알아내려면 역시나 $x\,dy$의 의미를 파악해야 한다.

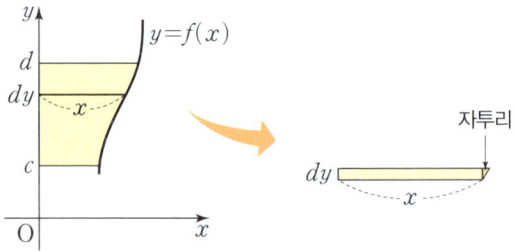

우선 $\int_c^d x\,dy$에서는 dx가 아니라 dy가 주어진 것이 눈에 띄는데, dy는 'y축을 따라 증가하는 무한소'를 의미한다. 따라서 $x\,dy$는 가로의 길이가 x이고 높이가 dy인 옆으로 가느다란 직사각형(오른쪽 끝의 자투리는 무시)의 넓이를 나타낸다. 즉, $\int_c^d x\,dy$는 주어진 도형을 가로 방향의 조각들로 잘라서 넓이를 구하겠다는 발상을 나타내는 정적분이다.

이때 정적분 기호 $\int_c^d x\,dy$는 'y의 값이 c부터 d까지 dy씩 증가할 때, 가로의 길이가 x이고 세로의 길이가 dy인 직사각형의 넓이 $x\,dy$를 연속적으로 합한 값'을 나타내므로 $\int_c^d x\,dy$는 $c \leq y \leq d$에서 곡선 $y=f(x)$와 y축 사이의 넓이와 같다.

어떻게 자를 것인가?

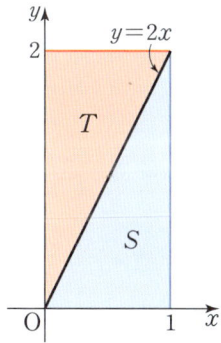

위 그림과 같이 좌표평면에서 네 점 $(0,0)$, $(1,0)$, $(1,2)$, $(0,2)$를 꼭짓점으로 하는 직사각형을 직선 $y=2x$로 나눌 때, 두 부분의 넓이를 각

각 S, T라 하자.

S를 오른쪽 그림과 같이 세로 방향 조각들의 넓이의 총합으로 생각하면

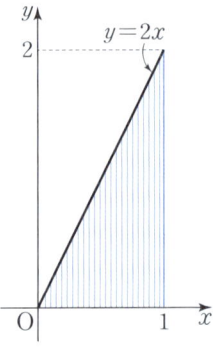

$$S=\int_0^1 y\, dx$$

이다. 그런데 $\displaystyle\int_0^1 y\, dx$에는 두 변수 x, y가 혼재되어 있으므로 이 식 자체로는 더는 계산이 불가능하다. 이런 경우에는 변수를 하나로 통일해야 하는데, 주어진 함수가 $y=2x$이므로 y 대신 $2x$를 대입하면

$$S=\int_0^1 y\, dx=\int_0^1 2x\, dx=\left[x^2\right]_0^1=1$$

과 같이 계산할 수 있다.

이번에는 T를 가로 방향 조각들로 나누어 구해보자. 오른쪽 그림의 색칠한 영역의 넓이 T는 폭이 무한소 dy이고 길이가 x인 가느다란 직사각형 조각들의 넓이의 총합과 같으므로

$$T=\int_0^2 x\, dy$$

가 된다. 이 정적분을 계산하기 위해서도 변수를 하나로 통일해야 한다. 즉, $y=2x$에서 $x=\dfrac{y}{2}$를 위 식에 대입해 계산하면

$$T=\int_0^2 x\, dy=\int_0^2 \frac{y}{2}\, dy=\left[\frac{y^2}{4}\right]_0^2=1$$

이다. 예상대로 $S=T$인 결과가 나왔다.

이처럼 구분구적법으로 도형을 자를 때는 세로 방향으로 자르든 가

로 방향으로 자르든, 심지어 비스듬한 방향으로 자르든 결과는 달라지지 않는다. 하지만 어떻게 자르는가에 따라 계산 과정에 등장하는 함수는 물론 계산의 난이도가 전혀 달라질 수 있다. 따라서 적분으로 어떤 물리량을 구할 때 "어떻게 자를 것인가?"를 결정하는 일은 매우 중요할 수밖에 없다.

두 넓이가 서로 같은 이유

[그림 1-1]은 앞에서 살펴봤던 세로 방향과 가로 방향의 조각들을 하나의 그림에 나타낸 것이다. 이때 세로 방향의 파란 조각들과 가로 방향의 빨간 조각들은 서로 일대일로 대응하고 있다.

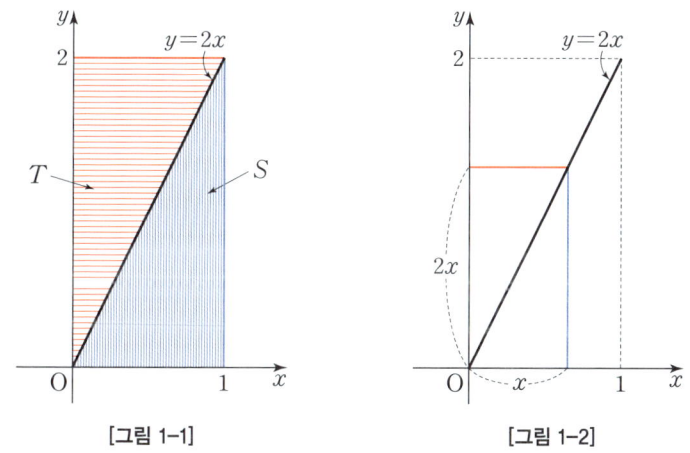

[그림 1-1]　　　　　　[그림 1-2]

[그림 1-2]는 서로 대응하는 조각 한 쌍을 나타낸 것이다. 이때 다음과 같은 주장을 어떻게 반박할 것인가?

"세로 방향 조각의 길이($2x$)는 가로 방향 조각의 길이(x)의 2배이므로 세로 방향 조각의 넓이는 가로 방향 조각의 넓이의 2배와 같다. 이와 같은 관계가 모든 조각에 대하여 성립하므로 $S = 2T$이어야 한다."

위 주장은 '서로 대응하는 두 선분의 길이 비가 일정할 때, 전체 도형의 넓이 비는 그 길이 비와 같다.'라는 카발리에리의 '불가분량의 원리'를 떠올리게 한다.

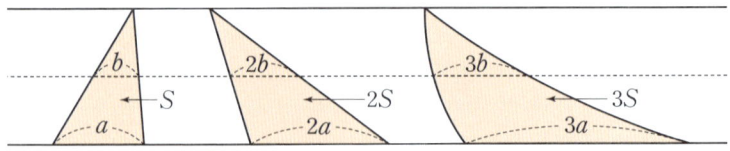

그런데 '불가분량의 원리'에서는 위 그림과 같이 서로 대응하는 좌우의 선분들이 한 직선 위에 있다고 보는데, 이는 결국 모든 선분의 폭이 일정하다고 보는 것과 같다.

그렇다면 [그림 1-2]에 있는 두 조각의 폭도 서로 같을까? 과연 그런지, 다음과 같이 서로 대응하는 임의의 조각을 확대해보자.

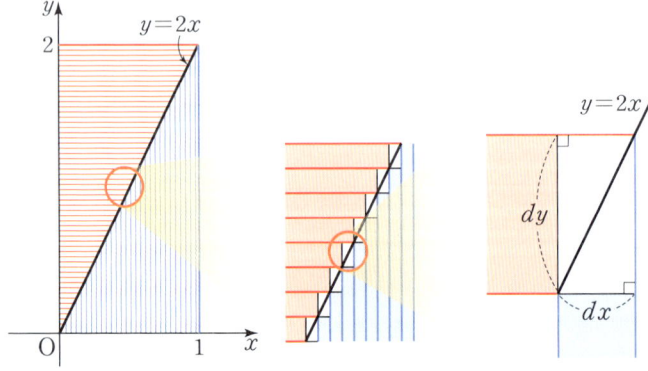

이 그림에서 직선의 방정식이 $y = 2x$이므로 세로 방향 조각의 폭을

dx, 가로 방향 조각의 폭을 dy라 하면 dy는 dx의 2배가 된다. 아무리 dx가 0에 가까워지더라도 dx와 dy의 이 비는 변하지 않는다. 이를 미분으로 설명하면, $y = 2x$에서 $\dfrac{dy}{dx} = 2$이므로

$$dy = 2\,dx$$

이다.

다음은 서로 대응하는 두 조각의 폭 dx, dy가 잘 보이도록 과장해서 그린 것이다.

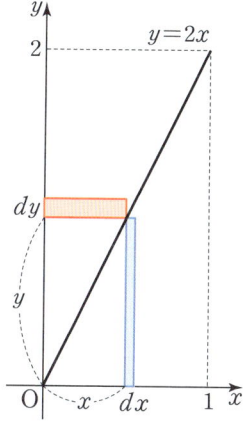

위 그림에서 세로 조각의 넓이는 $y\,dx$, 가로 조각의 넓이는 $x\,dy$이다. 이때 $y = 2x$이고 $dy = 2\,dx$이므로

$$(\text{세로 조각의 넓이}) = y\,dx = 2x \times \frac{1}{2}dy = x\,dy = (\text{가로 조각의 넓이})$$

이다. 즉, 세로 조각이 가로 조각보다 길이가 두 배인 대신 폭이 절반이라서 결과적으로 두 조각의 넓이는 항상 같다.

이처럼 두 조각의 넓이가 서로 같은 상황이 x의 값이 0부터 1까지 변

하는 동안 (또는 y의 값이 0부터 2까지 변하는 동안) 항상 유지되므로 이 조각들의 총합을 나타내는 두 정적분

$$S = \int_0^1 y\,dx, \ T = \int_0^2 x\,dy$$

의 값은 계산해볼 필요도 없이 서로 같을 수밖에 없다.

치환적분법을 맛보다

앞에서 $T = \int_0^2 x\,dy$의 값을 구할 때는, $y = 2x$에서 $x = \dfrac{y}{2}$이므로

$$T = \int_0^2 x\,dy = \int_0^2 \frac{y}{2}\,dy = \left[\frac{y^2}{4} \right]_0^2 = 1$$

과 같이 변수를 y로 통일해 계산했었다.

퀴즈

$y = 2x$일 때, 변수를 x로 통일해 $T = \int_0^2 x\,dy$의 값을 구하시오.

$T = \int_0^2 x\,dy$의 변수를 x로 통일하려면 dy를 dx로 나타내야 한다.

$y = 2x$에서 $\dfrac{dy}{dx} = 2$, 즉 $dy = 2\,dx$이므로

$$x\,dy = x(2\,dx) = 2x\,dx$$

가 된다. 이때 $\int_0^2 x\,dy = \int_0^2 2x\,dx$로 계산하면 안 된다. y의 범위는 $0 \le y \le 2$이지만 x의 범위는 $0 \le x \le 2$가 아니기 때문이다.

$y = 2x$에서 $0 \le y \le 2$에 대응하는 x의 범위는 $0 \le x \le 1$이므로

$$\int_0^2 x\,dy = \int_0^1 2x\,dx$$

가 되어야 한다. 이렇게 하면

$$T = \int_0^2 x\,dy = \int_0^1 2x\,dx = S$$

임이 쉽게 확인된다.

이처럼 $\dfrac{dy}{dx} = f'(x)$, 즉

$$dy = f'(x)\,dx$$

의 형태로 적분 변수와 적분 범위를 변환해 계산하는 방법을 '치환적분법'이라고 한다.

원의 넓이를 구하는 다양한 정적분

실제로 정적분으로 원의 넓이 S를 구하기 위해 원을 자르는 방법과 그에 따른 정적분은 다음과 같이 다양하다.

(1) 중심각이 $d\theta$인 부채꼴로 자르고, 각 부채꼴을 이등변삼각형으로 간주하기

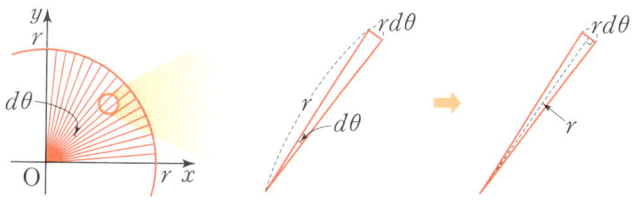

$$\frac{S}{4} = \int_0^{\frac{\pi}{2}} \frac{1}{2}r^2\,d\theta = \left[\frac{1}{2}r^2\theta\right]_0^{\frac{\pi}{2}} = \frac{1}{4}\pi r^2$$

(2) 폭이 dx인 원 모양의 띠로 자르고, 각 띠를 펴서 직사각형으로 간주하기

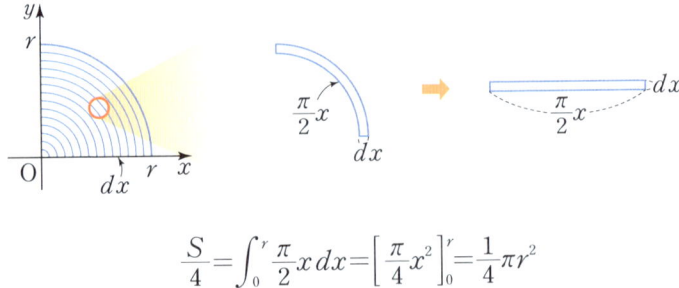

$$\frac{S}{4} = \int_0^r \frac{\pi}{2} x\, dx = \left[\frac{\pi}{4} x^2\right]_0^r = \frac{1}{4}\pi r^2$$

(3) 폭이 dx인 세로 조각으로 자르고, 각 조각을 직사각형으로 간주하기

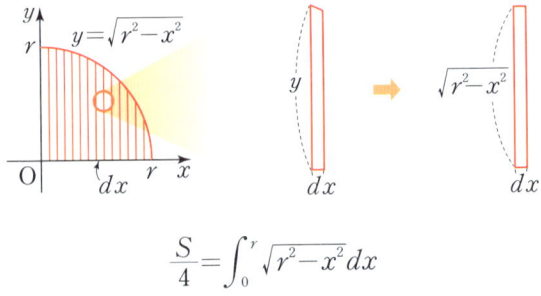

$$\frac{S}{4} = \int_0^r \sqrt{r^2 - x^2}\, dx$$

이 정적분을 계산하려면 다음과 같이 치환적분법을 이용해야 한다.

$x = r\cos\theta \left(0 \le \theta \le \frac{\pi}{2}\right)$로 치환하면

$$\sqrt{r^2 - x^2} = \sqrt{r^2 - r^2\cos^2\theta} = r\sqrt{1 - \cos^2\theta} = r\sqrt{\sin^2\theta} = r\sin\theta,$$

$$\frac{dx}{d\theta} = r(-\sin\theta), \ \text{즉}\ dx = -r\sin\theta\, d\theta,$$

$x = 0$일 때 $\theta = \frac{\pi}{2}$, $x = r$일 때 $\theta = 0$

이므로

3부 문제 해결의 혁명을 직관하다: 미적분의 활용

$$\frac{S}{4}=\int_0^r \sqrt{r^2-x^2}\,dx=\int_{\frac{\pi}{2}}^0 (-r^2 \sin^2 \theta)\,d\theta=r^2\int_0^{\frac{\pi}{2}} \sin^2 \theta\,d\theta$$

$$=r^2\int_0^{\frac{\pi}{2}} \frac{1-\cos 2\theta}{2}\,d\theta=\frac{r^2}{2}\Big[\theta-\frac{1}{2}\sin 2\theta\Big]_0^{\frac{\pi}{2}}=\frac{1}{4}\pi r^2 \bullet$$

(4) 중심각이 $d\theta$인 부채꼴로 자른 다음, 각 부채꼴의 끝점에서 x축에 수선을 내려 띠를 만들고 직사각형으로 생각하기

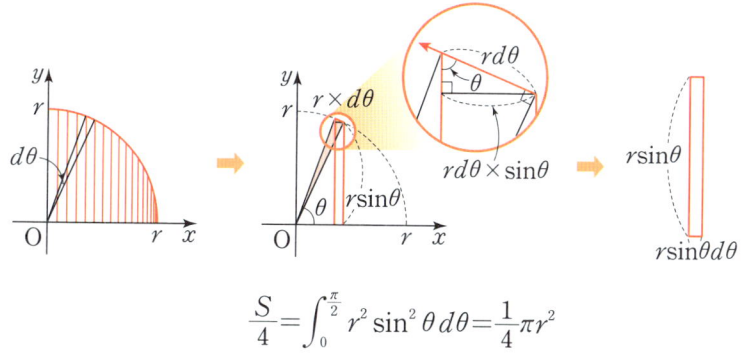

$$\frac{S}{4}=\int_0^{\frac{\pi}{2}} r^2 \sin^2 \theta\,d\theta=\frac{1}{4}\pi r^2$$

한편, (1)과 (3)을 합친 듯한 (4)의 그림은 치환적분법의 기하적 의미를 파악할 수 있게 한다.

• 이 계산과정에는 $(\cos \theta)'=-\sin \theta$, $\sin^2 \theta=\dfrac{1-\cos 2\theta}{2}$,

$\displaystyle\int \cos 2\theta\,d\theta=\dfrac{1}{2}\sin 2\theta+C$ (C는 적분상수)와 같은 성질이 이용되었다.

2

넓이를 구하는 새로운 방법

수학에서 가장 뛰어난 단어

정적분에 항상 등장하는 라이프니츠의 미분소 dx와 dy를 단순히 '무한히 작은 폭'을 상징하는 것으로만 생각한다면 그것은 dx, dy를 너무나도 홀대하는 것이다. dx, dy의 진짜 위력은 한없이 가느다란 폭의 비를 서로 비교할 수 있게 해 미분과 적분을 자유자재로 변환하거나 치환할 수 있게 하는 데에 있기 때문이다.

언어 중에서 독보적인 위상을 차지하는 것이 '수학'이라는 사실은 두말할 필요도 없을 것이다. 그리고 나는 수학의 단어(기호) 중 가장 뛰어난 것은 단연코

$$dx와 \ dy \ (미분 \ 기호 \ \frac{dy}{dx}가 \ 아니다)$$

라고 생각한다. dx와 dy가 있기에 $\frac{dy}{dx}$와 $\int$이 빛을 발할 수 있기 때문이고, 미분과 적분 사이에 직관적인 연결이 가능하기 때문이다.

3부 문제 해결의 혁명을 직관하다: 미적분의 활용

내가 이런 생각을 갖게 된 결정적 계기는 다음 발견 때문이다.

적분 공식 없이 넓이를 구하다

[그림 1-1]과 같이 임의의 양수 a에 대해 네 점 $(0, 0)$, $(a, 0)$, (a, a^2), $(0, a^2)$을 꼭짓점으로 하는 직사각형이 곡선 $y = x^2$에 의해 나뉘는 두 영역의 넓이를 S, T라 하자.

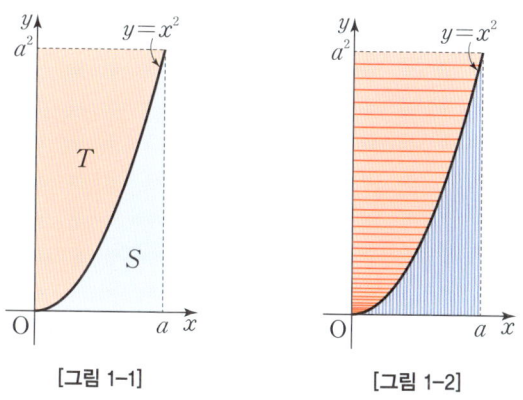

[그림 1-1]　　　　　[그림 1-2]

이번에도 두 영역을 [그림 1-2]와 같이 폭이 무한소이고 서로 일대일로 대응하는 세로 방향과 가로 방향의 조각들로 나누자.

다음은 서로 대응하는 임의의 조각을 하나씩만 과장해서 그린 것이다.

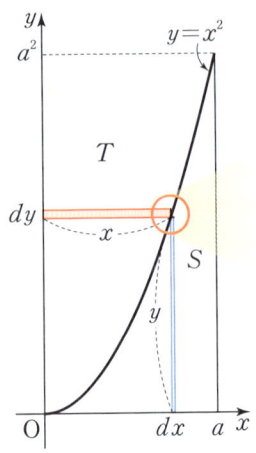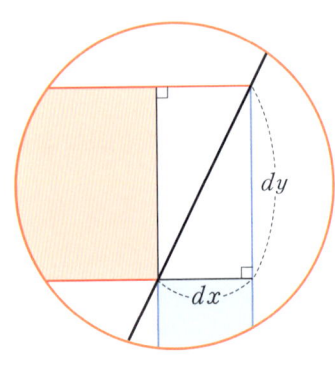

위 그림에서 세로 조각의 넓이는 $y\,dx$, 가로 조각의 넓이는 $x\,dy$이다.

이때 $y=x^2$이고 $dy=2x\,dx$이므로

  (세로 조각의 넓이)$=y\,dx=x^2dx$,

  (가로 조각의 넓이)$=x\,dy=x\times2x\,dx=2x^2dx$

이다.

  발견했는가? 두 조각의 길이와 폭은 서로 다르지만

  (가로 조각의 넓이)$=2\times$(세로 조각의 넓이) …… (*)

라는 사실을.

  이제 S는 세로 조각들의 넓이의 총합과 같고, T는 가로 조각들의 넓이의 총합과 같으므로 (*)에 의해

  $T=2S$ …… (* *)

가 성립한다.

  그런데 두 영역의 합은 직사각형 모양이므로

  $S+T=a\times a^2$

이고 (＊ ＊)에 의해

$$S+2S=a^3$$

즉, $S=\dfrac{1}{3}a^3$이고

$$T=a\times a^2-S=\dfrac{2}{3}a^3$$

이다.

정적분 계산 없이 두 조각의 넓이 비만으로도 포물선 도형의 넓이를 구할 수 있다니!

$y=x^n$ 도형으로 일반화

이 발견을 다항함수 $y=x^n$으로 일반화시키는 일은 전혀 어렵지 않다. 다음 퀴즈를 통해 스스로 도전해보길 바란다.

퀴즈

다음 그림에 있는 세로 조각과 가로 조각의 넓이 비를 구하시오.

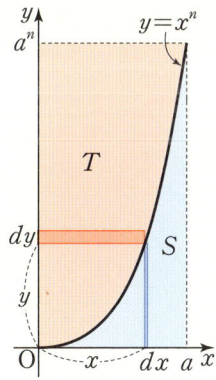

$y=x^n$에서 $dy=nx^{n-1}dx$이므로

    (세로 조각의 넓이)$=ydx=x^ndx,$

    (가로 조각의 넓이)$=xdy=nx^ndx$

이다. 이번에는 두 조각의 넓이 비가 $1:n$으로 항상 일정하다.

    따라서 두 영역의 넓이 비도

    $S:T=1:n$

이 될 것이고, $S+T$는 전체 직사각형의 넓이인 $a\times a^n=a^{n+1}$이므로

$$S=\frac{1}{n+1}a^{n+1},\ T=\frac{n}{n+1}a^{n+1}$$

이 된다. 그리고 이 결과는 n이 임의의 양수일 때도 성립한다.

발견의 희열

    구분구적법이나 정적분 계산 없이도 다항함수의 그래프와 x축 사이의 넓이를 구할 수 있다니! 이 방법을 발견할 수 있었던 것은 무한소를 dx와 dy와 같이 기호로 나타낸 라이프니츠의 발상 덕분이라고 할 수 있다.

    불현듯 고등학교 2학년이던 시절 처음으로 경험한 수학적 발견의 순간이 떠오른다. 혼자 교과서를 보면서 미분 단원을 예습하다가 $(x^2)'=2x$, $(x^3)'=3x^2$인 것을 알게 되었고, 곧장 임의의 자연수 n에 대해

    $(x^n)'=nx^{n-1}$

이 성립하지 않을까 하는 예상을 하고 증명을 시도해 성공했다.

기쁜 마음에 수학 선생님께 내 증명이 맞는지 확인받으러 가려다, 혹시나 하며 넘겨본 바로 뒷장에 그 증명이 있는 걸 발견하고 얼마나 허탈했는지 모른다. 고등학생 수준에서도 증명할 수 있는 성질이었음에도 내가 처음 알아냈을지도 모른다고 생각하며 잠시나마 흥분했을 만큼 그땐 참 순진했었나 보다. 지금 돌이켜보면 얼굴이 화끈거리는 추억이지만, 증명을 보면서 이해한 것이 아니라 스스로 증명을 시도해 성공했다는 점에서 무척이나 소중한 수학 경험이었고 내 인생에도 큰 영향을 준 사건이었다.

그리고 미적분에 입문한 지 거의 40년 만에, 서로 대응하는 두 조각의 넓이 비를 이용해 다항함수의 그래프와 x축 사이의 넓이를 구하는 방법을 발견했다. 그리고 이 방법을 통해 학생들로 하여금 라이프니츠의 눈으로 치환적분법을 직관하게 할 수 있겠다는 희망도 생겼다.

솔직히 이 넓이 자체는 미적분의 기초이자 기본이지만, 새로운 방법을 스스로 찾았을 때의 짜릿함은 어릴 때나 지금이나 전혀 다르지 않은 것 같다. 이 방법을 본 적이 있다는 사람을 아직 만나지는 못했지만, 이토록 단순하고 흥미로운 방법을 내가 처음으로 발견했을 리는 만무할 것이다. 그러나 누군가 혹시 이 방법을 이미 본 적이 있더라도 부디 아무도 나에게 그 사실을 알리지 않았으면 좋겠다. 이 세상에 내가 맨 처음으로 발견한 '작은 수학'이 하나라도 있다고 평생 착각하면서 살도록 말이다.

3

입체도형의 부피

무엇을 나타내는 정적분일까?

학생들에게

"$a > 0$이고 $f(x) \geq 0$일 때, 정적분 $\int_0^a xf(x)dx$가 나타내는 것이 무엇일까?"

라고 물으면 당연히 "곡선 $y = xf(x)$와 x축 및 두 직선 $x = 0$, $x = a$로 둘러싸인 도형의 넓이"라는 답이 가장 먼저 돌아온다. 물론 틀린 답은 아니지만 좀 더 재미있는 성질이 있다.

질문을 살짝 바꿔본다.

퀴즈

x와 $f(x)$가 모두 길이를 나타낼 때, $\int_0^a xf(x)dx$가 나타내는 것을 그림으로 표현하시오. (단, $a > 0$)

이 물음에 한참을 고민하던 몇몇 학생들이 무언가를 알아낸 듯 그림과 같이 구간 $[0, a]$에서 곡선 $y=f(x)$와 x축 사이의 넓이를 밑면으로 하고 높이가 점점 증가하는 입체를 그린다.

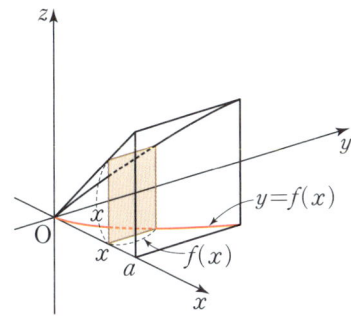

위 그림의 색칠된 사각형을 '가로의 길이가 $f(x)$, 세로가 x, 두께가 dx인 얇은 입체기둥'으로 생각할 때, 이 입체의 부피가

$$xf(x)dx$$

라는 사실을 발견한 것이다.

결국 정적분 $\int_0^a xf(x)dx$의 값이 위에 그려진 입체의 부피와 같다는 사실을 스스로 깨닫고 무척이나 신기해한다. 이처럼 하나의 정적분이 상황에 따라 넓이를 나타낼 수도 있고 부피를 나타낼 수도 있다.

참고로, $\int_0^a xf(x)dx$는 넓이 또는 부피뿐만 아니라 가중평균, 무세중심, 연속확률분포의 기댓값 등을 구할 때에도 사용된다.

구분구적법으로 입체도형의 부피 구하기

17세기 수학자들은 부피를 구하는 구분구적법도 넓이를 구하는 방법과 본질적으로 크게 다르지 않다는 사실을 어렵지 않게 발견했다. 즉, 넓이를 구할 때는 영역을 아주 가느다란 조각으로 나눈 다음 각 조각을 직사각형으로 생각했듯이, 부피를 구할 때는 입체를 아주 얇은 조각으로 나눈 다음 각 조각을 입체기둥으로 생각하면 된다는 것을 깨달았다.

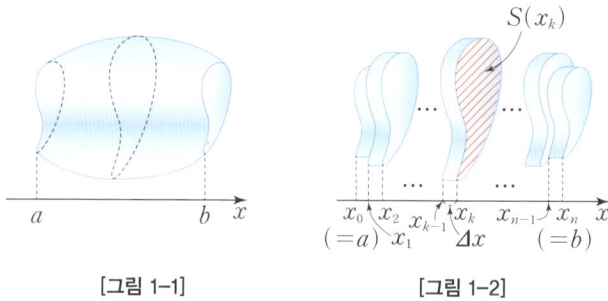

[그림 1-1]   [그림 1-2]

[그림 1-1]과 같은 입체도형의 부피 V를 구하려면 우선 구간 $[a, b]$를 n등분해

$$a=x_0, x_1, x_2, x_3, \cdots, x_n=b \left(x_k=a+k\Delta x, \Delta x=\frac{b-a}{n} \right)$$

로 나누고, 각 구간을 점 $(x_k, 0)$을 지나고 x축에 수직인 평면으로 자른 다음, 각 구간의 입체를 [그림 1-2]와 같이 '밑면의 넓이가 단면의 넓이 $S(x_k)$이고 높이가 Δx인 입체기둥'으로 생각한다. 이때 각 입체기둥의 부피는 $S(x_k)\Delta x$이므로 n개의 입체기둥의 부피의 합은

$$\sum_{k=1}^{n} S(x_k)\Delta x$$

이다. 이제 입체의 개수 n을 한없이 증가시키면 Δx가 0에 한없이 가까

3부 문제 해결의 혁명을 직관하다: 미적분의 활용

워지면서 $\sum\limits_{k=1}^{n} S(x_k)\mathit{\Delta}x$는 실제 입체의 부피 V로 수렴할 것이다. 즉,

$$V = \lim_{n \to \infty} \sum_{k=1}^{n} S(x_k)\mathit{\Delta}x \quad \cdots\cdots (*)$$

가 된다.

입체도형의 부피를 정적분으로 나타내기

위의 부피를 구하는 식 (*)을 다시 보니 넓이의 구분구적법

$$\lim_{n \to \infty} \sum_{k=1}^{n} f(x_k)\mathit{\Delta}x$$

에서 선분의 길이 $f(x_k)$가 단면의 넓이 $S(x_k)$로 바뀐 것만 다를 뿐 나머지는 완전히 똑같다. 그렇다면

$$\lim_{n \to \infty} \sum_{k=1}^{n} f(x_k)\mathit{\Delta}x = \int_a^b f(x)dx$$

가 되는 것과 마찬가지로

$$\lim_{n \to \infty} \sum_{k=1}^{n} S(x_k)\mathit{\Delta}x = \int_a^b S(x)dx$$

가 되는 것은 당연한 수순이다.

이제 입체도형의 부피는 x축에 수직으로 자른 단면의 넓이 $S(x)$민 알면 정적분 $\int_a^b S(x)dx$로 나타내어

$$\int_a^b S(x)dx = V(b) - V(a) \ (단, V'(x) = S(x))$$

와 같이 금방 구할 수 있게 되었다.

회전체의 부피 구하기

회전체의 부피를 구하는 문제는 더욱 쉬워졌다. 회전축에 수직으로 자른 단면의 반지름의 길이만 알면 되기 때문이다.

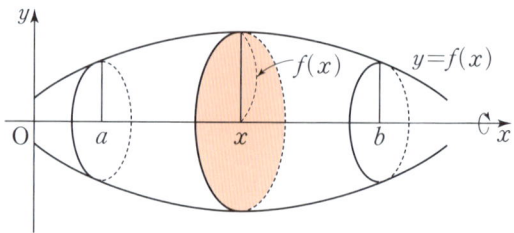

위 그림과 같이 구간 $[a, b]$에서 곡선 $y=f(x)$를 x축의 둘레로 회전시킨 회전체의 단면은 반지름의 길이가 $y(=f(x))$인 원이므로 단면의 넓이는 $\pi y^2 = \pi\{f(x)\}^2$이다. 따라서 이 회전체의 부피 V는 다음과 같다.

$$V = \int_a^b S(x)dx = \int_a^b \pi y^2 dx = \pi \int_a^b \{f(x)\}^2 dx$$

$\int_a^b \pi y^2 dx$를 가만히 들여다보면 πy^2은 반지름의 길이가 y인 원의 넓이를, $\pi y^2 dx$는 밑면의 넓이가 πy^2이고 높이가 dx인 얇은 원기둥(원판)의 부피를, $\int_a^b \pi y^2 dx$는 구간 $[a, b]$에 있는 무수한 얇은 원기둥의 부피를 연속적으로 모두 합한 회전체의 부피를 자연스럽게 연상시킨다.

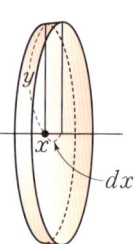

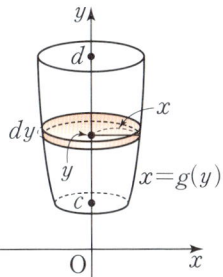

마찬가지로 위 그림과 같이 y축의 구간 $[c, d]$에서 y축의 둘레로 곡선 $x=g(y)$를 회전시킨 회전체를 y축에 수직으로 자른 단면의 넓이는 πx^2 이므로 이 회전체의 부피를 구하는 정적분은

$$\int_c^d \pi x^2 dy = \pi \int_c^d \{g(y)\}^2 dy$$

라는 것도 쉽게 이해할 수 있을 것이다.

이제 드디어 우리도 구의 부피를 오늘날의 적분법으로 구할 수 있게 되었다. 반지름의 길이가 r인 구는 원 $x^2+y^2=r^2$을 x축의 둘레로 회전 시킨 회전체이므로 이 구를 x축에 수직인 평면으로 자른 단면의 넓이만 알면 된다. 이 단면의 반지름의 길이를 y라

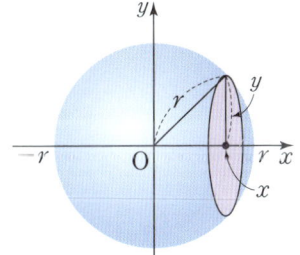

하면 $x^2+y^2=r^2$에서

$$y=\sqrt{r^2-x^2}$$

이므로 이 단면의 넓이 $S(x)$는

$$S(x)=\pi y^2=\pi(r^2-x^2)$$

이다. 따라서 구의 부피 V는

$$V=\int_{-r}^r S(x)dx=\int_{-r}^r \pi(r^2-x^2)dx=2\pi\int_0^r (r^2-x^2)dx$$

$$=2\pi\left[r^2x-\frac{1}{3}x^3 \right]_0^r=2\pi\left(r^3-\frac{1}{3}r^3 \right)=\frac{4}{3}\pi r^3$$

이다.

이제 이 방법을 이용하면 다른 원뿔곡선인 타원, 포물선, 쌍곡선의 회전체의 부피도 쉽게 구할 수 있다.

부피의 변화율 직관하기

미적분의 기본 정리를 이용해 부피의 변화율에 대한 문제를 직관적으로 해결하는 방법도 알아보자. 이 방법을 완벽히 이해하고 나면 어쩌면 수학은 물론, 세상이 달라 보일지도 모른다.

문제 1   2006년 시행 10월 학력평가

어떤 그릇에 깊이가 h cm가 되도록 물을 넣을 때 수면은 반지름의 길이가 $\sqrt{9+h^2}$ cm인 원이 된다. 이 그릇에 매초 260π cm^{3}의 비율로 물을 넣을 때, 수면의 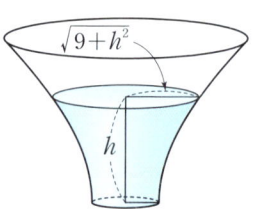 높이가 2 cm인 순간의 수면이 상승하는 속도는 몇 cm/초인지 구하시오. (단, 그릇의 높이는 2 cm보다 크다.) [4점]

이 그릇에 담긴 물의 부피를 V라 하면 이 그릇에 매초 260π cm^{3}의 비율로 물을 넣으므로 부피의 변화율은

$$\frac{dV}{dt}=260\pi\,(\mathrm{cm^3/초})$$

로 일정하다.

한편, 수면의 높이를 $h(\mathrm{cm})$, 수면의 반지름의 길이를 $r(\mathrm{cm})$, 수면의 넓이를 $S(\mathrm{cm}^2)$라 하면, $h=2$일 때 $r=\sqrt{9+2^2}=\sqrt{13}(\mathrm{cm})$이므로

$$S=13\pi$$

이다.

그리고 $h=2$인 순간부터 아주 짧은 dt의 시간 동안 수면의 높이가 dh만큼 증가한 부분을 다음 그림과 같이 둘레에 있는 자투리를 무시하고 원기둥 모양으로 생각할 수 있다.

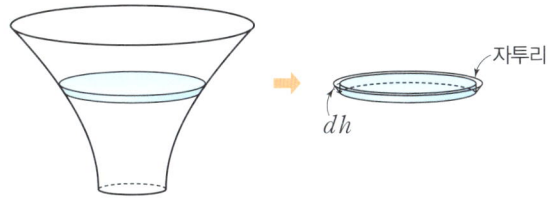

즉, 이 순간에는 수면의 넓이는 변하지 않고 원기둥 모양으로 물이 채워진다고 볼 수 있다는 말이다. 따라서 dt만큼의 시간 동안 증가한 물의 부피는

$$dV=S\times dh \quad \cdots\cdots (\ast)$$

이고, 이때

$$\frac{dV}{dt}=S\times\frac{dh}{dt}$$

에서 $260\pi=13\pi\times\dfrac{dh}{dt}$이므로 수면의 순간 상승속도는

$$\frac{dh}{dt}=20(\mathrm{cm/초})$$

이다.

이처럼 넓이의 변화량을 가느다란 직사각형의 넓이로 생각했던 것처럼, 부피의 변화량을 얇은 입체기둥의 부피로 생각하면 (*)의 등식 하나만으로도 이와 같은 유형의 문제를 해결할 수 있게 된다.

회전체의 부피를 구하는 재밌는 방법

수학을 좋아하는 사람들은 이미 답을 알고 있는 문제라도 새로운 해법을 발견하면 큰 행복을 느낀다. 때로는 답 그 자체보다 답에 이르는 과정이나 생각하는 방법에 더 큰 관심을 두며, 문제 해결 과정 속에 담긴 기발한 발상에 매료되기도 한다. 나아가 답을 구하는 여러 가지 방법 중에서 어느 것이 가장 효율적이고 최적인지를 알아내는 것 자체가 새로운 문제가 될 때도 있다.

여기 원기둥의 부피를 구하는 새롭고 재밌는 방법이 있다.

반지름의 길이가 r, 높이가 h인 원기둥을 다음 그림과 같이 두께가 무한소 dx인 원통 모양으로 자른다고 생각하자. 마치 얇은 종이가 겹겹이 쌓여 있는 두루마리 휴지를 상상하면 되겠다.

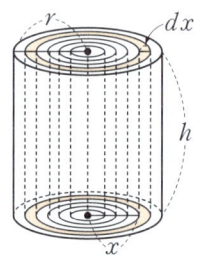

이때 밑면의 중심으로부터 $x(0 \le x \le r)$만큼 떨어진 위치에 있는 얇은 원통을 평면으로 펼치면 가로가 $2\pi x$, 세로가 h인 직사각형을 밑면으로 하고 높이가 dx인 입체기둥 모양으로 간주할 수 있다.

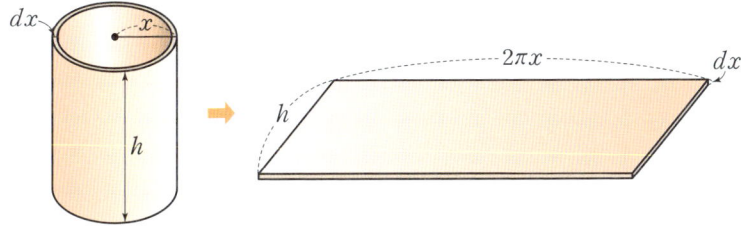

따라서 이 얇은 입체기둥의 부피는

$$2\pi x \quad \times \quad h \quad \times \quad dx$$

$$(\text{원통의 둘레}) \times (\text{원통의 높이}) \times (\text{원통의 두께})$$

이므로 전체 원기둥의 부피는

$$\int_0^r 2\pi x h \, dx = 2\pi h \int_0^r x \, dx = 2\pi h \left[\frac{1}{2}x^2 \right]_0^r = \pi r^2 h$$

가 되고, 이는 우리가 알고 있는 원기둥의 부피와 일치한다.

이 방식을 활용하면 다음과 같은 복잡한 회전체의 부피도 쉽게 구할 수 있다.

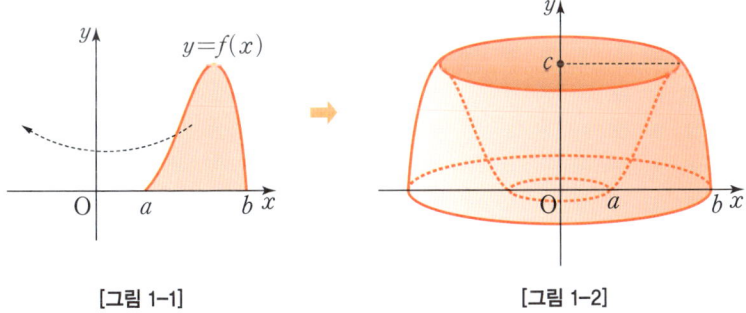

[그림 1-1]

[그림 1-2]

[그림 1-1]과 같은 모양의 함수 $y = f(x)$의 그래프와 x축으로 둘러싸

인 부분을 y축의 둘레로 회전시킨 회전체인 [그림 1-2]의 부피를 일반적인 회전체 부피 공식 $\int_0^c \pi x^2\,dy$를 이용해 구하려면 상당히 번거로울 것이다.

그런데 위 회전체를 다음과 같은 방식의 무한개의 원통 모양으로 잘라서 생각해보자.

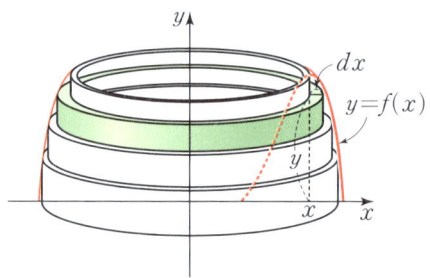

위 그림에서 회전축으로부터 x만큼 떨어진 원통의 부피는

$$2\pi x \quad \times \quad y \quad \times \quad dx$$
(원통의 둘레) × (원통의 높이) × (원통의 두께)

이므로 전체 회전체의 부피가

$$\int_a^b 2\pi xy\,dx = \int_a^b 2\pi x f(x)\,dx$$

와 같다는 것을 쉽게 이해할 수 있을 것이다.

한편, [그림 1-2]는 곡선 $y = -x^2(x-1)(x-3)$ $(1 \le x \le 3)$의 그래프와 x축으로 둘러싸인 부분을 y축의 둘레로 회전시킨 회전체를 나타내는데, 방금 배운 방법을 이용하면 이 회전체의 부피를

$$\int_1^3 2\pi xy\,dx = 2\pi \int_1^3 (-x^5 + 4x^4 - 3x^3)\,dx = \frac{368}{15}\pi$$

와 같이 쉽게 구할 수 있다.

이렇듯 넓이뿐만 아니라 부피도, 나아가 그 어떤 물리량도 어떤 방식으로 조각을 만드느냐에 따라 다양한 정적분이 만들어지는데, 이것이야말로 적분법의 흥미진진하면서도 강력한 힘이라 할 수 있다.

4

곡선의 길이, 그리고 미적분과 차원

곡선의 길이도 구할 수 있다고?

나는 고등학교 시절 적분을 공부하기 전에도 적분이 넓이와 부피를 구하는 수학 도구라는 것은 미리 귀동냥으로 들어 알고 있었지만, 적분으로 곡선의 길이도 구할 수 있다는 사실까지는 미처 몰랐었다. 그 사실을 알고 나서는 얼마나 신기했는지 모른다.

곡선의 길이를 구하는 방법을 '구장법求長法'이라고도 부르는데, 구장법은 고대 수학자들은 물론 적분법의 초창기 시절 수학자들마저 불가능의 영역으로 생각했을 만큼 쉽게 발견되지 않다가, 17세기 중반 영국의 잘 알려지지 않은 젊은 수학자 윌리엄 네일William Neile, 1637~1670에 의해 처음으로 발견되었다. 그는 미적분이 완전히 정립되기 전에 무한소와 기하적인 방법을 이용해 곡선 $y^2 = x^3$의 길이를 구했는데, 그의 방법을 오늘날의 기호로 나타내면

$$\lim_{n \to \infty} \sum_{k=1}^{n} \sqrt{1 + \left\{ f'\left(\frac{k}{n} \right) \right\}^2} \, \frac{1}{n} = \int_a^b \sqrt{1 + \left(\frac{dy}{dx} \right)^2} \, dx$$

$$= \int_a^b \sqrt{1 + \left(\frac{3}{2} x^{\frac{1}{2}} \right)^2} \, dx$$

$$= \int_a^b \sqrt{1 + \frac{9}{4} x} \, dx = \cdots \bullet$$

와 같다. 보다시피 이 식에는 미분과 적분이 동시에 등장하다 보니 곡선의 길이는 넓이나 부피에 비해 늦게 알려질 수밖에 없었던 것이다.

$\int_a^b \sqrt{1 + \left(\dfrac{dy}{dx} \right)^2} \, dx$에 담긴 의미 이해하기

위 과정에 등장하는 식 중에서 $\int_a^b \sqrt{1 + \frac{9}{4} x} \, dx$만 떼어서 이 정적분이 무엇을 구하는 것인지 물으면 누구나 "구간 $[a, \ b]$에서 함수 $y = \sqrt{1 + \frac{9}{4} x}$의 그래프와 x축 사이의 넓이"라고 답할 것이다.

이처럼 라이프니츠의 적분 기호는 모든 정적분 문제를 넓이 문제로 귀결시키는 기능을 하기도 한다. 하지만 모든 정적분을 넓이로만 봐서는 정적분 기호의 묘미와 위력을 제대로 느낄 수 없다.

우리는 정적분 $\int_a^b \sqrt{1 + \left(\frac{dy}{dx} \right)^2} \, dx$가 '$x$의 값이 a부터 b까지 dx의 간격으로 변할 때, $\sqrt{1 + \left(\frac{dy}{dx} \right)^2} \, dx$의 값을 모두 더한 값'을 의미한다고 해

• $y^2 = x^3$에서 $y = x^{\frac{3}{2}}$이므로 $f(x) = x^{\frac{3}{2}}$로 놓으면 $\frac{dy}{dx} = f'(x) = \frac{3}{2} x^{\frac{1}{2}}$이다.

석할 수 있음을 알고 있다. 따라서 한 조각의 $\sqrt{1+\left(\dfrac{dy}{dx}\right)^2}\,dx$가 무엇을

의미하는지를 알아내기만 하면 정적분 $\displaystyle\int_a^b \sqrt{1+\left(\dfrac{dy}{dx}\right)^2}\,dx$가 무엇을 구

하고자 하는지도 알 수 있다.

그런데

$$\sqrt{1+\left(\frac{dy}{dx}\right)^2}\,dx=\sqrt{\left\{1+\left(\frac{dy}{dx}\right)^2\right\}\times(dx)^2}=\sqrt{(dx)^2+(dy)^2}$$

이지 않은가? 이제 $\sqrt{(dx)^2+(dy)^2}$에서 무언가 떠오르지 않는가?

곡선의 길이를 정적분으로 나타내기

그 무언가를 직관적으로 보기 위해 [그림 1-1]과 같은 함수 $y=f(x)$

의 그래프에서 x의 값이 dx만큼 변했을 때의 곡선을 확대한 그림을 생

각해보자.

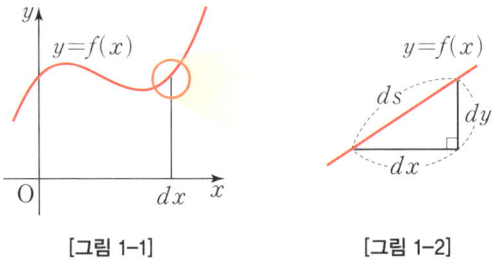

[그림 1-1]   [그림 1-2]

[그림 1-2]는 실제로는 우리 눈에 보이지도 않을 만큼 아주 짧은 곡선

을 빗변으로 하는, 이른바 라이프니츠의 '특성삼각형'을 나타낸다. 이 특

성삼각형의 빗변을 연장하면 접선이 된다는 것을 라이프니츠의 미분에

서 소개한 바 있다. 라이프니츠는 적분에서 특성삼각형의 dx, dy 뿐만 아니라 빗변의 길이에 해당하는 ds까지도 활발하게 사용했다.

그런데 이 특성삼각형의 빗변의 길이가 바로

$$ds = \sqrt{(dx)^2 + (dy)^2}$$

이고, 이 ds가 곧 x의 간격이 dx인 아주 짧은 구간에 있는 곡선의 길이 그 자체다.

따라서 이 ds를 모두 합한

$$\int ds = \int \sqrt{(dx)^2 + (dy)^2} \qquad \cdots\cdots (\,*\,)$$

은 곡선 $y = f(x)$의 길이를 나타낸다. 그런데 ($\,*\,$)은

$$\int \boxed{\text{함수식}}\, dx$$

와 같은 일반적인 적분 형식을 갖추지 못하고 있다. 그런데

$$\sqrt{(dx)^2 + (dy)^2} = \sqrt{1 + \left(\frac{dy}{dx}\right)^2}\, dx$$

와 같이 변형하는 순간,

$$\sqrt{1 + \left(\frac{dy}{dx}\right)^2}\, dx = \sqrt{1 + \{f'(x)\}^2}\, dx$$

가 되고, 여기에 x의 구간 $[a, b]$를 추가하면

$$\int_a^b \sqrt{1 + \left(\frac{dy}{dx}\right)^2}\, dx = \int_a^b \sqrt{1 + \{f'(x)\}^2}\, dx^{\bullet}$$

와 같은 정적분의 형식을 비로소 갖추게 된다. 이것이 바로 곡선의 길이 를 나타내는 정적분이다.

• s의 범위가 $a \leq s \leq b$인 것이 아니므로 이 식을 $\int_a^b ds$로 나타내면 안 된다.

이처럼 곡선의 길이를 구하는 정적분에는 곡선을 아주 짧은 조각들로 나눈 다음 각 조각을 '접선의 일부인 선분'으로 간주하는 미분의 발상이 들어 있다. 특히 넓이를 구할 때 무시되고 버려졌던 자투리(특성삼각형)의 빗변이 핵심적인 역할을 하고 있음을 발견할 수 있다.

한편, 실수 t에 대해 곡선 위의 점 $\mathrm{P}(x, y)$가

$$x = f(t), y = g(t)$$

로 주어질 때, $a \leq t \leq b$에서 이 곡선의 길이 l은

$$l = \int \sqrt{(dx)^2 + (dy)^2} \, \bullet$$

$$= \int_a^b \sqrt{\left(\frac{dx}{dt}\right)^2 + \left(\frac{dy}{dt}\right)^2} \, dt = \int_a^b \sqrt{\{f'(t)\}^2 + \{g'(t)\}^2} \, dt$$

이다.

이제는 정적분을 이용해 원 $x^2 + y^2 = r^2$의 둘레도 구할 수 있다(부록 '더 깊이 들어가기' 참조).

적분하면 차원이 증가한다?

$\int x \, dx = \frac{1}{2}x^2 + C$, $\int x^2 \, dx = \frac{1}{3}x^3 + C$, $\cdots$와 같이 다항함수는 한 번 적분할 때마다 차수가 1씩 증가한다. x는 길이, x^2은 넓이, x^3은 부피를 나타낸다고 볼 수 있으므로 흔히 '길이를 적분하면 넓이가 되고 넓이를 적분하면 부피가 된다.'라고 말하기도 한다. 이때 길이는 1차원, 넓이는 2

● 　올바른 정적분의 형식이 아니므로 실제로는 틀린 식이지만, 이해를 돕기 위해 넣었다.

차원, 부피는 3차원이므로 한 번 적분할 때마다 1차원씩 증가한다고 생각할 수도 있다.

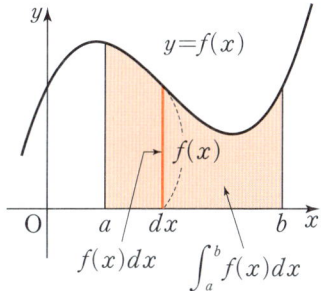

이런 결과가 일어나는 이유는 라이프니츠의 적분 기호에서 포착할 수 있다.

위 그림의 색칠한 부분의 넓이를 나타내는 정적분 $\int_a^b f(x)dx$는 1차원의 길이 $f(x)$를 연속적으로 더한 것이 아니라 $f(x)$와 dx의 곱 $f(x) \times dx$를 연속적으로 더한 것이다. 이때 $f(x)dx$는 비록 폭 dx가 눈에 보이지도 않을 만큼 가늘지언정 엄연히 직사각형의 넓이를 나타내므로 이미 2차원이다.

마찬가지로 부피를 나타내는 정적분 $\int_a^b S(x)dx$에서 $S(x) \times dx$는 밑면의 넓이가 $S(x)$이고 높이가 dx인 기둥의 부피를 의미하므로 $S(x)dx$는 이미 3차원이다. 즉, 넓이 $\int_a^b f(x)dx$는 가늘디가는 2차원 평면도형의 넓이 $f(x)dx$의 무한합이고, 부피 $\int_a^b S(x)dx$는 얇디얇은 3차원 입체기둥의 부피 $S(x)dx$의 무한합이다.

따라서 무언가(y)를 적분한다는 것은 그 무언가에 무한소 dx를 곱한 $y \times dx$의 무한합 $\int y\,dx$를 의미한다. 이때 무한소 dx를 곱하는 과정에서 한 차원이 증가하기 때문에 길이를 적분하면 넓이가 되고 넓이를 적분하면 부피가 되는 것이다. 즉, 한없이 작지만 그렇다고 0은 아닌 'dx' 덕분에 이와 같은 일이 가능한 것이다.

부피를 적분하면? 길이를 미분하면?

길이를 적분하면 넓이가 되고, 넓이를 적분하면 부피가 된다. 그렇다면 부피를 적분하면 무엇이 될까? 3차원 세계에 사는 나로서는 부피를 적분한 4차원의 세상을 상상하기도 어렵지만, 부피를 적분하여 4차원의 값을 구하는 것은 전혀 어려운 일이 아니다. 이것이 수학의 소름 돋는 위력이다.

'부피를 적분하면 무엇이 될까?'라는 생각에서 '무엇을 적분하면 길이가 될까?'라는 생각이 이어진다. 이것은 '길이를 미분하면 무엇이 될까?'라는 질문과 같다.

적분할수록 차원이 증가한다고 했다. 그리고 미분은 적분의 역연산이라고 했다. 그렇다면 미분할수록 차원이 낮아져야 할 것이다.

그런데 직사각형을 아무리 잘게 나누어도 선분이 되지 않고 아주 가느다란 직사각형이 끝까지 남아 있지 않은가? 원기둥을 아무리 작게 나누어도 아주 얇은 원기둥이 여전히 남아 있지 않은가? 그럼에도 불구하고 미분할 때마다 차원이 낮아지는 이유는 무엇일까?

그 이유는 바로 미분은 단순히 잘게 나누는데 그치지 않고 잘게 나눈 결과와 기준이 되는 변화량 사이의 비를 구하는 것이기 때문이다.

즉, 무언가(y)를 미분한다는 것은 그와 관련된 또 다른 어떤 것(x)이 무한소 dx만큼 변할 때 그 무언가의 변화량 dy를 dx로 나눈 비, 즉 $\dfrac{dy}{dx}$ 를 구하는 것이다. 이때 비를 구하기 위해 'dx로 나누는 과정'에서 차원이 하나씩 낮아지는 것이다.

예를 들어 넓이 S를 잘게 나눈 dS는 가느다란 직사각형의 넓이 $y \times dx$와 같은데, 작은 조각의 넓이 dS가 미분이 아니라 dS와 dx의 비 $\dfrac{dS}{dx}$가 미분이다. 이때 $dS = ydx$이므로 넓이의 미분 $\dfrac{dS}{dx}$ 는 길이인 y와 같다. 그래서 부피를 미분하면 넓이가 되고, 넓이를 미분하면 길이가 되는 것이다.

그렇다면 길이를 미분하면 과연 무엇이 될까? 방금 우리는 적분으로 곡선의 길이를 구하는 방법을 알아보았다. 그때 우리는 무엇을 적분했던가?

곡선의 길이를 나타내는 정적분 $\displaystyle\int_a^b \sqrt{1 + \{f'(x)\}^2}\, dx$에서 $\sqrt{1 + \{f'(x)\}^2}\, dx$는 얼핏 2차원처럼 보인다. 마치 넓이를 나타내는 정적분 $\displaystyle\int_a^b f(x)dx$에서 $f(x)dx$가 2차원인 것처럼 말이다.

그러나 $\sqrt{1 + \{f'(x)\}^2}$은 길이를 나타내는 것이 아니다. 무한히 작은

특성삼각형에서

$$\frac{ds}{dx} = \sqrt{1 + \{f'(x)\}^2}$$

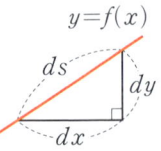

이므로 $\sqrt{1 + \{f'(x)\}^2}$은 ds와 dx의 '비'를 나타내고 있다. 따라서 $\sqrt{1 + \{f'(x)\}^2}$은 단위가 없는(0차원의) 실수이고, 여기에 dx를 곱한 $\sqrt{1 + \{f'(x)\}^2} \times dx$는 길이를 나타내는 1차원이다.

이제

$$\frac{d}{dx}\int \sqrt{1 + \{f'(x)\}^2}\,dx = \sqrt{1 + \{f'(x)\}^2}$$

과 같이 곡선의 길이를 미분하면 아주 짧은 구간에서의 곡선의 길이와 dx의 '비'가 남는다는 것을 알 수 있다.

5

적분, 말 그대로 조각의 넓이를 쌓다

나누고(分) 쌓는(積) 적분 실험

어떤 대상에 적절한 이름이나 용어를 부여하는 것은 그것을 이해하는 데 큰 도움을 준다. 수학 용어도 예외일 수 없다. 우리가 사용하는 수학 용어는 주로 영어를 일본이나 중국에서 번역한 것들이다. 그중 자연수自然數, natural number, 부등식不等式, inequality, 수열數列, sequence, 극한極限, limit과 같이 용어만으로도 그 의미를 쉽게 추측할 수 있는 것도 있지만, 무리수無理數, irrational number, 방정식方程式, equation, 함수函數, function, 급수級數, series, 기하幾何, geometry와 같이 우리말 용어만으로는 정확한 의미를 파악하기가 어려운 경우도 많다. 심지어 수학數學, mathematics조차 그 이름 때문에 단순히 '수를 다루는 학문'으로만 곡해되기 쉽다.

그런데 나는 '적분'이라는 우리말만큼은 라이프니츠가 생각해낸 'integral(완전체)'보다도 구체적이고 적합한 용어가 아닐까 생각한다. 적분이라는 단어를 글자 그대로 해석하면 '작게 나눈 조각分을 쌓는다積'

는 '누적'의 의미를 담고 있는데, 그 의미 그대로 조각들의 넓이를 차곡차곡 쌓아보는 실험만으로도 적분의 본질을 파악할 수 있기 때문이다.

[그림 1-1]과 같이 6개의 구간 [0, 1], [1, 2], ⋯, [5, 6]에서 곡선 $y=f(x)$와 x축 사이의 넓이를 차례로 S_1, S_2, ⋯, S_6이라 하면 구간 $[0, x]$에서 곡선 $y=f(x)$와 x축 사이의 넓이를 나타내는 함수 $y=S(x)$의 그래프는 7개의 점 $(0, 0)$, $(1, S_1)$, $(2, S_1+S_2)$, ⋯, $(6, S_1+S_2+\cdots+S_6)$을 차례로 지난다.

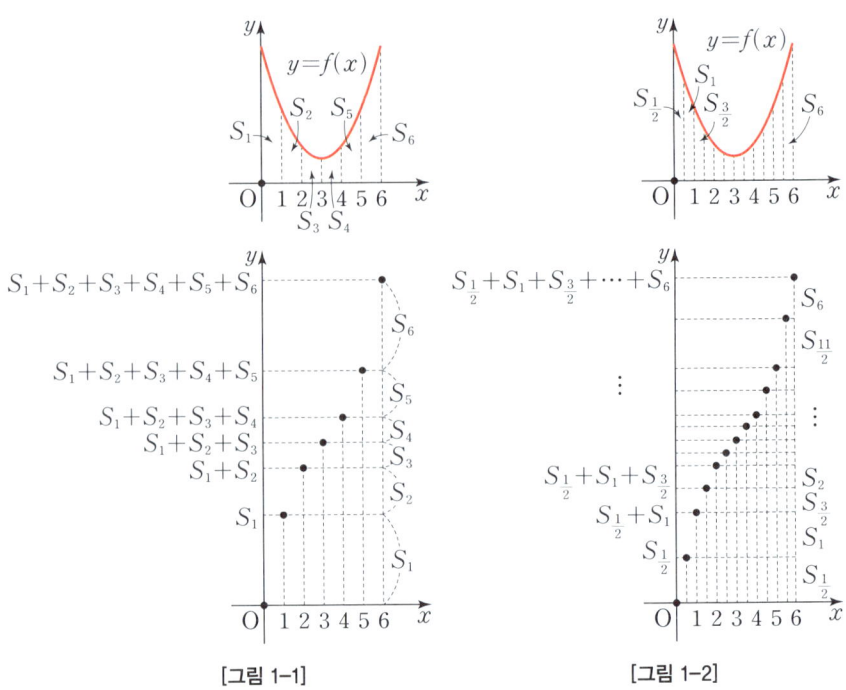

[그림 1-1] [그림 1-2]

이번에는 [그림 1-1]의 각 구간을 이등분해 [그림 1-2]와 같이 12개의 구간으로 나누면 함수 $y=S(x)$의 그래프는 13개의 점 $(0, 0)$, $\left(\dfrac{1}{2}, S_{\frac{1}{2}}\right)$,

$(1,\ S_{\frac{1}{2}}+S_1)$, $\left(\dfrac{3}{2},\ S_{\frac{1}{2}}+S_1+S_{\frac{3}{2}}\right)$, $\cdots$, $(6,\ S_{\frac{1}{2}}+S_1+S_{\frac{3}{2}}+\cdots+S_6)$을 차례로 지난다.

이와 같은 방법으로 구간의 간격을 한없이 줄여나가면 넓이함수 $y=S(x)$의 그래프는 이 점들로 꽉 채워질 것이다.

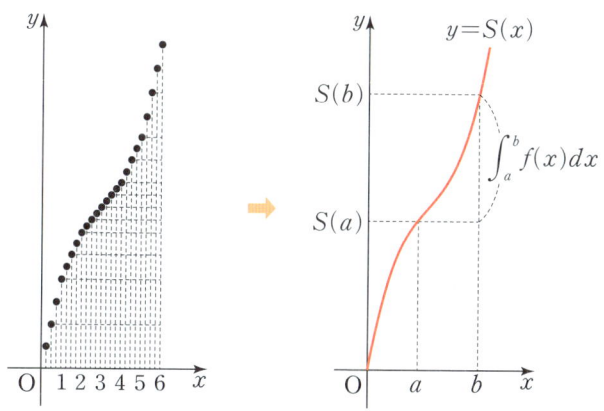

구간의 간격을 $\dfrac{1}{4}$로 줄인 그래프

이처럼 넓이함수 $S(x)$는 작은 구간의 넓이를 차곡차곡 쌓아서 만들어지는 것이므로 '적분'이라는 용어야말로 다른 그 어떤 표현보다도 적절하면서도 논리적이라고 말할 수 있겠다. 이제 구간 $[a,\ b]$에서 곡선 $y=f(x)$와 x축 사이의 넓이인 $\displaystyle\int_a^b f(x)dx$의 값이 $S(b)-S(a)$의 값과 같다는 사실을 쉽게 이해할 수 있다. 이후 수학자들은 $S'(x)=f(x)$라는 엄청난 성질을 발견했고 그것이 바로 미적분의 기본정리다.

현실에서의 적분 실험

위의 방식을 사용하면 이론적으로는 넓이함수 $y=S(x)$의 그래프를 완벽하게 그릴 수 있겠지만, 각 구간의 정확한 넓이를 모르는 상황이라면 어떻게 해야 할까? 이런 경우에는 정확한 넓이 S_1, S_2, … 대신 [그림 2-1]과 같은 직사각형이나 [그림 2-2]와 같은 사다리꼴을 이용해 근삿값을 구하는 방법이 자주 사용된다.

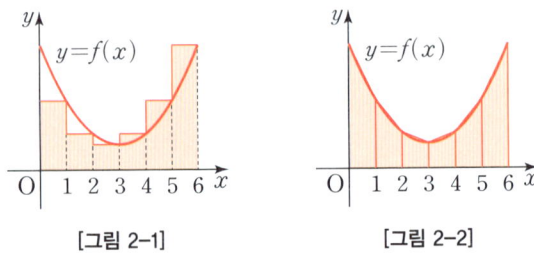

[그림 2-1]   [그림 2-2]

이때 구간의 간격을 작게 하면 할수록 오차는 당연히 점점 줄어들 것이다. 그리고 구간의 간격을 무한소 dx만큼으로 줄여버리면 이번에도 결국 넓이함수 $y=S(x)$가 완벽하게 완성될 것이다.

넓이를 구하고자 하는 함수의 부정적분을 구할 수 없는 경우에는 이와 같이 사각형의 넓이를 누적시키는 방법을 사용할 수밖에 없는데, 구간의 폭을 굉장히 작게 해 오차를 원하는 만큼 줄이는 계산이 컴퓨터를 통해 실제로 활발하게 이루어지고 있다.

라이프니츠가 쌓아 올린 넓이

라이프니츠는 넓이함수 $y=S(x)$의 변화량 dS●는 가로가 dx, 세로가 $f(x)$인 직사각형의 넓이와 같다고 생각했다. 즉, $dS=f(x)dx$라고 생각한 것이다.

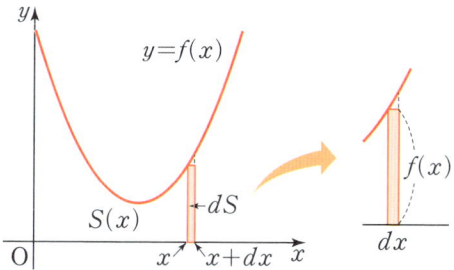

이러한 생각으로 넓이함수의 그래프를 관찰해보자.

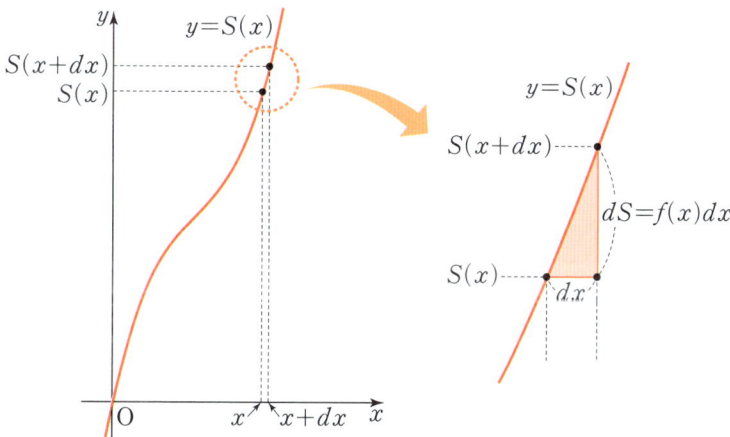

위 그림에서 넓이함수 $y=S(x)$의 그래프 위의 점 $(x,\,S(x))$에서의

● $dS=S(x+dx)-S(x)$

접선의 기울기가

$$\frac{dS}{dx} = f(x)$$

임을 확인할 수 있다.

알고 보니 '넓이 쌓기' 그 자체에 이미 적분과 미분의 관계가 고스란히 녹아 있었던 셈이다.

그런데 미적분이 발전하면서 적분은 단순히 '넓이 쌓기'에만 국한되는 것이 아니라는 사실이 점차 밝혀진다. 어떤 변화라 할지라도 그것을 차곡차곡 쌓은 값을 계산하는 방식으로 우리는 마침내 그 전체를 파악하고 완벽하게 조망할 수 있게 되었다.

적분! 그것은 곧 '미세한 변화들의 누적'이다.

6

다항함수 그래프의 필연성

도함수로 원래 함수의 그래프 그리기

《미적분 직관하기 1》에서 설명한 바와 같이 함수 $y=f(x)$의 도함수 $y=f'(x)$는 곡선 $y=f(x)$ 위의 점에서의 접선의 기울기를 나타내므로 다음과 같이 도함수 $y=f'(x)$의 그래프로부터 원래 함수 $y=f(x)$의 그 래프의 개형을 그릴 수 있다.

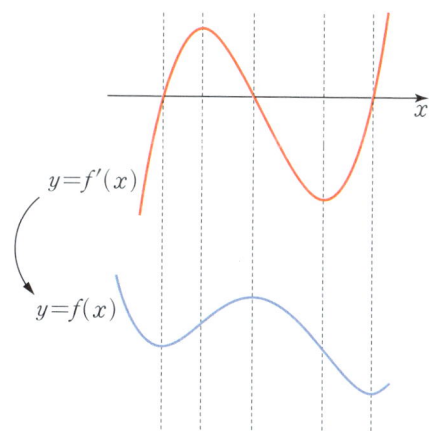

'넓이 쌓기'로 부정적분의 그래프 그리기

그런데 앞 그림에서 각 구간마다 함수 $f(x)$는 도대체 얼마만큼 증가하거나 감소하는 것일까? 이는 다음과 같은 '넓이 쌓기'라는 적분의 원리를 이용해 알아낼 수 있다.

부정적분의 증가·감소와 넓이의 관계

닫힌구간 $[a, b]$에서 연속인 함수 $y=f(x)$의 그래프와 x축 사이의 넓이를 S라 하고, $f(x)$의 한 부정적분을 $F(x)$라 하자.

(1) $f(x) \geq 0$일 때

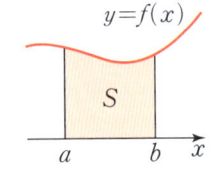

$$S=\int_a^b f(x)dx=F(b)-F(a)$$

이므로 $F(b)=F(a)+S$이다.

따라서 함수 $F(x)$는 구간 $[a, b]$에서 S만큼 증가한다.

(2) $f(x) \leq 0$일 때

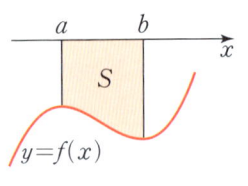

$$S=\int_a^b \{-f(x)\}dx=-F(b)+F(a)$$

이므로 $F(b)=F(a)-S$이다.

따라서 함수 $F(x)$는 구간 $[a, b]$에서 S만큼 감소한다.

위 성질은 곡선 $y=f(x)$와 x축 사이의 넓이를 쌓으면 넓이함수 $y=S(x)$의 그래프가 된다는 원리와 본질적으로 같다.

한편, $f(x)$와 $F(x)$의 관계는 $f'(x)$와 $f(x)$의 관계와 같다. 따라서 만약 도함수 $y=f'(x)$의 그래프와 x축 사이의 넓이가 다음 그림의 각

3부 문제 해결의 혁명을 직관하다: 미적분의 활용

영역에 쓰인 값과 같다면, 함수 $y=f(x)$의 그래프(적분상수는 무시)는 빨간 곡선과 같다.

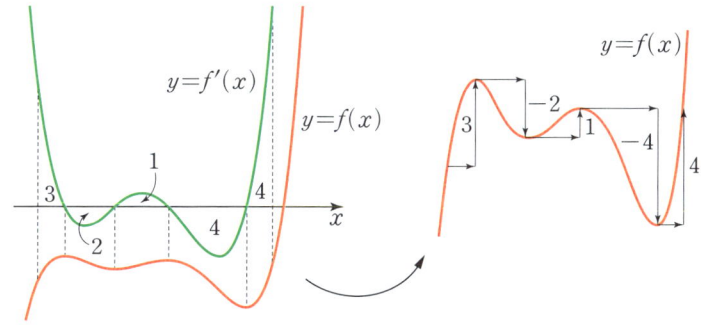

다항함수 그래프 모양의 필연성

오래전에 어느 참고서에서 삼차함수의 그래프가 [그림 1-1]과 같은 그림으로 제시된 것을 본 기억이 있다.

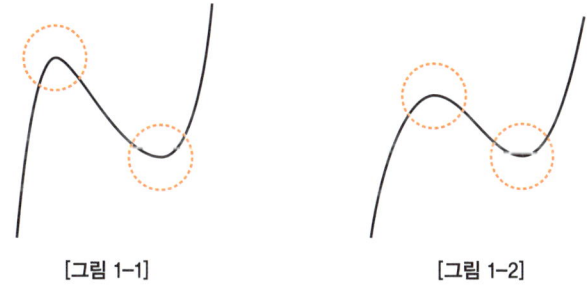

[그림 1-1]   [그림 1-2]

이 그래프를 자세히 보면 극대인 점 부근의 곡선이 극소인 점 부근의 곡선보다 더 뾰족하다. 그런데 모든 삼차함수의 그래프는 변곡점에 대하여 대칭이기 때문에 삼차함수의 그래프는 [그림 1-2]와 같이 극값을 갖는 부분의 곡선이 서로 같은 모양이어야 한다. 따라서 [그림 1-1]은 삼차함수의 그래프가 아니다. 물론 손으로 그린 그래프라면 이 정도의 왜곡쯤은 눈감아줄 수 있겠지만.

그렇다면 삼차함수의 그래프는 어째서 항상 대칭성을 갖는 걸까? 그 필연성을 대수적인 방법으로 증명할 수도 있지만,* 여기서는 n차 함수 $y=f'(x)$의 그래프로부터 그 부정적분인 $(n+1)$차 함수 $y=f(x)$의 그래프를 그리는 과정을 통해 4차 이하의 다항함수의 그래프들이 왜 그렇게 생길 수밖에 없는지에 대해 알아보려고 한다.

이차함수의 그래프가 선대칭일 수밖에 없는 이유

일차함수인 직선 $y=f'(x)$의 기울기가 양수 a일 때, 이 직선의 x절편을 α라 하면

$$f'(x)=a(x-\alpha)$$

이다.

다음은 도함수 $y=f'(x)$의 그래프로부터 함수 $y=f(x)$의 그래프를 그린 것이다.

---

* 모든 삼차함수는 $f(x)=a(x-\alpha)^3+b(x-\alpha)+c(a, b, c, \alpha$는 상수, $a\neq0)$로 변형할 수 있는데, 이 함수의 그래프는 점 (α, c)에 대해 대칭이다.

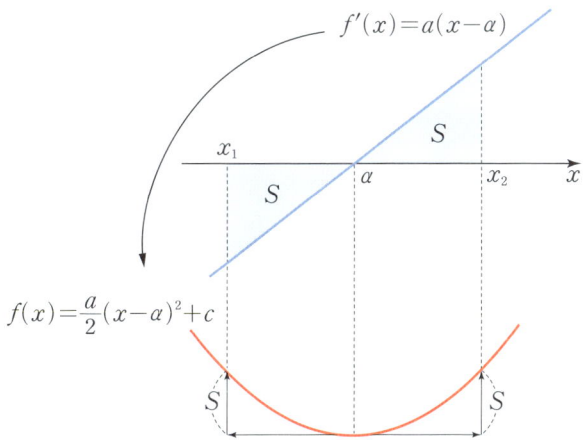

위 그림과 같이 x축 위의 두 점 $(x_1, 0)$, $(x_2, 0)$(단, $x_1 < x_2$)이 점 $(\alpha, 0)$에 대해 대칭이 되도록 잡으면 색칠한 두 삼각형의 넓이는 항상 서로 같다. 이 넓이를 각각 S라 하면 오른쪽 삼각형은 x축보다 위에 있고 왼쪽 삼각형은 x축보다 아래에 있으므로 함수 $y = f(x)$는 구간 $[\alpha, x_2]$에서 S만큼 증가하고 구간 $[x_1, \alpha]$에서는 S만큼 감소한다. 따라서 함수 $y = f(x)$의 그래프는 직선 $x = \alpha$를 기준으로 양쪽으로 S만큼씩 올라간다.

따라서 이차함수 $y = f(x)$의 그래프는 직선 $x = \alpha$에 대해 대칭이다.

한편, x_1과 x_2가 α에서 일정한 간격씩 멀어짐에 따라 두 삼각형의 넓이는 점점 빠르게 증가하므로 함수 $y = f(x)$의 그래프도 직선 $x = \alpha$에서 멀어질수록 점점 빠르게 올라간다.

따라서 이차함수 $y = f(x)$의 그래프는 아래로 볼록한 모양이 된다.

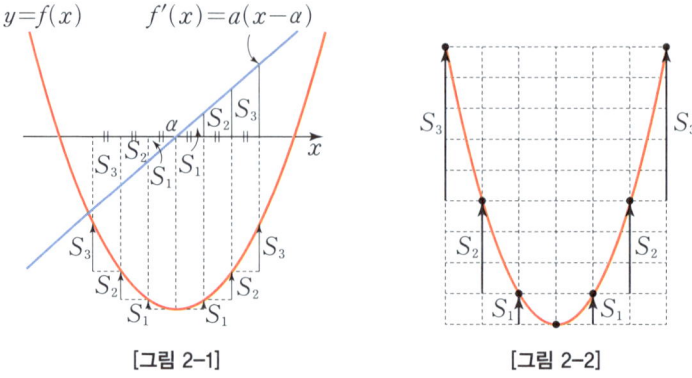

[그림 2-1]   [그림 2-2]

한편, [그림 2-1]에서 $S_1 : S_2 : S_3 : \cdots = 1 : 3 : 5 : \cdots$이므로 모든 이차함수의 그래프는 [그림 2-2]와 같은 모습으로 그려진다.

삼차함수의 그래프가 점대칭일 수밖에 없는 이유

이차함수의 그래프와 x축의 교점의 개수는 0, 1, 2 중의 하나이므로 최고차항의 계수가 양수인 삼차함수의 그래프의 개형은 다음과 같은 세 가지 유형이 존재한다. (구체적인 방법은 앞에서 설명한 것과 같으므로 결과만 제시한다.)

도함수 $f'(x) = a(x-\alpha)^2 + b\,(a>0)$에 대해

① 교점이 0개일 때, 즉 $b>0$인 경우

② 교점이 1개일 때, 즉 $b=0$인 경우

③ 교점이 2개일 때, 즉 $b<0$인 경우

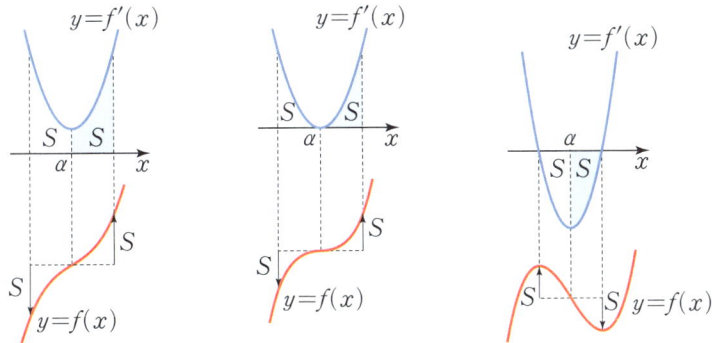

이차함수 $y=f'(x)$의 그래프는 직선 $x=a$에 대해 대칭이므로 ①, ②, ③ 모두에서 삼차함수 $y=f(x)$의 그래프는 항상 점 $(a, f(a))$에 대해 대칭이 된다. 이때 $f''(a)=0$이므로 대칭점 $(a, f(a))$는 삼차함수의 그래프의 변곡점이다.

삼차함수의 그래프를 틀 안에 가두다

삼차함수의 그래프 중에서 우리에게 가장 친숙한 것은 아무래도 극대와 극소가 모두 존재하는 ③의 유형일 것이다. 그런데 이 유형의 그래프가 가지고 있는 독특한 성질이 있어, 퀴즈로 제시해본다.

퀴즈

그림과 같이 8개의 합동인 직사각형으로 나뉘어진 도형에 극대, 극소가 존재하는 삼차함수의 그래프 일부가 그려져 있다.

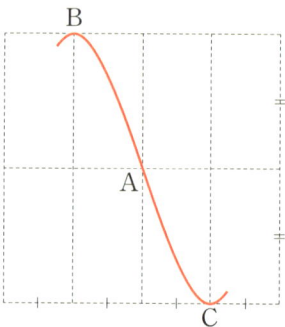

점 A는 변곡점, 점 B에서는 극대, 점 C에서는 극소일 때, 이 그래프의 나머지 부분을 완성하시오.

학생들은 열린 질문으로 생각하고 자신만의 그림을 다양하게 그리는데, 위 조건을 만족시키는 그래프가 유일하다는 사실을 알려주면 무척이나 신기해한다. 그 필연성을 알아보자.

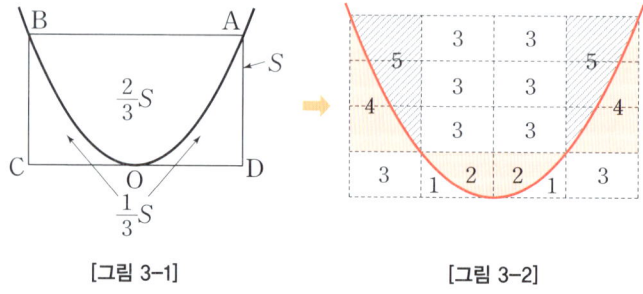

[그림 3-1]   [그림 3-2]

우선 [그림 3-1]과 같이 포물선이 직사각형의 넓이를 2 : 1로 내분한다는 성질을 이용하면, 모든 이차함수의 그래프는 모두 합동인 16개의

직사각형의 넓이를 [그림 3-2]와 같이 나누며 지난다는 사실을 알 수 있다.●

"이 넓이 비를 굳이 기억할 필요는 없지만, [그림 3-2]에 색칠한 세 부분의 넓이가 서로 같다는 내용이 가끔 시험 문제로도 나온다."라고 얘기하면 졸던 학생의 눈이 갑자기 빛나기도 한다.

이제 오른쪽 그림과 같이 이차함수 $y=f'(x)$의 그래프로부터 '넓이 쌓기'를 이용해 삼차함수 $y=f(x)$의 그래프를 그려보면, 신기하게도 모든 삼차함수의 그래프가 직사각형의 모양이나 크기에 관계없이 항상 두 꼭짓점 D, E를 지나게 됨을 확인할 수 있다.

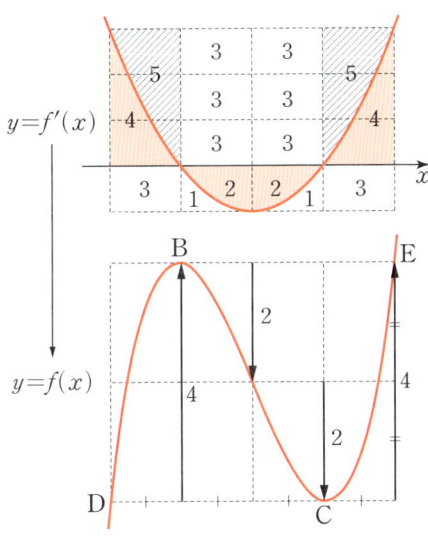

또한 '이차함수의 그래프와 x축으로 둘러싸인 도형의 넓이는 이차함수의 부정적분인 삼차함수의 극댓값과 극솟값의 차와 같다.'라는 사실도 쉽게 확인할 수 있다.

● 직사각형 전체의 넓이 $S=3\times16=48$이므로 포물선 아랫부분의 넓이 $\frac{1}{3}S=\frac{1}{3}\times48=16$이어야 한다.

함수 $y=f(x)$의 그래프의 개형을 결정하는 결정적 요소

우리는 앞의 과정들을 통해 함수의 그래프의 개형과 관련된 중요한 단서를 발견할 수 있다. 함수 $y=f(x)$의 그래프의 개형은 다음 두 가지에 의해 결정된다는 것이 바로 그것이다.

(1) 곡선 $y=f'(x)$의 모양

(2) 곡선 $y=f'(x)$와 x축의 위치 관계 (교점의 개수)

이차함수의 그래프의 모양은 '포물선'이라는 단 한 가지 모양을 가지므로 삼차함수의 그래프의 개형은 위의 (2)에 의해서만 결정된다.

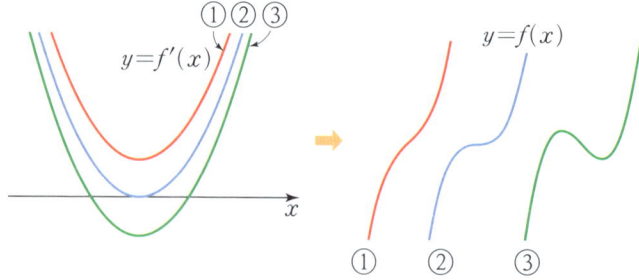

그래서 삼차함수 $y=f(x)$의 그래프의 모양은 위 세 가지뿐이다.

사차함수부터는 그래프의 대칭성이 깨진다

이제 삼차함수 $y=f'(x)$의 그래프로부터 사차함수 $y=f(x)$의 그래프의 개형을 그리는 방법을 살펴보자.

최고차항의 계수가 양수인 삼차함수의 그래프의 모양은 다음 세 가지만 가능하다.

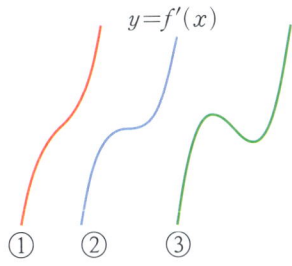

① ② ③

그리고 ①, ②의 곡선과 x축의 교점은 각각 오직 1개만 가능하고, ③의 곡선과 x축의 교점은 1개, 2개, 3개가 모두 가능하다.

이와 같은 성질을 종합해 삼차함수 $y=f'(x)$의 그래프로부터 사차함수 $y=f(x)$의 그래프의 개형을 그려보면 다음과 같다.•

① 극점이 1개이고 변곡점이 없는 그래프

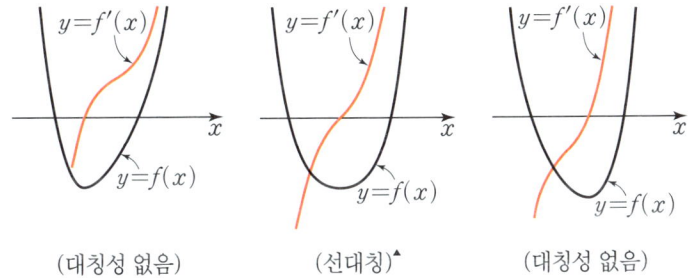

(대칭성 없음)　　　　(선대칭)▲　　　　(대칭성 없음)

• 다음 그림에서 x축은 삼차함수 $y=f'(x)$와 x축의 위치 관계를 표시하기 위해 제시한 것이다. 그리고 그 부정적분인 $y=f(x)$에서는 적분상수가 무시되었으므로 곡선 $y=f(x)$에서는 x축을 무시하고 그래프의 모양만 보면 된다.

▲ 곡선 $y=f'(x)$는 x축 위의 점에 대해 대칭이므로 곡선 $y=f(x)$는 선대칭이다.

② 극점이 1개이고 변곡점이 없는 그래프

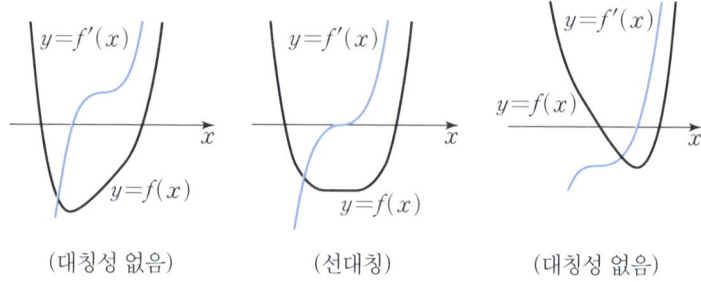

(대칭성 없음)　　　(선대칭)　　　(대칭성 없음)

③-(ⅰ) 극점이 1개이고 변곡점이 2개인 그래프

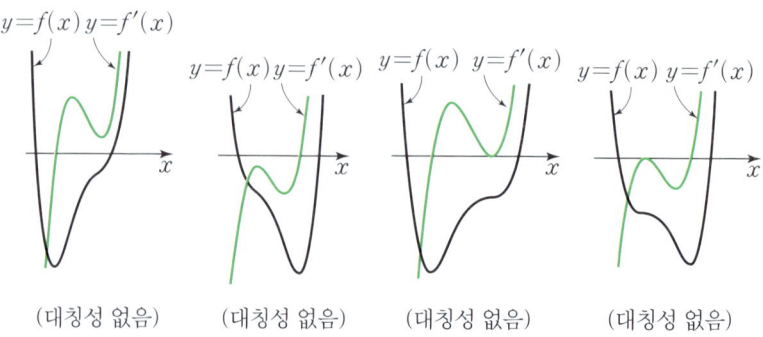

(대칭성 없음)　　(대칭성 없음)　　(대칭성 없음)　　(대칭성 없음)

③-(ⅱ) 극점이 3개이고 변곡점이 2개인 그래프

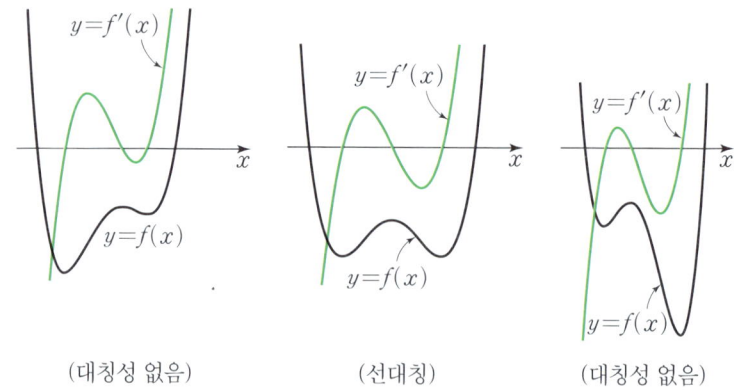

(대칭성 없음)　　　(선대칭)　　　(대칭성 없음)

불과 세 종류의 삼차함수의 그래프로부터 파생되는 사차함수의 그래프의 모양이 매우 다양함을 확인할 수 있다. 그런데 이 각각의 사차함수 그래프의 모양마다, 그리고 각 사차함수의 그래프와 x축의 위치 관계에 따라 오차함수의 그래프가 모두 다르게 그려질 것이므로 오차함수의 그래프의 개형은 족히 수십 가지가 존재할 것이다.

7

적분으로 이런 것도 구할 수 있다고?

스스로 도전하는 학생 둘

적분을 잘한다는 것은 단순히 부정적분을 빠르게 구하고 정적분 값을 정확하게 계산하는 것만을 의미하지 않는다. 정적분이 무엇을 의미하는지를 알아내는 것, 나아가 스스로 정적분식을 만들어내는 것, 그것이 진짜 적분을 하는 것이리라.

진도를 모두 끝낸 2학년 말 수업시간이었다. 수학 시간이면 서로 단짝이 되어 함께 토론하고 문제 해결하기를 즐기는 두 학생이

"선생님, 뭔가 생각할 거리 좀 없나요?"

라고 요청했다. 수학 교사로서 좀처럼 접하기 힘든 희귀하고 기특한 아이들이다. 마침 직전 수업에서 구분구적법으로 입체의 부피를 구하는 방법을 설명해준 적이 있어

"곡선 $y=f(x)$의 길이를 정적분으로 나타내는 방법을 탐구해볼래?"

라고 했더니, 불과 10여 분 만에 $\int_a^b \sqrt{1+\{f'(x)\}^2}\,dx$라는 답을 스스로

찾아냈다. 그 과정을 직접 관찰했는데, 두 학생이 곡선의 길이에 대한 선행학습은 없었던 것으로 보였다. 나도 직접 해보지 못한 경험과 성공이라 너무나 대견해 '폭풍 칭찬'을 했더니, 대뜸

"또 다른 건 없나요?"

라고 하는 게 아닌가. '아마 이번에는 어려울 텐데.'라고 생각하며

"회전체의 겉넓이를 구하는 정적분을 둘이서 알아낼 수 있을까?"

라고 했더니,

"회전체의 겉넓이도 적분으로 구할 수 있어요?"

라고 신기한 듯 물으며 탐구에 돌입했다.

다음 수학 시간이 되자 두 학생은 애매한 표정으로 자신들의 탐구 결과를 보고했다.

"저희는 우선 구간 $[a, b]$에서의 곡선 $y=f(x)$를 x축의 둘레로 회전시킨 회전체가 다음 그림과 같다고 생각했습니다.

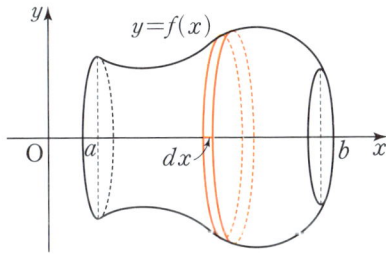

이때 구간 $[a, b]$를 간격이 dx인 아주 작은 조각들로 나눈 다음, x좌표가 x일 때의 한 조각의 겉넓이를 나타내는 식 $S(x)$를 구할 수만 있다면 전체 회전체의 겉넓이는

$$\int_a^b S(x)$$

가 된다고 생각했어요. 그런데 $\int_a^b S(x)$에 dx가 없어도 되는 건가요?”

“완벽한걸. 다만, $\int_a^b S(x)$와 같이 dx가 없으면 안 돼. 그렇다고 그냥 $\int_a^b S(x)dx$라고 쓰면 넓이가 아니라 부피를 구하는 식이 되겠지. 어쩌면 $S(x)$를 정리하는 과정에서 dx가 자연스럽게 등장할 것도 같은데?”

“맞아요. 그렇더라구요. 구분구적법으로 부피를 구할 때 작은 조각을 입체기둥으로 생각했었잖아요. 그래서 우리는 회전체의 겉넓이를 구할 때도 작은 조각을 입체기둥으로 생각하기로 했어요.”

“너희들 정말 대단하다, 대단해!”

그러나 칭찬이 항상 학생의 답이 옳다고 인정하는 것은 아니다. 비록 답이 틀렸더라도 다른 학생들이 하기 어려운 추론을 했다면 그것만으로도 칭찬받을 자격이 충분하기 때문이다.

둘은 자신들의 생각을 이어갔다.

“작은 조각을 반지름의 길이가 $f(x)$이고 높이가 dx인 원기둥으로 생각하면 작은 조각의 겉넓이는 원기둥의 옆넓이와 같으므로 $S(x)=2\pi f(x)dx$입니다.

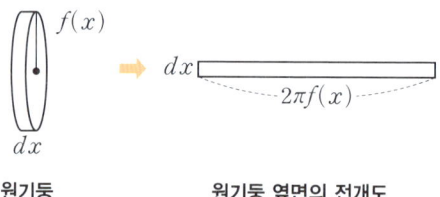

원기둥   원기둥 옆면의 전개도

그러므로 회전체의 겉넓이는

$$\int_a^b 2\pi f(x)dx$$

가 되는 것 아닌가요?"

"와, 너희들은 수학을 전공해도 잘하겠다! 정말 대단해."

어디가 잘못된 것일까?

하지만 학생들은 기뻐하지 않았다.

"저희가 구한 방법이 맞는지를 검증하기 위해 위의 방법으로 구간 [0, 1]에서 직선 $y=x$를 x축의 둘레로 회전시켜 만든 원뿔의 겉넓이를 직접 구해보기로 했어요.

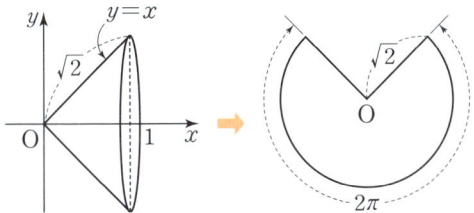

$f(x)=x$라 하고 저희 방식대로 회전체의 겉넓이를 구하면

$$\int_0^1 2\pi f(x)dx = \int_0^1 2\pi x\,dx = \Big[\pi x^2\Big]_0^1 = \pi$$

가 됩니다. 그리고 이 원뿔의 전개도를 그려서 옆면의 넓이를 직접 구해 봤더니, 이 원뿔의 옆면은 반지름의 길이가 $\sqrt{2}$이고 호의 길이가 $2 \times 1 \times \pi = 2\pi$인 부채꼴이므로 그 넓이는 $\frac{1}{2} \times \sqrt{2} \times 2\pi = \sqrt{2}\pi$●더라구요. 정적분으로 구한 겉넓이와 다른 답이 나왔어요. 저희가 틀린 것 같긴 한데 어

●   반지름의 길이가 r, 호의 길이가 l인 부채꼴의 넓이는 $\frac{1}{2}rl$이다.

디가 왜 틀렸는지 모르겠습니다."

"틀렸다는 사실까지도 알았다니 더욱 대단하네."

수학을 가르치는 사람이라면 이 학생들이 얼마나 훌륭한지 공감할 것이다. 오늘도 학생들이 나를 가르친다.

회전체의 겉넓이를 구하는 핵심 포인트

회전체의 겉넓이를 구하는 방법은 대학 과정에 나올 만큼 꽤 어려운 내용임에도 불구하고 여기에 소개하려고 욕심을 부리는 이유는 적분에서 무한소의 직관적 의미에 관해 큰 깨달음을 줄 수 있기 때문이다.

사실 회전체를 얇게 잘라 만든 조각은 원기둥보다는 원뿔대에 가깝다.

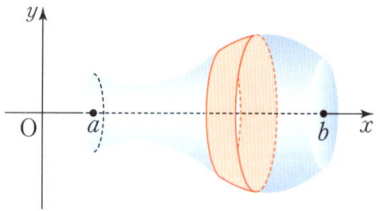

그런데 회전체의 부피를 구할 때는 이 조각을 원뿔대가 아닌 원기둥으로 간주하지 않았던가? 그래서 학생들도 회전체의 겉넓이 S를 구할 때도 원기둥으로 간주해

$$S = \int_a^b 2\pi f(x)\,dx$$

일 것이라고 생각했던 것인데, 이번에는 왜 틀린 결과가 나온 것일까?

그 이유를 알기 위해, 일단 회전체 조각의 겉넓이를 원기둥 대신 원뿔

3부 문제 해결의 혁명을 직관하다: 미적분의 활용

대로 생각해 계산해보기로 하자. 다행히 원뿔대의 옆면의 넓이를 구하는
직관적인 방법이 있다. 바로 아르키메데스의 방법을 활용하는 것이다.

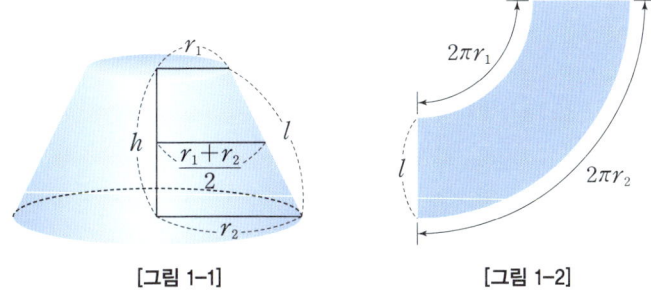

[그림 1-1]   [그림 1-2]

　[그림 1-1]과 같은 원뿔대의 옆면 전개도는 [그림 1-2]와 같이 큰 부
채꼴에서 작은 부채꼴을 잘라낸 모양인데, 부채꼴을 특수한 삼각형으로
간주했던 아르키메데스의 발상을 여기에 적용하면 원뿔대의 옆면을 특
수한 사다리꼴로 볼 수 있다.

　이제 [그림 1-2]의 특수한 사다리꼴에서 두 밑변의 길이는 각각 $2\pi r_1$,
$2\pi r_2$이므로 이 사다리꼴의 넓이, 즉 원뿔대의 옆면의 넓이는

$$\frac{1}{2}(2\pi r_1 + 2\pi r_2)l = (r_1 + r_2)\pi l^{\bullet} \quad \cdots\cdots (\,*\,)$$

이다.

　한편, 회전체를 얇게 자른 각 조각들은 높이가 dx이고 모선의 길이가
$ds(=\sqrt{(dx)^2+(dy)^2})$인 원뿔대로 볼 수 있다.

- 　이 공식에서 원뿔대 옆면의 넓이는 반지름의 길이가 $\frac{r_1+r_2}{2}$, 높이가 l인 원기둥의
  옆면의 넓이와 같음을 알 수 있다.

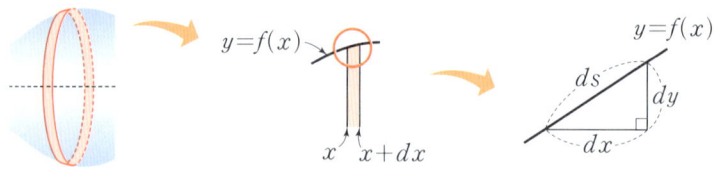

따라서 [그림 1-1]에서

$$h=dx, r_1=f(x), r_2=f(x+dx), l=ds$$

라 하면 dx는 0에 한없이 가까우므로

$$f(x+dx) \to f(x)=y$$

이고, (＊)에서

$$(r_1+r_2)\pi l \to \{f(x)+f(x)\}\pi \times ds = 2f(x)\pi ds$$

$$=2\pi y\sqrt{(dx)^2+(dy)^2}=2\pi y\sqrt{1+\left(\frac{dy}{dx}\right)^2}dx$$

$$=2\pi f(x)\sqrt{1+\{f'(x)\}^2}dx$$

가 된다. 따라서 구간 $[a, b]$에서 곡선 $y=f(x)$를 x축의 둘레로 회전시킨 회전체의 겉넓이는 다음과 같이 정적분으로 나타낼 수 있다.

$$S=\int_a^b 2\pi y\sqrt{1+\left(\frac{dy}{dx}\right)^2}dx=\int_a^b 2\pi f(x)\sqrt{1+\{f'(x)\}^2}dx$$

이 결과는 앞에서 두 학생이 예상했던 식

$$S=\int_a^b 2\pi f(x)dx$$

와 다른 결과를 보여주고 있다.

적분에서 무시할 수 있는 것과 무시할 수 없는 것

정적분으로 곡선과 x축 사이의 넓이를 구할 때 사용했던, 폭이 dx인 한 조각을 다시 생각해보자.

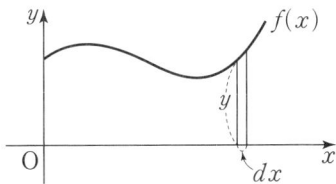

위 조각 그림의 윗부분의 경계는 엄밀히 말하자면 곡선이지만 dx가 무한소이므로 곡선 대신 기울기가 $f'(x)$인 직선(접선)의 일부로 볼 수 있었다. 따라서 이 조각은 '직사각형보다는 사다리꼴'에 가깝다. 만약 주어진 영역을 유한개의 조각으로 나누어 각 조각의 넓이의 합으로 전체 넓이의 근삿값을 구하고자 한다면, 직사각형보다는 사다리꼴로 생각할 때 더욱 정확한 값을 얻을 수 있을 것이다(268쪽 그림 참조).

정확한 넓이를 구하려면 무한개의 조각으로 나누어야 하는데, 각 조각에 대하여 사다리꼴의 넓이를 T, 직사각형의 넓이를 S라 하면

$$dx\text{가 한없이 작아질 때 } \frac{S}{T} \to 1$$

이 된다. 따라서 구분구적법으로 영역의 넓이를 구할 때 각 조각을 사다리꼴로 간주해 구한 넓이는 직사각형으로 간주해 구한 넓이와 결국 같게 된다. 그렇다면 굳이 계산이 복잡한 사다리꼴을 사용할 필요가 없을 것이다. 그래서 넓이의 정적분에서는 사다리꼴과 직사각형 사이에 있는 자투리 영역을 무시하고 각 조각을 직사각형으로 간주했던 것이다.

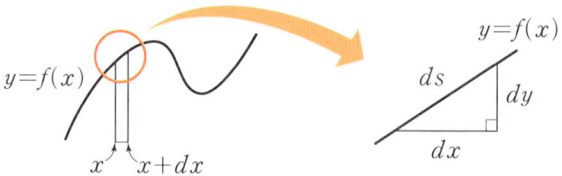

그러나 곡선의 길이를 구할 때는 $dy \neq 0$일 때

$$\frac{ds}{dx} = \frac{\sqrt{(dx)^2 + (dy)^2}}{dx} = \sqrt{1 + \left(\frac{dy}{dx}\right)^2} \neq 1$$

이므로 dx가 ds를 대신할 수 없다. 그래서 곡선의 길이 l을 나타내는 정적분은 'dx의 총합'이 아니라 'ds의 총합'을 나타내는 식이어야 한다. 즉,

$$ds = \sqrt{(dx)^2 + (dy)^2} = \sqrt{1 + \left(\frac{dy}{dx}\right)^2}\, dx$$

이므로

$$l = \int_a^b \sqrt{1 + \left(\frac{dy}{dx}\right)^2}\, dx = \int_a^b \sqrt{1 + \{f'(x)\}^2}\, dx$$

이었던 것이다.

회전체의 부피와 겉넓이에서도 마찬가지다.

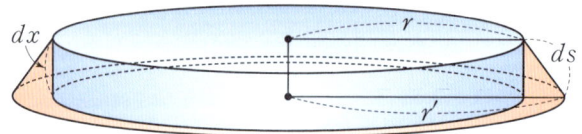

위 그림에서 높이 dx가 한없이 작아질 때 원뿔대와 원기둥 사이의 자투리 영역의 부피는 원기둥의 부피에 비해 무시할 만큼 작아진다. 따라서 각 조각을 원기둥으로 생각해 구한 부피와 각 조각을 원뿔대로 생각해 구한 부피가 결국 서로 같게 된다. 그래서 회전체의 부피를 계산할

때는 이왕이면 계산이 편리한 원기둥을 이용하는 것이다.

하지만 이 그림에서 원기둥의 옆넓이는 $S_2=2\pi r dx$이고 원뿔대의 옆넓이는 $S_1=\pi(r+r')ds$인데, dx가 한없이 작아질 때 $r' \to r$이 되면서

$$\frac{S_1}{S_2} \to \frac{2\pi r ds}{2\pi r dx}=\frac{ds}{dx}=\sqrt{1+\left(\frac{dy}{dx}\right)^2}=\sqrt{1+\{f'(x)\}^2}$$

이 된다. 이때 $f'(x)\neq0$일 때에는 $\sqrt{1+\{f'(x)\}^2}\neq1$이므로 원기둥으로 원뿔대를 대신할 수는 없는 것이다.

이처럼 적분에서는 무시할 수 있는 것과 무시할 수 없는 것을 구별할 수 있는 직관이 매우 중요하다.

구의 겉넓이에 관한 놀라운 비밀

퀴즈

구 모양의 어떤 행성을 그림과 같이 북극과 남극을 잇는 선분에 수직 방향으로 일정한 간격으로 나누어 국경을 긋기로 할 때, 어느 나라의 영토가 가장 넓을까?

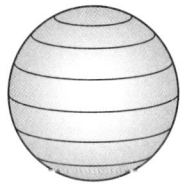

우선 반지름의 길이가 r인 구는 원 $x^2+y^2=r^2$을 x축의 둘레로 회전시킨 회전체와 같음을 이용해 구의 겉넓이를 구해보자(부록 '더 깊이 들어가기' 참조).

구의 겉넓이를 구하는 과정에서 $\int_{-r}^{r} 2\pi r dx$와 같이 피적분함수가 상

수함수 $2\pi r$로 등장하는데, 이는 다음과 같은 흥미로운 비밀을 말해준다.

"구를 지름에 수직 방향으로 일정한 간격으로 자를 때 생기는

각 조각의 구 표면에 있는 겉넓이는 모두 같다!"

따라서 퀴즈의 정답은 "모든 나라의 넓이가 똑같다."이다. 만일 적분이 없었더라면 이 놀라운 사실을 어떻게 알 수 있었겠는가?

구분구적법으로 이런 것도 구할 수 있다고?

미적분의 기본 정리의 발견을 기점으로 구분구적법의 입지가 크게 축소되고 그 자리를 부정적분이 차지했다. 그러나 정적분이라는 식을 만드는 데 있어서는 여전히 구분구적법의 역할이 절대적이다. 이제 구분구적법의 예상치 못한 위력을 경험해보자.

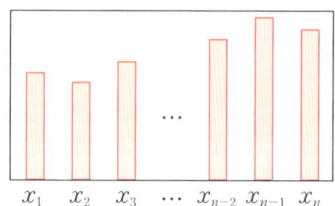

함수 $f(x)$에 대해 유한개의 함숫값

$$f(x_1),\ f(x_2),\ f(x_3),\ \cdots,\ f(x_n)$$

의 평균 m은 '함숫값의 총합을 함숫값의 개수로 나눈 값'과 같으므로

$$m=\frac{f(x_1)+f(x_2)+f(x_3)+\cdots+f(x_n)}{n}=\frac{1}{n}\sum_{k=1}^{n}f(x_k)$$

이다.

그렇다면 구간 $[a, b]$에 속하는 모든 함숫값 $f(x)$들의 평균은 어떻게 구할까? 무한개의 모든 함숫값의 평균을 과연 구할 수 있기는 한 걸까?

오른쪽 그림은 어느 실험실에서 진행한 화학반응에서의 온도를 실시간으로 측정한 결과를 나타내는 함수 $y=f(x)$의 그래프다. 이 실험을 진행하는 동안 연속적으로 측정된 모든 온도들의 평균온도를 구하는 것에 도전해보자.

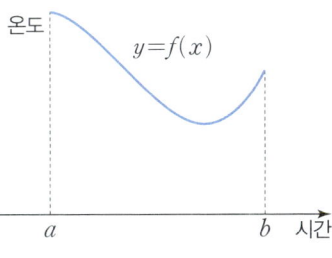

언제나 그랬듯이 일단 유한개부터 시작하자. 우선 구간 $[a, b]$를 n등분한 다음, 각 구간에 속하는 함숫값을 임의로● 하나씩 택하자.

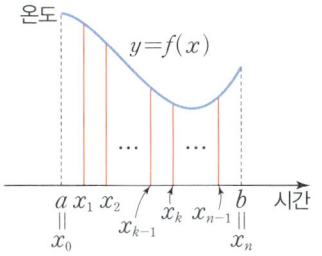
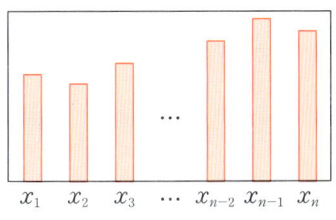

k번째 구간에서 임의로 택한 함숫값을 $f(x_k{}^*)$라 하면 이 n개의 함숫값들의 평균은

$$\frac{1}{n}\sum_{k=1}^{n} f(x_k{}^*)$$

● 고교과정에서는 각 구간의 맨 왼쪽 끝 값이나 오른쪽 끝 값을 일괄적으로 택하지만, 구간의 폭이 한없이 작아질 것이므로 연속함수의 적분에서는 각 구간에서 어떤 값을 택해도 상관없다.

이고, $\Delta x = \dfrac{b-a}{n}$에서 $\dfrac{1}{n} = \dfrac{\Delta x}{b-a}$이므로 평균은

$$\frac{1}{n}\sum_{k=1}^{n}f(x_k{}^{*}) = \frac{\Delta x}{b-a}\sum_{k=1}^{n}f(x_k{}^{*}) = \frac{1}{b-a}\sum_{k=1}^{n}f(x_k{}^{*})\Delta x$$

로 변신한다.

이때 n의 값이 커질수록 n개의 함숫값의 평균은 무한개의 모든 함숫값의 평균에 점점 가까워질 것이므로 결국 $n \to \infty$일 때의 극한값

$$\frac{1}{b-a}\lim_{n\to\infty}\sum_{k=1}^{n}f(x_k{}^{*})\Delta x$$

가 바로 무한개의 모든 함숫값의 평균이라 할 수 있다.

그리고 $n \to \infty$이면 구간의 간격이 한없이 짧아지므로 $f(x_k{}^{*})$의 값은 결국 $f(x_k)$와 같아질 것이다.

따라서 구간 $[a, b]$에서의 모든 함숫값 $f(x)$의 평균을 f_m이라 하면

$$f_m = \frac{1}{b-a}\lim_{n\to\infty}\sum_{k=1}^{n}f(x_k)\Delta x$$

가 되는데, 여기서 갑자기 우리에게 매우 익숙한 식 $\lim\limits_{n\to\infty}\sum\limits_{k=1}^{n}f(x_k)\Delta x$를 만나게 된다. $\lim\limits_{n\to\infty}\sum\limits_{k=1}^{n}f(x_k)\Delta x = \displaystyle\int_a^b f(x)dx$이지 않은가? 함숫값의 평균에서 구분구적법을 만나게 될 줄이야.

이제 구간 $[a, b]$에 있는 무한개의 모든 함숫값 $f(x)$들의 평균은

$$f_m = \frac{1}{b-a}\lim_{n\to\infty}\sum_{k=1}^{n}f(x_k)\Delta x = \frac{1}{b-a}\int_a^b f(x)dx$$

와 같다는 것이 자연스럽게 드러난다. 그리고 이 값을 '구간 $[a, b]$에서 함수 $f(x)$의 평균값'이라고 한다.

평균속도는 속도함수의 평균값이다

우리가 일상생활에서 무한개의 함숫값의 평균을 친근하게 사용할 때가 있다. 바로 '평균속도'라는 개념이다.

미적분이 생겨나기 전에도 수학자들은 움직이는 물체의 평균속도는

$$\frac{(위치의\ 변화량)}{(시간의\ 변화량)}$$

이라는 사실을 잘 알고 있었다.

좌표평면과 함수가 생기자, 직선 운동을 하는 물체의 시각 t에서의 위치를 $s(t)$라 할 때 $t=a$에서 $t=b$까지의 평균속도를

$$\frac{(위치의\ 변화량)}{(시간의\ 변화량)} = \frac{s(b)-s(a)}{b-a}$$

로 나타낼 수 있었고, 이는 함수 $y=s(t)$의 그래프에서 두 점 $(a, s(a))$, $(b, s(b))$를 지나는 직선의 기울기와 같다는 것도 알게 되었다.

그런데 평균속도는 말 그대로 '구간 $[a, b]$에 속하는 모든 순간 t에서의 속도 $v(t)$들의 평균'이어야 하지 않을까? 즉, 방금 배운 대로 평균속도 v_m은

$$v_m = \frac{1}{b-a}\int_a^b v(t)dt \qquad \cdots\cdots (\,*\,)$$

이어야 한다.

그렇다면 과연 기존에 알려진 평균속도 $\dfrac{s(b)-s(a)}{b-a}$와 새롭게 알게 된 속도함수의 평균 $\dfrac{1}{b-a}\displaystyle\int_a^b v(t)dt$가 서로 같을지 갑자기 궁금해진다.

직접 확인해보자.

순간속도의 정의에서 $s'(t)=v(t)$이므로

$$\int_a^b v(t)dt=\int_a^b s'(t)dt=s(b)-s(a) \qquad \cdots\cdots (**)$$

이다. 따라서 (*), (* *)로부터

$$\frac{1}{b-a}\int_a^b v(t)dt=\frac{s(b)-s(a)}{b-a}$$

이다. 다행히도 신구新舊의 평균속도가 서로 같다는 사실이 너무나도 싱겁게 확인된다.

무한소만큼의 변화가 탄생시킨 새로운 방법

새로운 방법으로 원을 자르다

아르키메데스는 원의 넓이를 다음과 같이 구하는 방법도 발견했다.

우선 [그림 1-1]과 같이 반지름의 길이가 r인 원을 매우 가느다란 실들로 이루어진 동심원의 모임으로 생각한 다음, [그림 1-2]와 같이 동심원을 이루는 실을 하나씩 펴서 삼각형 모양으로 차례차례 쌓았다.

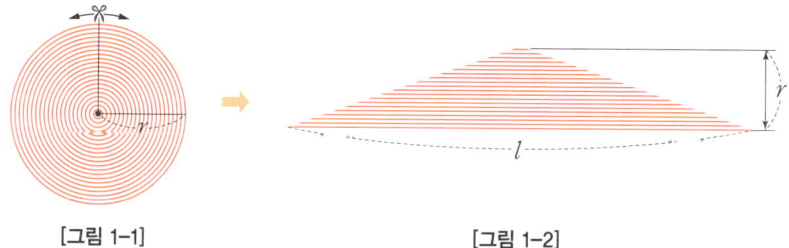

[그림 1-1]   [그림 1-2]

이제 실의 굵기를 0에 한없이 가깝게 하면 [그림 1-2]의 도형은 밑변의 길이가 원의 둘레인 $l=2\pi r$이고 높이가 r인 삼각형의 넓이와 같아질 것이다. 결국 [그림 1-1]의 원의 넓이는 [그림 1-2]의 삼각형의 넓이인

$\frac{1}{2}rl = \pi r^2$과 같게 된다.

무한소만큼의 변화가 일으킨 무한대의 변화

원을 무수히 많은 동심원 조각으로 잘라 넓이를 구하는 아르키메데스의 방법을 보고 누군가 묻는다.

"무한히 작게 자르는 것이 곧 미분이 아닌가?"

아니다. 변화가 있어야 미분을 생각할 수 있다. 미분은 변화량 사이의 비를 구하는 도구이기 때문이다.

그런데 아르키메데스의 방법은 변화하는 원을 자른 것이 아니었다. 고정된 원을 자른 다음, 조각들을 재구성해 원의 넓이를 구한 것이다. 그래서 이 방법으로는 미분이 탄생할 수 없었다.

약 2,000년 후 사람들이 변화하는 것에도 관심을 갖게 되자 그제야 미분이 태어날 수 있었다.

미분과 적분이 어느 정도 완성되었다고 생각할 즈음, 뉴턴과 라이프니츠가 구간에 무한소 dx만큼의 변화를 주었다.

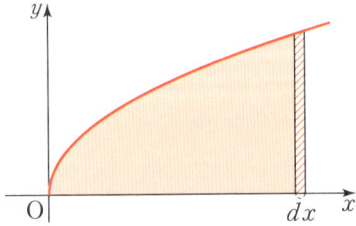

그러자 가느다란 선분의 넓이만큼의 아주 미세한 변화가 일어났다.

넓이에 미세한 변화가 일어나자 그들의 눈에 갑자기 미분이 보였다. 알고 보니 적분했다 미분하면 원래 함수 그대로였다. 넓이함수의 순간변화율이 바로 원래 함수였던 것이다.

수학자들이 이 사실을 깨닫게 되자, 우주의 많은 비밀이 밝혀지고 자연의 여러 문제가 해결되기 시작했다. 세상이 급변하기 시작했다.

뉴턴과 라이프니츠가 넓이에 준 변화는 무한소에 불과했지만, 그 무한소가 세상에 일으킨 변화는 거의 무한대에 가까웠다.

원의 넓이를 구하는 새로운 방법

이제 사람들은 원의 넓이를 구할 때도 뉴턴과 라이프니츠의 방법을 따라 해보기 시작했다. 원의 넓이에 아주 작은 변화를 주기로 한 것이다.

여기 반지름의 길이가 r인 원이 있다.

이제 이 원의 반지름의 길이를 무한소 dr만큼 증가시키자.

그러면 원의 넓이는 두 원 사이의 색칠한 영역의 넓이만큼 증가한다.

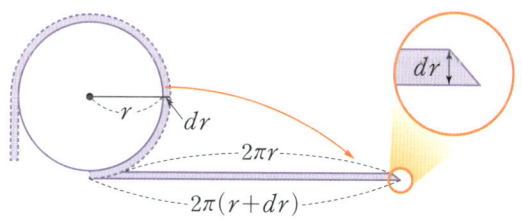

이 색칠한 영역의 넓이를 구하기 위해 이 영역을 위 그림과 같이 똑바르게 편다고 상상해보자.

이때 이 조각의 위쪽 변의 길이는 $2\pi r$이고 아래쪽 변의 길이는 $2\pi(r+dr)$이므로 $2\pi \times dr$만큼의 미세한 차이가 있겠지만, dr이 무한소이므로 이 차이는 무시할 수 있다. 그렇다면 라이프니츠가 그랬듯, 이 가느다란 조각을 폭이 dr인 직사각형으로 볼 수 있고, 이 직사각형의 넓이는 $dr \times 2\pi r$이 된다.

따라서 반지름의 길이가 dr만큼 증가할 때 원의 넓이는 $2\pi r \times dr$만큼 증가하므로 원의 넓이 S의 증가량 dS는

$$dS = 2\pi r \times dr$$

이 된다. 이때

$$\frac{dS}{dr} = 2\pi r, \ \text{즉} \ S'(r) = 2\pi r$$

이므로

$$S = \int 2\pi r \, dr = \pi r^2 + C \ (\text{단}, C\text{는 적분상수})$$

이고, $r=0$일 때 $S=0$이므로 $C=0$이 된다.

따라서 $S = \pi r^2$이다!

이처럼 넓이의 변화율을 먼저 구한 다음 부정적분으로 넓이를 구하는 방식, 이것은 미적분의 기본 정리의 발견으로부터 비롯된 새로운 방식이었다. 이전에는 듣도 보도 못했던 생경한 방법이었다.

한편, 위의 과정에 등장하는 등식

$$\frac{dS}{dr} = 2\pi r$$

은 다음과 같은 기하적 의미를 내포하고 있는데, 음미해둘 가치가 충분하다.

'원의 넓이 $S=\pi r^2$의 r에 대한 순간변화율은 원의 둘레의 길이 $2\pi r$과 같다.'

구의 부피의 순간변화율은 겉넓이와 같다!

도함수를 이용해 문제를 해결하는 새로운 방법으로 구의 부피도 구해보자. 이번에도 변화율을 먼저 구할 것이다.

여기 반지름의 길이가 r인 구가 있다. 이번에는 구를 한없이 얇고 무수히 많은 껍질로 이루어진 양파에 비유해보자.

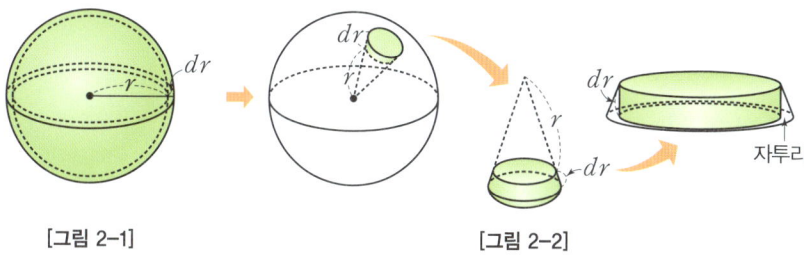

[그림 2-1]   [그림 2-2]

이 양파의 반지름의 길이를 dr만큼 증가시키자.

그러면 이 구에는 [그림 2-1]과 같이 두께가 dr인 양파 껍질 하나가 추가될 것이다. 그리고 이 구의 부피 V는 이 껍질 하나의 부피만큼 증가한다.

이제 이 껍질을 평면 위에 완벽하게 펴서 원뿔대 모양으로 만들 수 있다고 가정해보자. 마치 [그림 2-2]의 조각이 구 전체로 확장된다고 생각하면 된다. 이때 껍질의 두께 dr이 무한소이므로 이 원뿔대의 가장자리

는 자투리가 되어 무시된다. 따라서 [그림 2-2]의 입체 조각의 부피는 밑면의 넓이가

(양파의 안쪽 면의 넓이)

=(반지름의 길이가 r인 구의 겉넓이)

$=4\pi r^2$

이고 높이가 dr인 원기둥의 부피에 한없이 가까워질 것이다.

따라서 구의 부피의 변화량 dV는 이 얇은 원기둥의 부피와 같다고 볼 수 있으므로

$$dV=4\pi r^2 \times dr$$

이 되고, $\dfrac{dV}{dr}=4\pi r^2$을 거쳐

$$V=\int 4\pi r^2 dr=\frac{4}{3}\pi r^3$$

이 된다(적분상수는 0).

물론 이 방법은 구의 겉넓이를 이미 알고 있다는 전제하에서 사용할 수 있지만, 이번에도

$$\frac{dV}{dr}=4\pi r^2$$

의 기하적 의미, 즉 '구의 부피 $V=\dfrac{4}{3}\pi r^3$의 r에 대한 순간변화율은 구의 겉넓이 $S=4\pi r^2$과 같다.'라는 사실이 눈길을 끈다.

문제를 해결하는 새로운 방법이 탄생하다

미적분의 기본 정리가 발견되기 전에는 넓이나 부피와 같은 '무엇'을 구하기 위해서는 대상을 한없이 작고 무수히 많은 조각으로 나누고 그 조각들을 단순한 도형으로 재구성해 다시 합하는 구분구적법을 이용했다. 하지만 미적분의 기본 정리가 발견된 후에는 그 '무엇'을 직접 구하려고 시도하는 대신, 먼저 그것의 변화를 분석해 도함수를 구한 뒤 부정적분을 통해 '무엇'을 구하는 새로운 방법이 등장한 것이다.

앞에서 원의 넓이 S와 구의 부피 V를 구하기 위해

$$\frac{dS}{dr} = 2\pi r, \ \frac{dV}{dr} = 4\pi r^2$$

을 구한 다음, 부정적분을 이용해 S와 V를 구했던 것이 바로 그 예다.

이제 수학자들은 복잡한 문제 상황과 맞닥뜨렸을 때, 무작정 문제를 직접 해결하려고 시도하기보다는 문제를 일으킨 요인이나 문제에 영향을 주는 요소의 '변화'를 분석하는 것이 더 쉬울 때가 많음을 깨닫게 되었다.

결국 어떤 물리량 y를 구하고자 할 때, 다음과 같은 과정을 통해 문제를 해결하는 새로운 방법을 발견했다.

(i) y를 변화시키는 요인 x를 찾는다.

(ii) x의 변화량과 y의 변화량 사이의 관계를 찾는다.

(iii) y와 y'의 관계를 미적분으로 풀어 y를 구한다.

이 과정에서 어떤 함수 $y = f(x)$와 그 도함수 y', y'' 등이 함께 포함된 방정식이 자주 등장하게 되는데, 이를 '미분방정식'이라 한다.

자유낙하운동과 미분방정식

인간이 우주(인류와 가장 가까운 우주는 지구와 그 자연이다)를 이해하기 위해 그것들과 소통하는 언어가 바로 수학이다. 그리고 이 소통 과정에서 가장 자주 등장하는 문장의 형태가 바로 '미분방정식'이다. 이제 미분방정식이라는 만능열쇠를 통해 우주의 비밀을 풀어낸 대표적인 사례를 살펴보자.

어떤 물체가 지면으로부터의 높이가 $h(\mathrm{m})$인 지점에서 자유낙하할 때, 지면에 닿는 순간까지 걸리는 시간과 지면에 닿는 순간의 속도를 알아내는 것은 오래전부터 인류의 어렵고도 간절한 소망이었다. 그러나 지금은 사람들에게 가장 쉽고 익숙한 미분방정식의 예가 되었다.

공기의 저항을 무시할 때 자유낙하하는 물체의 위치에 영향을 주는 요인은 중력뿐이므로 이 미분방정식은 중력이 만드는 가속도로부터 시작한다.

물체가 t초 동안 낙하한 거리를 $x(\mathrm{m})$, 속도를 $v(\mathrm{m/s})$라 할 때, 이 물체의 가속도는 $\dfrac{dv}{dt}$이고 이 가속도는 중력가속도 $g(\mathrm{m/s^2})$●와 같으므로 미분방정식

$$\frac{dv}{dt}=g$$

가 성립한다.

● 지표면에서의 중력가속도 g의 값은 약 9.8이다.

위 등식의 양변을 t에 대해 적분하면●

$$v = gt + C \text{ (단, } C\text{는 적분상수)}$$

이고, $t = 0$일 때 $v = 0$이므로 $C = 0$이다.

따라서

$$v = gt$$

가 된다. 그런데 이 등식도 미분방정식이다. $v = \dfrac{dx}{dt}$이기 때문이다.

이제 $\dfrac{dx}{dt} = gt$의 양변을 t에 대해 적분하면

$$x = \frac{1}{2}gt^2 + D \text{ (단, } D\text{는 적분상수)}$$

이고, $t = 0$일 때 $x = 0$이므로 $D = 0$이다.

따라서

$$x = \frac{1}{2}gt^2$$

이 된다.

이 물체가 땅에 떨어지는 순간은 $x = h$일 때이므로 $h = \dfrac{1}{2}gt^2$에서

$$t = \sqrt{\frac{2h}{g}} \qquad \cdots\cdots(\,*\,)$$

이다.

이때 $t = \dfrac{v}{g}$를 $(\,*\,)$에 대입하면

$$\frac{v}{g} = \sqrt{\frac{2h}{g}}$$

──────────

● 물리학에서는 $\dfrac{dv}{dt} = g \ \Rightarrow \ dv = gdt \ \Rightarrow \ \int dv = \int gdt \ \Rightarrow \ v = gt + C$와 같이 계산하기도 한다.

이므로 땅에 떨어지는 순간의 속도는

$$v = \sqrt{2gh}$$

이다.

계산 편의를 위해 $g = 10(\text{m/s}^2)$이라 가정하면, 지상 45 m 높이에서 자유낙하하는 물체가 땅에 떨어질 때까지 걸리는 시간은

$$t = \sqrt{\frac{2 \times 45}{10}} = 3(\text{s})$$

이고, 땅에 떨어지는 순간의 속도는

$$v = \sqrt{2 \times 10 \times 45} = 30(\text{m/s})$$

이다.•

자유낙하운동의 비밀이 이렇게 간단한 방법으로 밝혀지자, 세상 사람들은 수학의 위력에 혀를 내두를 수밖에 없었다. 우주는 참 신비하고, 수학은 참 대단하다.

우주의 운동을 예측하다

물리법칙 중 가장 기본적이면서도 중요한 것으로 인정받는 뉴턴의 운동법칙

$$F = ma$$

• 물론 현실에서는 공기의 저항을 추가로 고려해야 할 것이고, 여기에는 복잡한 미분 방정식이 추가로 이용된다.

도 유명한 미분방정식이다. 시간 t에 따라 움직이는 물체의 위치를 x, 속도를 v, 가속도를 a라 하면 $v = \dfrac{dx}{dt}$이고 $a = \dfrac{dv}{dt} = \dfrac{d^2x}{dt^2}$이므로

$$F = ma = m\frac{dv}{dt} = m\frac{d^2x}{dt^2}$$

와 같이 도함수 또는 이계도함수를 이용해 나타낼 수 있기 때문이다.

여기서 속도 v는 위치 x의 변화를 일으키는 요인이고, 가속도 a는 속도 v의 변화를 일으키는 요인이다. 따라서 질량이 m인 물체에 가해지는 힘 F를 알면

$a = \dfrac{F}{m}$로부터 a를 구할 수 있고,

$a = \dfrac{dv}{dt}$로부터 v를 구할 수 있으며,

$v = \dfrac{dx}{dt}$로부터 x를 구할 수 있다.

이 원리는 저항이나 마찰이 전혀 없는 우주 공간을 움직이고 있는 물체에 아무런 힘도 가해지지 않으면 그 물체는 영원히 일정한 속도로 움직인다[•]는 사실을 말해준다.

나아가 미분방정식 $F = ma$는 천문학자들에게 '어떤 행성에 작용하는 힘을 알 수만 있다면 그 행성의 미래 위치를 정확하게 예측할 수 있다'는 가능성을 제시했다. 그리고 이 가능성은 뉴턴에 의해 현실이 되었다.

• $F = 0$이면 $a = 0$이므로 $v = c$(상수)이다.

9

뉴턴, 우주의 법칙을 증명하다

뉴턴의 위대함

뉴턴은 공전하는 행성의 속도가 아무런 저항 없이 유지된다는 사실로부터 우주 공간은 아무 물질도 없이 텅 비어 있는 진공 상태일 것이라는 생각에 이르렀다.[•] 얼핏 이런 생각은 아무나 할 수 있는 것으로 치부될 수도 있겠지만, 듣고 나서 이해하는 것과 스스로 발견하는 것 사이에는 어마어마한 격차가 있음을 수학을 공부해본 사람이라면 누구나 인정할 것이다.

또 하나의 유명한 예가 있다. 높은 산에서 포탄을 지면과 평행하게 쏠 때 속력이 빠를수록 더 멀리 갈 것이라는 것쯤은 누구나 경험적으로 추론할 수 있다. 그런데 뉴턴은 이 당연한 사실로부터 포탄의 속력을 계속

[•] 오늘날 우주는 아주 낮은 밀도와 압력으로 진공에 가깝기는 하나 완전한 진공은 아님이 밝혀졌다. 희박하게나마 입자들이 존재한다.

증가시키면 둥근 지구를 한 바퀴 돌아 제자리로 돌아올 수 있을 것이고, 만일 공기의 저항이 없다면 이렇게 제자리로 돌아온 포탄은 영원히 지구를 돌 것이라고 생각했다.

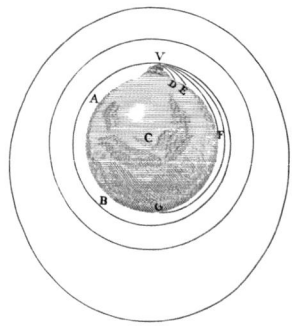

뉴턴이 죽은 뒤 발간된 《프린키피아》 3권 개정판에 나와 있는 뉴턴의 그림

그는 이러한 직관과 통찰을 통해 동시대의 사람들에게는 달이 지구를 공전하는 이유가 지구를 향해 매우 빠른 속력으로 계속 떨어지고 있기 때문임을 알렸고, 후대의 인류에게는 지구의 중력을 벗어나 우주로 갈 수 있는 방법을 안내했다.•

나아가 사과와 지구가 주고받는 힘은 지구와 달이 주고받는 힘, 그리고 태양과 목성이 주고받는 힘과 본질적으로 같은 것이라고 생각했다. 즉, 지구 안에서의 운동의 원리와 지구 밖에서의 운동의 원리가 '중력' 또는 '만유인력'이라는 같은 힘에 의한 것이라는 발상을 떠올린 것이다. 사실 우주의 팽창이나 블랙홀의 존재도 뉴턴의 만유인력의 법칙이 우주 어디에서나 동일하게 성립할 것이라는 믿음으로부터 발견된 것이다.

• 뉴턴의 이론을 바탕으로 계산한 '지구 탈출 속도', 즉 지구의 중력을 벗어나 우주로 가기 위한 최소 속도는 약 11.2 km/s라고 한다.

뉴턴이 더욱 위대한 이유는, 기존의 수학으로는 이와 같은 우주의 비밀을 제대로 파헤치기 어렵다는 한계를 깨닫고 새로운 수학 '미적분'을 직접 만들었기 때문이고, 미적분이라는 새로운 도구를 이용해 인류가 오랫동안 꿈꿔왔던 행성과 달의 운동을 이해하고 설명하는 데 마침내 성공했기 때문이다.

만유인력 없이도 케플러의 제2법칙은 성립한다

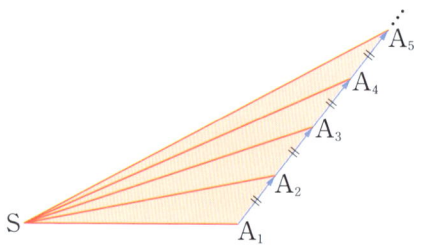

위 그림과 같이 한 직선 위의 점 A_1, A_2, A_3, …에 대해

$$\overline{A_1A_2}=\overline{A_2A_3}=\overline{A_3A_4}=\cdots$$이면

$$\triangle SA_1A_2=\triangle SA_2A_3=\triangle SA_3A_4=\cdots \quad \cdots\cdots (*)$$

가 성립한다는 성질은 기하학에서는 기본 중의 기본이다.

이제 위 그림이 어떤 천체가 주변의 어떤 별의 영향도 받지 않은 채 텅 빈 우주 공간에서 한 직선 위에 일정한 간격으로 놓인 점 A_1, A_2, A_3, … 들을 지나는 등속 직선 운동하는 상황을 나타낸다고 생각해보라.

그렇게 생각하는 순간 위 그림은 이 천체와 주변의 아무 별 S를 이은 선분이 같은 시간 간격 동안 쓸고 지나간 넓이가 항상 같다는 사실을 증명하는 그림으로 변신한다. 만유인력이 없어도 케플러의 제2법칙이 성립하는 것이다.

그렇다면 별 S로부터의 만유인력이 이 천체에 작용해 천체가 움직이는 방향이 별 S쪽으로 매 순간 변한다면 과연 어떤 일이 벌어질까?

《프린키피아》에서 케플러 법칙의 증명을 만나다

과학 역사상 가장 위대한 책으로 손꼽히는 뉴턴의 《프린키피아》는 무한소를 능수능란하게 사용하며 천체들의 운동법칙을 기하학적으로 설명하는 내용과 그림들로 가득 차 있다. 뉴턴의 미적분•과의 첫 만남을 기대하며 책을 펼쳤던 나는 수많은 그림과 난해한 설명 앞에 당황할 수밖에 없었다. 뉴턴에게 완전히 주눅이 든 채 겨우겨우 책을 읽어가던 어느 날 엄청난 보물과 대면하게 된다. 케플러의 제2법칙에 대한 증명을 만난 것이다. 이 법칙을 뉴턴이 처음으로 증명했다는 사실은 잘 알고 있었지만, 당연히 복잡한 미적분 공식들과 수학적 기교들이 넘쳐나리라 예단하며 찾아볼 엄두도 내지 못하고 있었다.

그런데 이 증명에 미적분에 대한 언급이 전혀 없이 매우 단순한 기하학적 성질만 사용되었다는 점에 몹시 놀랐다. 이 증명을 이해하는 기쁨

• 뉴턴의 미적분에 관한 본격적인 내용은 1704년에 출판된 《광학》이라는 책의 부록에 잠깐 등장했고, 정식으로 출판된 것은 그의 사후인 1736년이었다.

을 누리기 위해 필요한 사전 지식으로는 힘의 법칙으로 설명할 수 있는 다음 성질과 무한소에 대한 기본적인 이해면 충분하다.

힘의 합성

[그림 1-1]과 같이 A에 있는 물체에 힘 F_1만 작용하면 이 물체는 B로 이동하고, 힘 F_2만 작용하면 이 물체는 C로 이동한다고 가정하자. 이때 [그림 1-2]와 같이 두 힘 F_1, F_2가 동시에 작용하면 이 물체는 두 선분 AB, AC를 이웃한 두 변으로 하는 평행사변형의 꼭짓점 D로 이동한다.

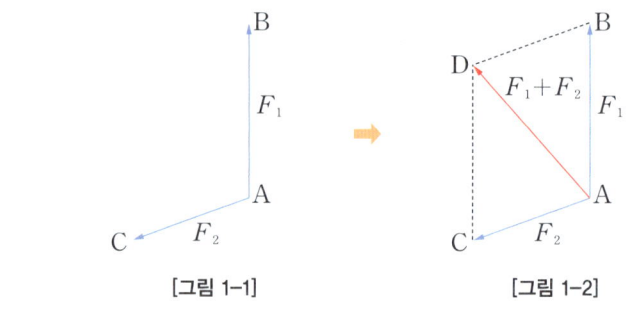

[그림 1-1] [그림 1-2]

이제부터 뉴턴의 증명을 자세하게 알아보자.

다음 그림에서 S는 고정된 점이고, 세 점 A_1, A_2, B_2는 한 직선 위에 있으며 $\overline{A_1A_2} = \overline{A_2B_2}$이다.

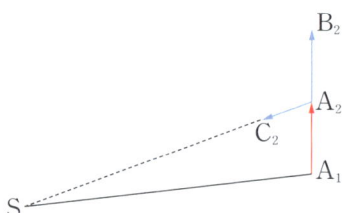

어떤 물체가 아주 짧은 시간 동안 A_1에서 A_2로 이동했다고 하자. 다른 힘이 작용하지 않는다면 같은 시간 간격 동안 이 물체는 A_2에서 B_2까지 등속 직선 운동을 할 것이다.

그런데 이 물체가 A_2에 도달했을 때 S 방향으로 힘 $\overrightarrow{A_2C_2}$가 작용한다고 하자. 이때 사각형 $A_2B_2A_3C_2$는 평행사변형이다.

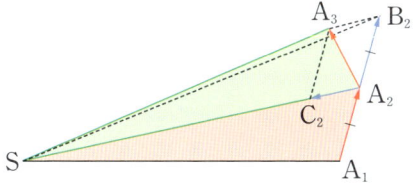

그러면 앞에서 확인한 성질에 의해 이 물체는 A_2에서 A_3으로 이동한다. 이때 $\overline{A_1A_2}=\overline{A_2B_2}$, $\overline{SA_2}\,/\!/\,\overline{A_3B_2}$이므로

$$\triangle SA_1A_2 = \triangle SA_2B_2 = \triangle SA_2A_3$$

이 성립한다.

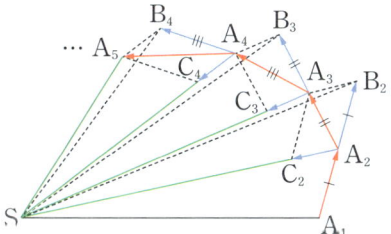

이번에도 다른 힘이 작용하지 않는다면 같은 시간 간격 동안 이 물체는 A_3에서 B_3까지 등속 직선 운동을 할 것이다. 그런데 이 물체가 A_3에 도달했을 때 S 방향으로 힘 $\overrightarrow{A_3C_3}$이 작용하면 같은 원리로 삼각형 SA_2A_3의 넓이와 삼각형 SA_3A_4의 넓이는 같게 유지된다.

그리고 이러한 과정은 계속 반복될 것이다. 즉, 위 그림에서 이 물체

는 같은 시간 간격 동안 A_1, A_2, A_3, A_4, …를 지나고, 이때

$$\overline{A_2A_3} = \overline{A_3B_3},\ \overline{A_3A_4} = \overline{A_4B_4},\ \cdots$$

이며

$$\triangle SA_1A_2 = \triangle SA_2A_3 = \triangle SA_3A_4 = \triangle SA_4A_5 = \cdots$$

이 성립한다.

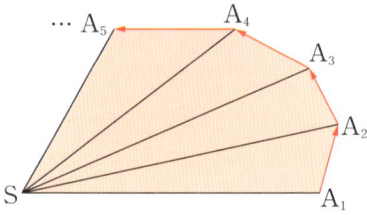

한편, 이 성질은 시간 간격이 한없이 작아지더라도 항상 성립할 것이므로 결국 같은 시간 동안 점 S와 물체를 연결한 선분이 쓸고 지나가는 넓이는 항상 같게 된다.

솔직히 이 증명 자체만으로는 특별한 감흥이 없을 수도 있다. 그러나 점 S를 태양으로, 물체를 행성으로, 힘을 만유인력으로 생각하는 순간, 단순한 기하학적 성질이 심오한 우주의 섭리로 탈바꿈하며 우주가 왜 수학적인지를 명쾌하게 보여준다. 행성이 다음 순간 어느 방향으로 얼마만큼 이동해야 하는지가 이 수학적 원리에 의해 숙명처럼 정해져 버리는 것이다.

뉴턴은 위 사실로부터 한 걸음 더 나아가 다음 성질도 유추했다.

"삼각형의 넓이가 일정하게 유지되려면 삼각형의 높이가 작을수록 밑변의 길이는 커져야 한다. 즉, 태양과 행성이 가까울수록 행성이 이동한 거리는 길어져야 한다. 따라서 행성의 속도는 태양에 가까워질수록

빨라지고 멀어질수록 느려진다."

이제 행성의 빠르기마저 수학을 따를 수밖에 없게 되었다.

나만의 우주를 만들어보다

모를 때는 느끼지 못했는데, 알고 나니 문득 부끄러움이 생겼다.

'뉴턴은 이를 증명하기 위해 미적분을 직접 만들기까지 했는데, 나는 지금껏 이 간단한 증명도 모른 채 미적분을 가르치고 있었단 말인가?'

그래서일까? 컴퓨터를 이용해 뉴턴의 방법대로 점이 움직이는 궤도를 직접 그려봐야겠다는 생각이 문득 들었다. 우주의 비밀을 직접 확인해 볼 수 있겠다는 설렘도 한가득 생겨났다.

만유인력을 거리의 제곱에 반비례*하도록 설정하고 넓이가 똑같은 수백 개의 삼각형들을 누적시켜 그려가는 동안 조금의 지루함도 느낄 수 없었다. 미세한 변화의 누적을 통해 곡선(궤도) 그 자체를 그려나가는 '적분 실험'을 통해 나만의 우주가 점점 완성되어가는 모습을 먼 하늘에서 내려다보는 기분이었기 때문이다.

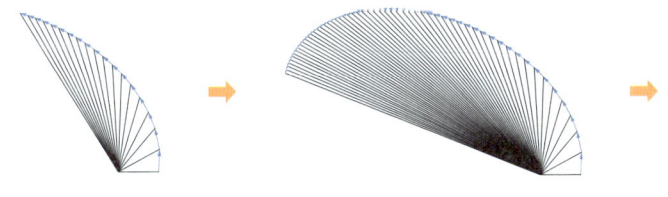

---

* 315쪽 그림에서 $\overline{A_nC_n} : \overline{A_{n+1}C_{n+1}} = \dfrac{1}{\overline{SA_n}^2} : \dfrac{1}{\overline{SA_{n+1}}^2}$

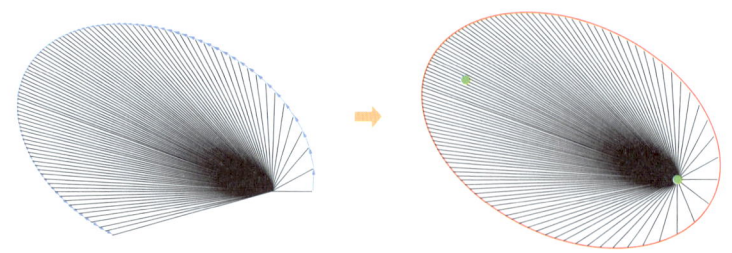

　간신히 한 바퀴 공전을 시킨 후 잠시 숨을 고르고 궤도 위의 점 5개를
임의로 택해 그 점들을 지나는 원뿔곡선을 그려봤다.[●] 예상대로 타원이
그려졌고, 이 타원은 점들이 그리는 궤도와 거의 일치했다. 뿐만 아니라
태양의 위치 S는 이 타원의 한 초점과 거의 일치했다.[▲] 케플러의 제1법
칙[■]이 이렇게 확인될 줄이야.

　그리고 315쪽 그림에서 $\overline{A_1A_2}$, $\overline{A_2C_2}$, $\angle SA_1A_2$에 미세하게 변화를 줄
때마다 다양한 원뿔곡선이 그려졌다.

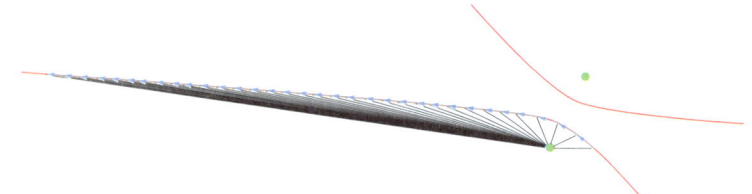

쌍곡선 모양의 궤도를 그리는 경우

- 　세 점 중 어느 것도 한 직선 위에 있지 않을 때, 5개의 점을 지나는 원뿔곡선은 항상
  유일하다.
- ▲　마지막 그림에서 초록색 점 2개는 타원의 두 초점이다.
- ■　행성은 태양을 한 초점으로 하는 타원 궤도를 공전한다.

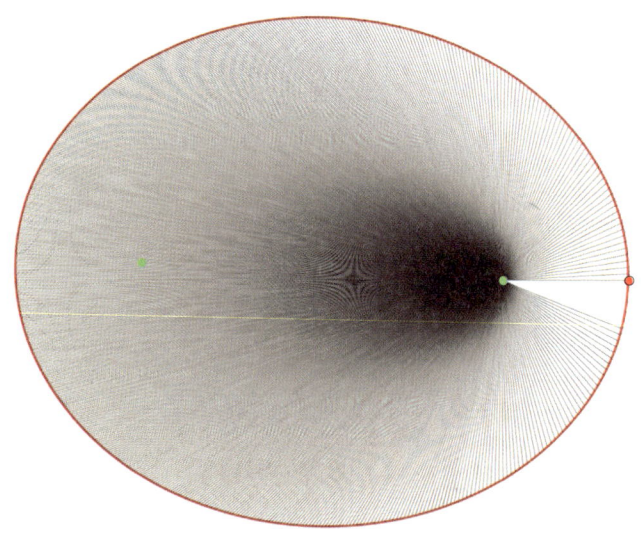

S$(0, 0)$, A$_1(1, 0)$, A$_2(1, 0.05)$, $\overline{A_2C_2}=0.00157\times\overline{SA_2}$로 **설정할 때,**•
약 500개의 삼각형들이 그리는 타원 궤도

특히 처음에 천체가 움직인 거리 $\overline{A_1A_2}$를 짧게 하면 할수록 원뿔곡선의 한 초점과 태양 S의 좌표가 거의 완벽하게 일치하는 것을 확인할 수 있었다. 이것은 $\overline{A_1A_2}$를 무한소만큼으로 작게 할 수만 있다면 천체가 그리는 궤도가 완벽한 원뿔곡선이 된다는 걸 암시한다.

• 이 타원의 한 초점의 좌표는 $(0.00022, -0.00015)$로 태양 S의 좌표 $(0, 0)$과 거의 일치한다.

앞의 그림은 $S(0, 0)$, $A_1(1, 0)$, $A_2(0.999, 0.001)$, $\overline{A_2C_2} = 0.0000011 \times \overline{SA_2}$ 로 설정*할 때, 약 500개의 삼각형들이 그리는 타원 궤도의 극히 일부다. 이 타원의 한 초점의 좌표는 $(-0.000001, 0.00000025)$이고, 다른 초점의 좌표는 $(0.99, -10.28)$이다. 따라서 이 타원을 한 바퀴 공전하려면 족히 수십만 개의 삼각형들을 그려야 할 것이다.

비록 무한소만큼의 변화를 누적시킨 결과를 수학적 증명이 아닌 컴퓨터로 직접 그려서 확인한 것에 불과했지만, 이 실험을 하는 내내 뉴턴의 천재성▲, 수학의 위대함, 우주의 신비 등 말로는 다 표현할 수 없는 온갖 생각과 감정들이 숨 막힐 듯이 밀려왔다.

알고 보니 우주는 미세한 변화율을 드러내는 방식으로 자신의 비밀을 우리에게 조금씩 털어놓고 있었던 셈이다. 그리고 인류는 우주가 드러내는 '변화'의 조각들을 다시 차곡차곡 쌓는 방식으로 그 비밀을 밝혀내고 있는 중이다.

우주와 소통할 수 있는 언어

아인슈타인은 "우주에 관한 사실 중 가장 이해할 수 없는 것은 우주가 이해 가능하다는 것이다."라고 말했다. 이는 곧, 우주가 인간이 이해할 수 있는 합리적인 구조로 이루어져 있다는 사실이 참으로 경이롭다는

- 똑같은 조건에서 0.0000011을 0.000001로 바꾸면 갑자기 궤도가 쌍곡선으로 바뀐다. 따라서 이 두 값 사이 어딘가에 포물선 궤도가 존재할 것이다.
- ▲ 뉴턴은 기하학과 미적분을 통해 케플러의 법칙을 모두 '증명'했다.

의미다.

그런데 우리가 무언가를 이해하려면 그것과 소통하거나 그것을 표현할 수 있어야 하는데, 이때 사용되는 중요한 수단이 바로 '언어'다. 그리고 이러한 소통과 표현이 가능하려면 그에 적합한 언어체계를 갖는 것이 무엇보다 중요하고 시급하다. 예를 들어 우리가 컴퓨터를 통해 음악을 듣고 영상을 감상할 수 있게 된 것은 소리와 색의 정보를 '수'로 표현해 컴퓨터와 2진법의 언어로 소통할 수 있었기 때문이다.

그렇다면 우주를 이해하기 위해서는 어떤 언어가 가장 적합할까?

갈릴레오는 "진리는 우주라는 위대한 책에 수학이라는 언어로 쓰여 있고, 그 문자는 삼각형, 원, 그리고 기타 기하학적 도형들이다. 수학 없이는 이 책의 단 한 단어도 이해할 수 없으며, 우리는 어두운 미로를 헤매게 될 뿐이다."라고 말했다. 우주의 진리를 드러내는 언어가 바로 수학이라고 본 것이다.

우리가 일상에서 사용하는 말로 우주를 이해하고 설명하려면 너무나도 번거롭고 장황해질 것이다. 전자기학의 대표적인 이론인 맥스웰의 방정식 중 하나인

$$\oint_C H \cdot d1 = \iint_\varepsilon J \cdot dS + \frac{\partial}{\partial t} \iint_s D \cdot dS^\bullet$$

가 말하고자 하는 모든 것을 일상 언어로만 설명하는 것이 과연 가능이나 할까? 이처럼 수학이라는 언어는 추상적인 기호 속에 복잡한 개념과 원

• $\oint_C$ 는 '선적분' 기호로서, 어떤 물리량이 좌표축이 아니라 곡선 C를 따라 얼마나 작용하는지를 계산할 때 사용한다. $\frac{\partial}{\partial t}$ 는 함수에 여러 개의 독립 변수가 있을 때, 그 중 하나(t)만을 변수로 간주하고 나머지는 상수로 취급하여 미분하는 '편미분' 기호다.

리를 함축해 담아내는 가장 정제되고 고급스러운 언어라고 할 수 있다.

미국의 노벨 물리학상 수상자인 리처드 파인먼Richard Phillips Feynman, 1918~1988은 "미적분은 신이 사용하는 언어다."라고 했다.

그의 말처럼 수학, 그중에서도 특히 미적분은 우주에 존재하는 복잡한 관계들을 이해하고 표현하는 데 가장 적합하고 강력한 언어로서의 역할을 해왔고, 앞으로도 그럴 것이다.

미적분을 이용해 우주의 비밀을 해독하고 있는 인류는 어쩌면 신의 경지에 오르기 위해 최첨단의 바벨탑을 쌓고 있는 중인지도 모른다. 성경에 따르면, 신은 사람들의 언어를 혼잡하게 만들어 서로 소통할 수 없게 함으로써 바벨탑 건설을 중단시켰다는데, 지금 인류는 수학이라는 전 인류의 공통 언어를 사용해 다시 그 탑을 쌓고 있는 것은 아닐까? 그렇다면 과연 이 바벨탑은 어디까지 높아질 수 있을까?

지레 위의 수학 마술

어느덧 직각이등변삼각형과 포물선 모양의 나무판을 이용하는 적분 수업을 처음 한 지도 1년이 넘게 지났다. 그 사이 틈만 나면 상상의 지레를 이용해 실험하며 새로운 성질을 찾고자 했는데, 신기하게도 흥미로운 성질들이 자꾸만 발견되었다. 내가 발견한 성질들이 수학적으로 대단한 것들은 아닐지 몰라도 내 낡고 늙은 수학 세포들을 회복시키기에는 충분했다.

그 결과 아르키메데스의 '방법'에 대한 탐구 결과도 한 단계 도약했고,

나무판은 더욱 정밀하고 다양해졌다. 그 중 흥미로운 실험 하나만 소개할까 한다. 바로 '곡선 $y=\dfrac{1}{x}$이 부리는 지레 위의 수학 마술'이라고 이름 붙인 실험이다. 다음 퀴즈를 통해 독자들도 그 비밀을 스스로 발견해보시길 바란다.

퀴즈

그림과 같이 곡선 $y=\dfrac{1}{x}$ 모양이고 폭이 1로 일정한 나무판들이 지레의 양쪽에 각각 4개씩 놓여 있다.

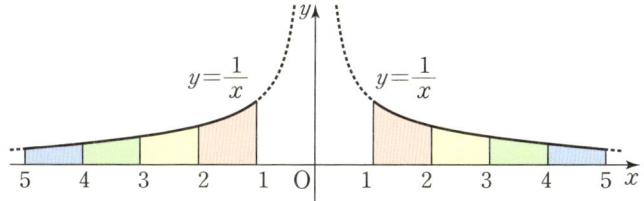

왼쪽에서 임의로 2개의 나무판을 들어내고, 오른쪽에서도 임의로 2개의 나무판을 들어낼 때 양쪽이 균형을 이룰 확률을 구하시오.

위 마술의 비밀은 임의의 양의 실수 x에 대해

$$\underset{(무게)}{\dfrac{1}{x}} \times \underset{(거리)}{x} = 1$$

로 일정하다는 데 숨어 있다.

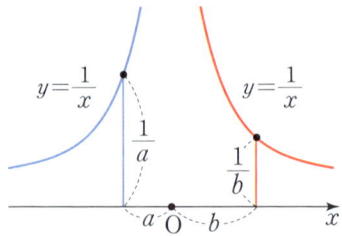

즉, 임의의 두 양수 a, b에 대해

$$\frac{1}{a} \times a = \frac{1}{b} \times b$$
(무게) (거리) (무게) (거리)

가 성립하므로 위 그림의 아주 가느다란 두 조각의 폭이 서로 같다면 두 조각은 항상 균형을 이룬다. 따라서 이러한 조각들을 지레의 양쪽에 같은 개수만큼 놓기만 하면 이 또한 균형을 이룰 것이다.

그런데 퀴즈에 있는 모든 나무판의 가로의 길이가 1로 같으므로 지레의 양쪽에서 같은 개수의 나무판을 들어내기만 한다면 항상 균형이 유지될 것이다.

이러한 결론을 수학적으로 확인하고 나서도 왠지 '진짜 그럴까?'라는 의심을 완전히 떨쳐버리기 힘들었던 나는 곡선 $y = \frac{1}{x}$ 모양의 도형을 직접 만들지 않을 수 없었다.

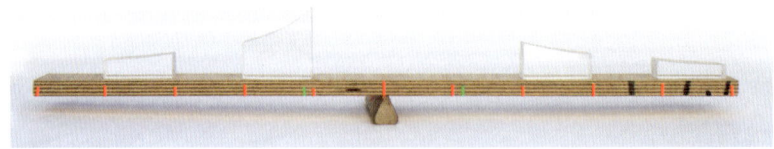

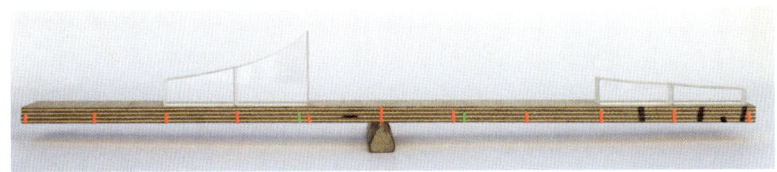

　사진과 같이 수학의 명령대로 균형이 척척 이루어지는 수학 쇼를 직접 목격하고 나서야 감히 수학을 의심했음을 반성하며 수학에게 사과하지 않을 수 없었다.

　이제 나는 다음 그림과 같이 왼쪽 구간 $(0, 1)$에 있는 곡선 $y=\dfrac{1}{x}$ 도형과 오른쪽 구간 $(4, 5)$에 있는 곡선 $y=\dfrac{1}{x}$ 도형이 완벽한 균형을 이룰 것이라는 사실을 전혀 의심하지 않는다. 왼쪽 도형의 높이와 넓이가 모두 ∞라서 직접 도형을 만들어 확인할 수는 없지만 말이다.

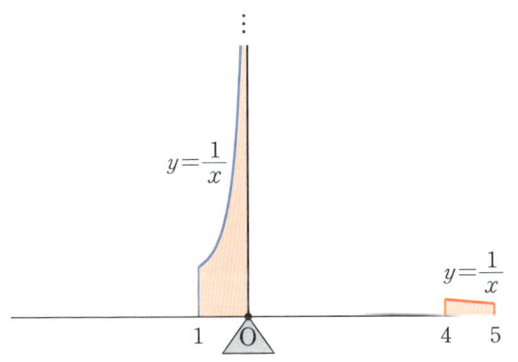

　이 외에도 아르키메데스의 '방법'과 관련한 여러 가지 성질을 발견했지만, 그 내용들은 별도의 책으로 소개하기로 마음먹고 《미적분 직관하기》는 여기서 마무리하겠다.

《미적분 직관하기》를 마치며

돌이켜보니 《미적분 직관하기》 시리즈를 쓰는 길은 길고 험한 여정이었다. 나의 수학적 밑천이 부족해서 더욱 그랬다. 하지만 그래서 설레고 행복한 배움이 있는 수학 여행이기도 했다. 이 여행을 통해 여러 명의 수학자를 직접 만난 것만 같고, 미분과 적분이 창조되는 현장을 실제로 밟아본 것만 같다.

그러다 문득, 여기까지 나 홀로 온 것이 아니라는 것을 깨달았다. 곁에 있던 훌륭한 선생님들과 소중한 학생들, 그리고 1권의 독자들이 함께 걸어주었기에 가능한 여정이었다.

뿐만 아니라 내 곁에는 아르키메데스, 뉴턴, 라이프니츠 등의 수학자들도 함께했다. 그들과 수많은 문답을 주고받았고 엄청난 가르침을 얻었다. 아르키메데스는 학생들이 적분과의 첫 만남에서 적분의 원리를 흥미롭게 이해할 수 있도록 '지레를 이용한 적분 수업'을 선물했고, 뉴턴은 '케플러의 법칙'을 직접 그려서 확인해보는 경험을 하게 해주었으며, 라이프니츠는 '적분 계산 없이 다항 함수의 넓이를 구하는 방법'을 발견하게 해주었다. 시공을 초월해 이들과 함께했던 시간은 그야말로 꿈같은 시간이었다. 삶은 혼자 쌓아가는 게 아님을, 내 생애가 내 삶의 전부가 아님을 깨닫게 된 시간이기도 했다.

2권을 완성하는 데 각별한 도움을 주신 김성남, 백성희, 송교식, 윤형석, 이성현, 이정연 선생님, 내가 맘껏 생각의 나래를 펼 수 있도록 지원해주신 최현경 편집자님께도 감사드린다. 또, 아빠의 글을 꼼꼼하게 읽어주며 좋은 의견도 주었던 아들 진완이, 나의 부족한 수업에 성실히 참여해 나에게 많은 영감을 주었던 우리 성남고등학교 학생들에게도 사랑을 전한다. 무엇보다 나와 함께 생각하며 여기까지 함께 여행해주신 우리 독자 여러분께 진심으로 감사드린다.

미적분에 관한 이 책이 누군가의 삶을 적분하는 데에 무한소만큼 작은 조각 하나로라도 보탬이 되길 바라며《미적분 직관하기》를 마친다.

2025년 서울 동작구의 한 고등학교에서

박원균

부록

1-7 아르키메데스의 엄밀한 적분

여기서는 선분 AB가 포물선의 축과 수직인 경우●만 증명하기로 한다.

[그림 1-1]과 같이 임의의 직사각형을 서로 합동인 16개의 직사각형
으로 나눈 도형이 있다.

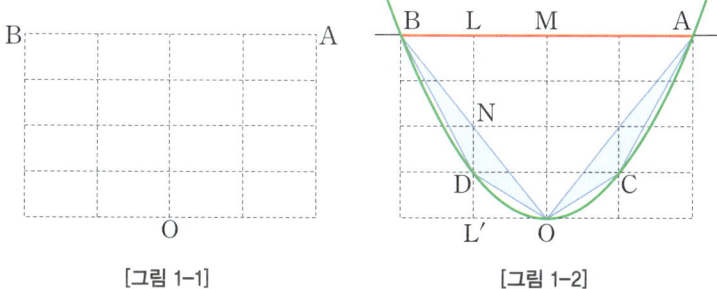

[그림 1-1]   [그림 1-2]

이 도형의 밑변의 중점 O를 꼭짓점으로 하고 두 점 A, B를 지나는 포
물선은 항상 [그림 1-2]와 같이 두 점 C, D를 지난다.▲

- ●   선분 AB와 포물선의 축이 수직인 아닌 경우에도 이차함수와 일차함수의 관계를 이
    용하면 수직인 경우로 만들어 생각할 수 있다.
- ▲   포물선은 $y = ax^2$, 점 C의 좌표를 (p, ap^2)으로 생각하면 점 A의 좌표는 $(2p, 4ap^2)$
    이다.

이때 선분 LL′의 중점 N에 대해 $\overline{NL}=2\overline{ND}$, $\overline{BM}=2\overline{BL}$이므로

$$\triangle OBL=2\triangle OBD이고,$$

$$\triangle OBM=2\triangle OBL$$

이다. 따라서 $\triangle OBM=4\triangle OBD$이므로 대칭성에 의해

$$\triangle OAB=\triangle OBM+\triangle OAM=4(\triangle OBD+\triangle OAC)$$

이다.

1-9 피보나치 수열의 규칙성

n번째 달에 새끼 토끼가 p_n쌍, 어른 토끼가 q_n쌍이 있다고 하면

$$a_n=p_n+q_n$$

이고, 다음 달에는 새끼 토끼가 q_n쌍●, 어른 토끼가 p_n+q_n쌍▲이 있으므로

$$a_{n+1}=q_n+(p_n+q_n)=p_n+2q_n$$

이며, 그다음 달에는 새끼 토끼가 p_n+q_n쌍, 어른 토끼가 $q_n+(p_n+q_n)$쌍이 있으므로

$$a_{n+2}=(p_n+q_n)+(p_n+2q_n)=2p_n+3q_n$$

이다. 따라서 모든 자연수 n에 대해

$$a_{n+2}=a_{n+1}+a_n$$

이 성립한다.

●　q_n쌍의 어른 토끼가 낳은 토끼
▲　p_n쌍의 새끼 토끼는 어른으로 자라고, q_n쌍의 어른 토끼는 여전히 어른이다.

1-10 $\sum\limits_{k=1}^{n}\sin k$ 공식 유도 과정

지금은 고교과정에서 사라진 "곱을 합, 차로 바꾸는 공식"

$$\sin \alpha \sin \beta = -\frac{1}{2}\{\cos(\alpha+\beta)-\cos(\alpha-\beta)\}$$

가 있다. 이 공식에 $\alpha=k,\ \beta=\frac{1}{2}$ 을 대입하면

$$\sin k \sin \frac{1}{2} = -\frac{1}{2}\left\{\cos\left(k+\frac{1}{2}\right)-\cos\left(k-\frac{1}{2}\right)\right\}$$

$$\therefore \sum_{k=1}^{n}\sin k = -\frac{1}{2\sin\frac{1}{2}}\sum_{k=1}^{n}\left\{\cos\left(k+\frac{1}{2}\right)-\cos\left(k-\frac{1}{2}\right)\right\}$$

$$= -\frac{1}{2\sin\frac{1}{2}}\left\{\cos\left(n+\frac{1}{2}\right)-\cos\frac{1}{2}\right\}$$

1-13 퀴즈 해설

함수 $y=f(x)$와 양의 상수 k에 대해 다음 성질이 성립한다.

> (1) 곡선 $y=kf(x)$ᐧ는 곡선 $y=f(x)$를 x축을 중심으로 상하 방향으로 k배로 뺑창시킨 것과 같다.▲
>
> (2) 곡선 $y=f\left(\dfrac{x}{k}\right)$는 곡선 $y=f(x)$를 y축을 중심으로 좌우 방향으로 k배로 팽창시킨 것과 같다.

ᐧ y대신 $\dfrac{y}{k}$를 대입한 식과 같다.

▲ $k>1$이면 팽창시킨 것이고, $0<k<1$이면 수축시킨 것이다.

예를 들어 곡선 $y=ax^3$은 곡선 $\dfrac{y}{a}=x^3$과 같으므로 곡선 $y=x^3$을 상하 방향으로 a배로 팽창시킨 것과 같다.

또한 곡선 $y=ax^3$은 곡선 $y=(\sqrt[3]{a}x)^3$과도 같으므로 곡선 $y=x^3$을 좌우 방향으로 $\dfrac{1}{\sqrt[3]{a}}$배로 팽창시킨 것과 같다.

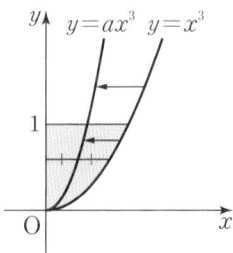

한편, 위 그림과 같이 곡선 $y=x^3$ $(x \geq 0)$과 y축 및 직선 $y=1$로 둘러싸인 도형을 y축을 향해 좌우 방향으로 $\dfrac{1}{2}$배로 수축시키면 넓이도 $\dfrac{1}{2}$로 줄어들 것이다. 따라서 $y=x^3$에서 x 대신 $2x$를 대입한 곡선 $y=(2x)^3=8x^3$이 곡선 $y=ax^3$과 일치해야 하므로 주어진 문제의 정답은 $a=8$이다.

2-2 페르마의 적분법

실수 m $(m \neq -1)$에 대해 구간 $[0, x]$에서 곡선 $y=x^m$과 x축 사이의 넓이를 S라 하자.

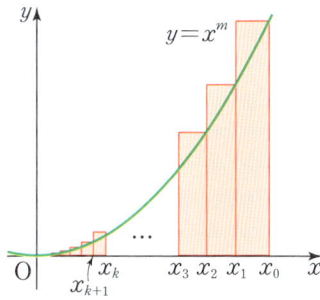

페르마는 구간 $[0, x]$를 공비 r $(0 < r < 1)$에 대해

$$x_0 = x,\ x_1 = xr,\ x_2 = xr^2,\ \cdots,\ x_n = xr^n$$

과 같이 등비수열로 나눈 다음, $r \to 1-$일 때 모든 직사각형의 넓이의 합이 구하는 넓이 S와 같아질 것이라는 직관을 이용했다.●

위 그림의 오른쪽에서 k번째 직사각형의 넓이 S_k는

$$S_k = (x_{k-1} - x_k)(x_{k-1})^m = (xr^{k-1} - xr^k)(xr^{k-1})^m$$
$$= x^{m+1}(1-r)(r^{1+m})^{k-1}$$

이므로 모든 직사각형의 넓이의 합은

$$\sum_{k=1}^{\infty} S_k = x^{m+1} \sum_{k=1}^{\infty} (1-r)(r^{1+m})^{k-1} = x^{m+1} \times \frac{1-r}{1-r^{1+m}} \ \cdots\cdots\ (*)$$

한편,

$$\lim_{r \to 1-} \frac{1-r}{1-r^{1+m}} = \frac{1}{m+1} \qquad \cdots\cdots\ (**)$$

이 성립한다.▲

●　$0 < r < 1$일 때, $\displaystyle\lim_{n \to \infty} x_n = \lim_{n \to \infty} xr^n = 0$이다.

▲　로피탈의 정리에 의해

$$\lim_{x \to 1} \frac{1-x}{1-x^{1+m}} = \lim_{x \to 1} \frac{(1-x)'}{(1-x^{1+m})'} = \lim_{x \to 1} \frac{-1}{-(1+m)x^m} = \frac{1}{1+m}$$이다.

따라서 (＊), (＊ ＊)에 의해 곡선 $y=x^m$과 x축 사이의 넓이 S는

$$S=\lim_{r \to 1-} \sum_{k=1}^{\infty} S_k = \frac{1}{m+1}x^{m+1}$$

이다.

　페르마의 이 결과는 m이 자연수나 유리수에 국한되지 않는다는 점에서 가치가 크다.

2-6 지수함수의 구분구적법

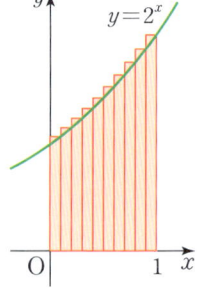

　구간 $[0, 1]$에서 함수 $y=2^x$의 그래프와 x축 사이의 넓이 S는

$$S=\lim_{n \to \infty} \sum_{k=1}^{n} 2^{\frac{k}{n}} \frac{1}{n}$$

이다. 이때 $\sum_{k=1}^{n} 2^{\frac{k}{n}} = \sum_{k=1}^{n} (2^{\frac{1}{n}})^k$은 첫째항이 $2^{\frac{1}{n}}$이고 공비가 $2^{\frac{1}{n}}$인 등비수열의 첫째항부터 제 n항까지의 합이므로

$$\sum_{k=1}^{n} 2^{\frac{k}{n}} = \frac{2^{\frac{1}{n}}(2^{\frac{n}{n}}-1)}{2^{\frac{1}{n}}-1} = \frac{2^{\frac{1}{n}}}{2^{\frac{1}{n}}-1}$$

따라서

$$S=\lim_{n \to \infty} \sum_{k=1}^{n} 2^{\frac{k}{n}} \frac{1}{n} = \lim_{n \to \infty} \left(\frac{1}{n} \times \frac{2^{\frac{1}{n}}}{2^{\frac{1}{n}}-1} \right)$$

이때 $\dfrac{1}{n}=x$로 놓으면 $n \to \infty$일 때 $x \to 0$이므로

$$S=\lim_{n\to\infty}\left(\frac{1}{n}\times\frac{2^{\frac{1}{n}}}{2^{\frac{1}{n}}-1}\right)=\lim_{x\to 0}\frac{x\times 2^x}{2^x-1}=\lim_{x\to 0}\left(\frac{x}{2^x-1}\times 2^x\right)$$

$$=\lim_{x\to 0}\frac{x}{2^x-1}\bullet\times\lim_{x\to 0}2^x=\frac{1}{\ln 2}\times 1=\frac{1}{\ln 2}$$

2-6 삼각함수의 구분구적법

구간 $[0, 1]$에서 함수 $y=\sin x$의 그래프와 x축 사이의 넓이 S는

$$S=\lim_{n\to\infty}\sum_{k=1}^{n}\left(\sin\frac{k}{n}\times\frac{1}{n}\right)=\lim_{n\to\infty}\frac{1}{n}\sum_{k=1}^{n}\sin\frac{k}{n}$$

의 값과 같다. "곱을 합, 차로 바꾸는 공식"

$$\sin\alpha\sin\beta=-\frac{1}{2}\{\cos(\alpha+\beta)-\cos(\alpha-\beta)\}$$

에 $\alpha=\dfrac{k}{n}$, $\beta=\dfrac{1}{2n}$ 을 대입하면

$$\sin\frac{k}{n}\sin\frac{1}{2n}=-\frac{1}{2}\left\{\cos\left(\frac{k}{n}+\frac{1}{2n}\right)-\cos\left(\frac{k}{n}-\frac{1}{2n}\right)\right\}$$

이므로

$$\sum_{k=1}^{n}\sin\frac{k}{n}=-\frac{1}{2\sin\dfrac{1}{2n}}\sum_{k=1}^{n}\left(\cos\frac{2k+1}{2n}-\cos\frac{2k-1}{2n}\right)$$

$$=-\frac{1}{2\sin\dfrac{1}{2n}}\left(\cos\frac{2n+1}{2n}-\cos\frac{1}{2n}\right)$$

• 지수함수의 극한 $\lim\limits_{x\to 0}\dfrac{a^x-1}{x}=\ln a\ (a>0, a\neq 1)$가 이용되었다.

$$\therefore S = \lim_{n \to \infty} \frac{1}{n} \sum_{k=1}^{n} \sin \frac{k}{n} = -\lim_{n \to \infty} \frac{\cos \dfrac{2n+1}{2n} - \cos \dfrac{1}{2n}}{2n \sin \dfrac{1}{2n}}$$

$$= -(\cos 1 - \cos 0)^{\bullet}$$

$$= 1 - \cos 1$$

2-9 〔문제2〕 풀이

주어진 그래프에서 $f(x) = 2(x-\alpha)(x-\beta)$ $(\alpha < \beta)$로 놓을 수 있고, 이때 $|f(1)| = |f(2)|$이고 $|f(4)| = |f(5)|$이어야 한다.

$f(1) = -f(2)$이므로 $2(1-\alpha)(1-\beta) = -2(2-\alpha)(2-\beta)$에서

$$2\alpha\beta - 3(\alpha+\beta) + 5 = 0 \qquad \cdots\cdots ㉠$$

$-f(4) = f(5)$이므로 $-2(4-\alpha)(4-\beta) = 2(5-\alpha)(5-\beta)$에서

$$2\alpha\beta - 9(\alpha+\beta) + 41 = 0 \qquad \cdots\cdots ㉡$$

㉠$\times 3 - ㉡$에서 $\alpha\beta = \dfrac{13}{2}$이므로 $f(0) = 2\alpha\beta = 2 \times \dfrac{13}{2} = 13$

- 삼각함수의 극한 $\lim_{n \to \infty} \dfrac{\sin \dfrac{1}{2n}}{\dfrac{1}{2n}} = \lim_{x \to 0} \dfrac{\sin x}{x} = 1$이 이용되었다.

2-10 〔문제2〕 풀이

점 P는 점 $(0,1)$에서 원의 접선 방향, 즉 x축의 음의 방향으로 매초 $\frac{\pi}{2}$의 속력으로 움직이고, 점 Q는 점 $(0,0)$에서 x축의 음의 방향으로 매초 1의 속력으로 움직이므로 dt의 시간 동안 움직인 거리는 각각

$$\overline{PP'}=\frac{\pi}{2}dt,\ \overline{QQ'}=1dt$$

이다. 이처럼 $\overline{PP'}\neq\overline{QQ'}$이므로 [그림 6-2]의 사각형 PP'Q'Q는 직사각형이 아니라 $\overline{PP'}\,/\!/\,\overline{QQ'}$인 사다리꼴이고, 이 사다리꼴 PP'Q'Q의 넓이가 곧 dS이다. 즉,

$$dS=\frac{1}{2}(\overline{PP'}+\overline{QQ'})\times\overline{PQ}$$

$$=\frac{1}{2}\left(\frac{\pi}{2}dt+dt\right)\times 1=\left(\frac{\pi}{4}+\frac{1}{2}\right)dt$$

이므로

$$\frac{dS}{dt}=\frac{\pi}{4}+\frac{1}{2}$$

이다.

3-4 정적분으로 원의 둘레의 길이 구하기

사분원 $x^2+y^2=r^2$ $(x\geq 0, y\geq 0)$ 위의 점 $P(x, y)$에 대해

$$x=r\cos t, y=r\sin t \left(0\leq t\leq \frac{\pi}{2}\right)$$

로 놓을 수 있다. 이때

$$\frac{dx}{dt}=-r\sin t, \frac{dy}{dt}=r\cos t$$

이고 $\sin^2 t+\cos^2 t=1$이므로 이 사분원의 호의 길이는

$$\int_0^{\frac{\pi}{2}} \sqrt{\left(\frac{dx}{dt}\right)^2+\left(\frac{dy}{dt}\right)^2}dt=\int_0^{\frac{\pi}{2}} \sqrt{(-r\sin t)^2+(r\cos t)^2}dt$$

$$=\int_0^{\frac{\pi}{2}} r\,dt=\left[rt\right]_0^{\frac{\pi}{2}}=\frac{\pi}{2}r$$

따라서 전체 원의 둘레의 길이는 $4\times\frac{\pi}{2}r=2\pi r$이다.

3-7 정적분으로 회전체의 겉넓이 구하기

반지름의 길이가 r인 구는 원 $x^2+y^2=r^2$을 x축의 둘레로 회전시킨 회전체와 같다.

$x^2+y^2=r^2$의 양변을 x에 대해 미분하면

$$\frac{d}{dx}x^2+\frac{d}{dx}y^2=\frac{d}{dx}r^2 \quad \cdots\cdots(*)$$

이때 음함수의 미분법에 의해

$$\frac{d}{dx}y^2 = \frac{d}{dy}y^2 \times \frac{dy}{dx} = 2y\frac{dy}{dx}$$

이므로 (*)에서

$$2x + 2y\frac{dy}{dx} = 0, \ \ \text{즉} \ \frac{dy}{dx} = -\frac{x}{y}$$

따라서 $y > 0$일 때

$$\sqrt{1 + \left(\frac{dy}{dx}\right)^2} = \sqrt{1 + \frac{x^2}{y^2}} = \sqrt{\frac{y^2 + x^2}{y^2}} = \sqrt{\frac{r^2}{y^2}} = \frac{r}{y}$$

이므로 구의 겉넓이는

$$\int_{-r}^{r} 2\pi y \sqrt{1 + \left(\frac{dy}{dx}\right)^2}\,dx = \int_{-r}^{r}\left(2\pi y \times \frac{r}{y}\right)dx$$
$$= \int_{-r}^{r} 2\pi r\,dx$$
$$= \left[\,2\pi r x\,\right]_{-r}^{r}$$
$$= 2\pi r^2 - (-2\pi r^2)$$
$$= 4\pi r^2$$

도판 출처

참고 문헌

《되살아나는 천재 아르키메데스》, 사이토 켄, 조윤동 옮김, 일출봉, 2007.

《문제해결로 살펴본 수학사》, 스티븐 크란츠, 남호영·장영호 옮김, 경문사, 2012.

《미적분의 역사》, C. H. Edwards Jr., 류희찬 옮김, 교우사, 2012.

《미적분의 힘》, 스티븐 스트로가츠, 이충호 옮김, 해나무, 2021.

《수학사대전》, 김용운, 경문사, 2020.

《수학을 잘하기 위해 먼저 읽어야 할 수학의 역사》, 지즈강, 권수철 옮김, 더숲, 2011.

《수학의 천재들》, 오승재 편역, 경문사, 2002.

《역사를 품은 수학, 수학을 품은 역사》, 김민형, 21세기북스, 2021.

《이해하는 미적분 수업》, 데이비드 애치슨, 김의석 옮김, 바다출판사, 2020.

《프린키피아》, 아이작 뉴턴, 박병철 옮김, 휴머니스트, 2023.

미적분 직관하기 2

눈으로 푸는 적분의 비밀

1판 1쇄 발행일 2026년 1월 5일

지은이 박원균

발행인 김학원
발행처 (주)휴머니스트출판그룹
출판등록 제313-2007-000007호(2007년 1월 5일)
주소 (03991) 서울시 마포구 동교로23길 76(연남동)
전화 02-335-4422 **팩스** 02-334-3427
저자·독자 서비스 humanist@humanistbooks.com
홈페이지 www.humanistbooks.com
유튜브 youtube.com/user/humanistma
페이스북 facebook.com/hmcv2001 **인스타그램** @humanist_insta

편집주간 황서현 **편집** 최현경 안희경 **디자인** 유주현
조판 글사랑 **용지** 화인페이퍼 **인쇄·제본** 정민문화사